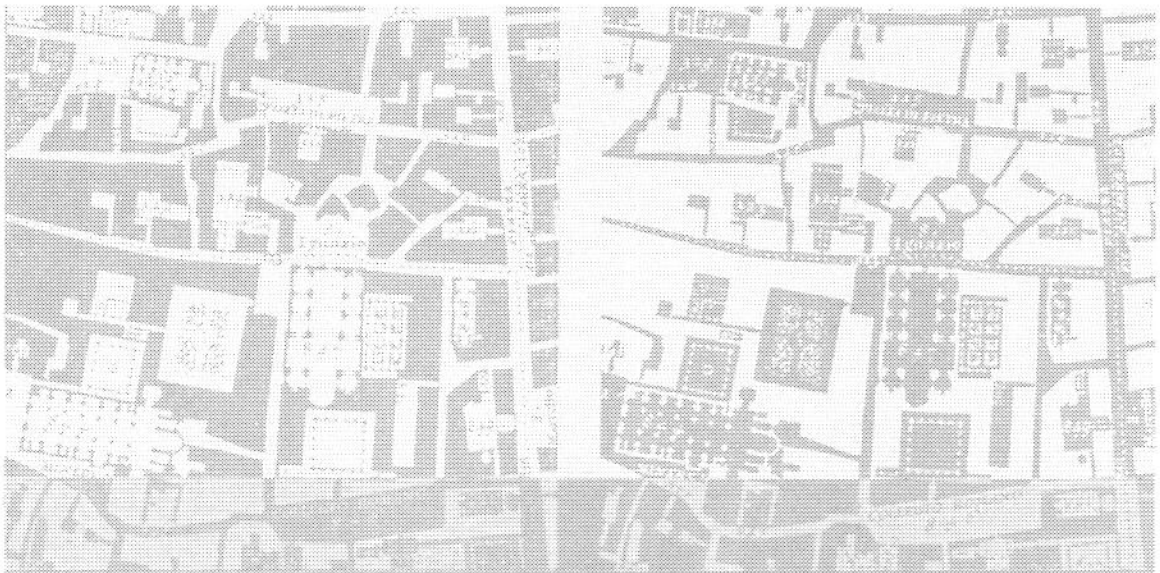

「ポシェ」から「余白」へ

都市居住とアーバニズムの諸相を追って

小沢 明 著

鹿島出版会

目次

第1章　回想のポシェ

はじめに

都市・建築を語る中で、今はほとんど聞かれなくなったものの一つに「ポシェ（poche）」という言葉がある。記憶のどこかに残っているこの言葉は、一九世紀にパリの美術学校エコール・デ・ボザールで使われた用語であり、モダニズムの出現とともに顧みられなくなったという意味において、その理解に二重の難しさがある。それは言葉としての馴染みなさと、その含意するものの歴史的な隔たりである。

本来、「ポシェ」はフランス語の名詞で「ポケット」を意味する。それは物を入れる小さな「空間」である。一つの機能をもつ空間という意味で建築と無関係ではないが、本書に関わる語意としては、むしろ動詞の「pcher「目を殴って黒あざをつくる」「落とし卵にする」、あるいは「早くスケッチする」」の意味に関係する。建築空間の読取りをしやすくするために、建物の外郭あるいは分厚い壁を黒く塗りつぶしたり斜線《ハッチ》を入れる一種の輪郭描法を指す言葉として使われるようになった。図面が手によって描かれた時代から、コンピューターを使って処理される今日の状況を考えれば、それは死語に近いと見なされても不思議ではない。しかし依然として建築家は、この手法を使ってイメージをスケッチすることに変わりはない。

ここに一人の建築家の残した一枚のスケッチがある（図1・1）。それは、パリの有名なヴァンドーム広場を一つの都市空間として描こうとしたものであろう。ちょうどそれは、建物の大空間を支える厚い壁を、ポシェとして黒く示したように（図1・2）、広場を取り囲む周りの建物

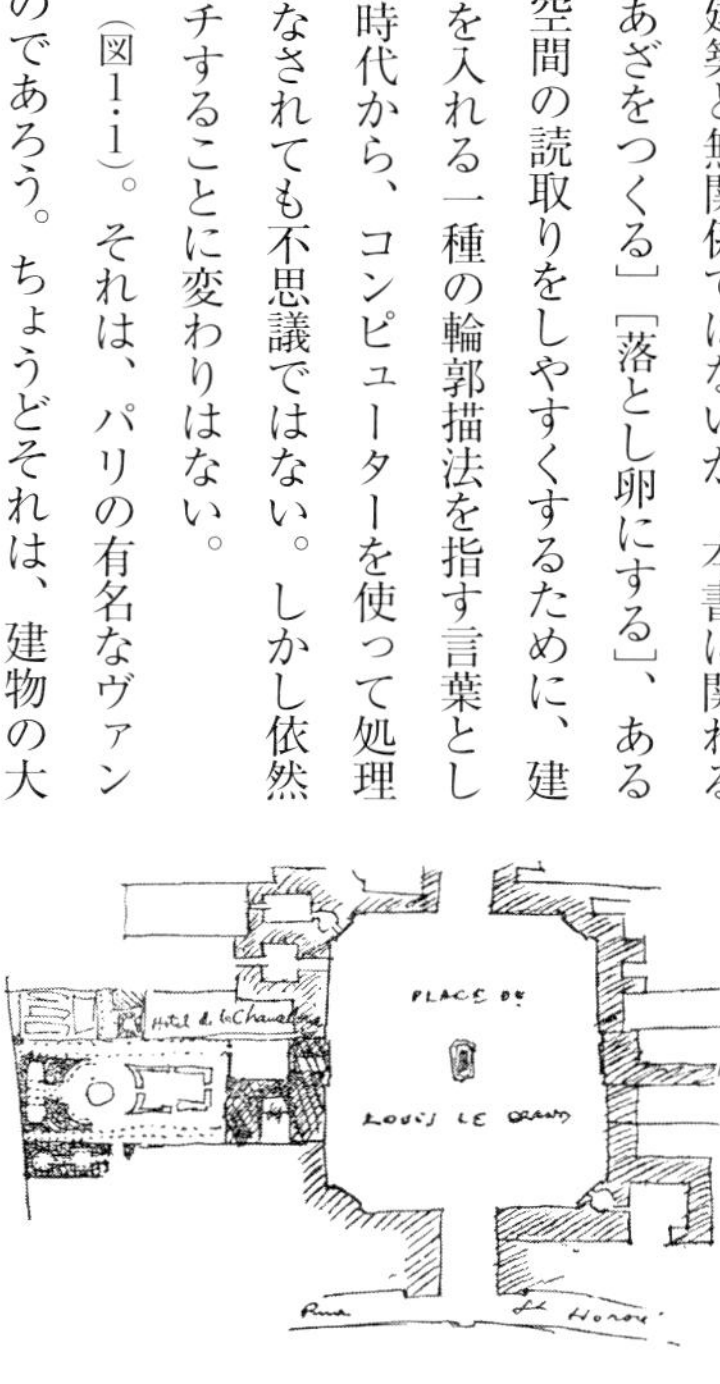

図1・1　コルビュジエのスケッチ。パリのヴァンドーム広場

に斜線を入れ、全体をアーバン・ポシェ（urban poche）として描いたものである。偶然ではあるがたしかにこのラフなスケッチは、人の目のようにも見えるし落とし卵のようにも見える。その建築家とは、当時ボザールの非難の標的となった近代建築の巨匠ル・コルビュジエ（Le Corbusier 一八八七〜一九六五）[*1]である。

「ポシェ」という言葉は、表現技法以上の意味をもった回想の中に存在する。そのポシェが使われたのと同じように、「パルティ（parti）」と「クリシェ（cliche）」という言葉は、今なお建築批評や美術評論の世界で使われている。「パルティ」はポシェの場合と同じように、日常のフランス語の意味と少し違って、物事の「基本方針」あるいは「基本概念」という意味で使われる。それに対して「クリシェ」は、語義の「きまり文句」「型通り」の意味から転じて思考の陳腐化を意味する。

前者は肯定的な、後者はおのずから否定的な発話や記述の中に出てくる。これらは、二〇世紀のはじめ、ボザール帰りの建築家によってアメリカン・ボザール様式[*2]が生まれたように、当時のアメリカの建築教育をリードした名門大学の教授たちが好んで使った言葉といわれる。わが国の建築教育や実務の世界では、一部の人を除き馴染みないものであるにしても、欧米諸国では建築批評の基本用語として今なお普通に使われており、必ずしも死語となっているわけではない。

それに対して「ポシェ」は、もはや古典的語彙《ボキャブラリー》として疎んじられてから久しい。しかし、近

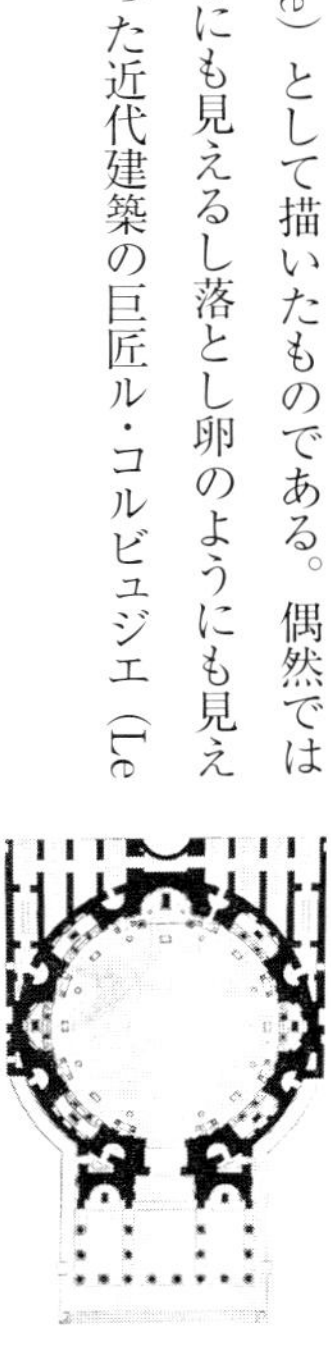

図1・2　ローマのパンテオン平面図

＊1　本名はシャルル・エドゥアール・ジャンヌレ・グリ（Charles Edouard Jeanneret-Gris）。ミース、グロピウス、ライトとともに近代建築の四巨匠といわれる。

＊2　パリのエコール・ド・ボザールで学んだアメリカの建築家が、ニューヨークを拠点に展開したヨーロッパ古典様式を指す。

年この言葉が再びとりあげられるようになった。それはなぜなのか。そして、どのような観点から着目されるようになったのか。

モダニズムという近代主義が、建築史家のいうように過去の価値観や権威への反逆もしくは決別を意味するものであるとするならば、二〇世紀初頭に起きた建築と都市の変革を、今あらたに「反転の諸相」としてとらえ、それを読み解く手掛かりの一つに「ポシェ」をとりあげるのはけっして偶然のことではない。

事実二〇世紀の後半、この言葉は死語の復活というよりは再生として表に出てきた。それは、一九六〇年代の半ばに建築家ロバート・ヴェンチューリ（Robert Venturi 一九二五〜）[*3]が著した『建築における多様性《コンプレキシティ》と対立性《コントラディクション》』の中にあった。建築と都市の空間事象を読みとる一つの有効な鍵として、ヴェンチューリは「ポシェ」に着目した。この著作については、同時代のアメリカの評論家ヴィンセント・スカリー（Vincent Scully 一九二〇〜）[*4]が、「一九二三年のコルビュジエの著した『建築を目指して』が世に出て以降、建築について書かれた著書のうち最も重要な書物である」とその意義をとらえ絶賛した。事実この著作は、彼固有の語彙と柔軟な論理によって近代建築の純粋主義《ピューリズム》批判を試みたものといってよい。

ヴェンチューリは、ルネッサンス建築や近世バロック建築に見られる空間とそれを規定する壁体部分（ポシェ）の関係性に着目しつつ、そこから読みとれる建築本来の多様性と対立性の現象を明らかにしていった。同時に「建築とは、明確に限定された媒介空間（残存部分）の形態として考えられるべきだ」と逆説的に語ったアルド・ヴァン・アイク（Aldo van Eyck

＊3　アメリカの建築家、ポスト・モダニストの一人。著書『建築における多様性と対立性』『ラスベガスから学ぶ』などにおいてモダニズム批判を試みる。

＊4　建築評論家。著書に『シングル・スタイル』『アメリカの建築とアーバニズム』などがあり、アメリカのヴァナキュラー建築に光を当てる。

＊5　オランダの建築家で後期モダニストのグループ、Team Xの主要メンバーの一人。初期の作品「子供の家(Childrens Home, Amusterdum)」は、世界に彼の存在を示した。

＊6　建築評論家。著書に『マニエリズムと近代建築』『コラージュ・シティ』があり、思弁的評論で名高い。

一九一八〜九九）[*5]の考え方をとりあげた。そして、この媒介空間を伝統的な「ポシェ」に対する新しい「オープン・ポシェ（open poshe）」と名づけることも可能であろうといって、ポシェの再認識と同時にその概念を拡大した（図1・3）。

それを受けて、建築史家のコーリン・ロウ（Colin Rowe 一九二〇〜九九）[*6]は彼の代表的な都市論である『コラージュ・シティ』の中で、ヴェンチューリの新たな発見に触れて、「我々はこの言葉を忘れていたか、せいぜい廃版カタログに突っ込んでおいたままだった。そして最近になってロバート・ヴェンチューリによって、その有用性を教えられた」と述べた。そして逆に近代建築の都市との関係喪失を指摘するうえで、「アーバン・ポシェ」という都市を読みとる一つの鍵概念を明らかにした。そして、コーリン・ロウは著書の中で、都市は建築という「構築されたソリッド（built solid）」によって実体化されるのと同じように、広場や街路という「構築されたヴォイド（built void）」によって組織化されるという観点から、歴史都市と近代都市の本質的な違いについて触れている。それはヴェンチューリによる「ポシェ」の再発見と再評価によるものであった。それでは、そもそも歴史的に見て「ポシェ」とはどのようなものであったのか、いくつかの歴史的側面から論じることにする。

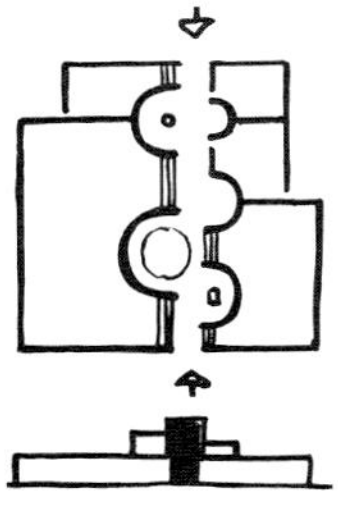

図1・3　アルド・ヴァン・アイクのスケッチと図面。サンスビーク・パビリオンと教会のダイアグラム

ポシェとエコール・デ・ボザール

エコール・デ・ボザールは、一七世紀に端を発するフランス王立アカデミーが、フランス革

命後のナポレオンI世（Napoleon I）の登場そして失脚、王制復古と政治体制の変転する中で一九世紀のはじめ絵画、彫刻、建築を統合して近代の美術学校に生まれ変わったものである（図1・4）。長きにわたって継承されてきたギリシャ・ローマの古典主義建築を規範としたアカデミズムは、市民革命を経て新時代を迎えたのちも、その伝統ある地位を保ち続けてきた。そして、二〇世紀はじめ、モダニズムのアヴァンギャルドからの激しい攻撃に耐えたものの、半世紀後の一九六八年のパリ五月革命[*7]を契機に教育制度そのものに対する批判と改革の声が強まり、ついに解体せざるをえなかった。それまで「ポシェ」という言葉によって引き継がれたボザール特有の表現技法《レンダリング》と様式至上主義が、時代性を失う運命となったというとらえ方が、その歴史的背景を知るうえでわかりやすい。

　最初に触れたように、「ポシェ」という言葉は、このエコール・デ・ボザールというアカデミーでしか使われなかった特殊用語であった。特に平面の表現技法で建物の厚い壁体部分、つまり空間に対して残余の部分を黒く塗りつぶす輪郭描法のことである。このこと自体は決められた技法にすぎないが、それを前提とする空間認識ということでいえば、建築の三次元的なボリュームのデザインを、二次元の抽象を通して読みとることであり、表現することであった。

「ポシェ」は、含意《コンノテーション》として人の目の構造に深く関わる。すなわち、黒目の部分と白目の部分、そして輪郭の三つが目の表象に欠かせないものであるとすれば、それはまさにポシェという建築空間の表現技法に欠かせない三要素、「図」と「地」と「領域」の関係と同じである。

図1・4　エコール・デ・ボザール正面（"AD Profile 17"ボザール特集）

＊7　一九六八年に、パリ大学に端を発した学生運動が労働運動と結びついて起きたフランスの社会革命。

ピカソの描く人物像の特徴の一つに、目の描き方がある。それは具象であれ抽象であれ、黒目は大きく、そしてしっかりと見開いている。目の周りは、さらにはっきりと太い輪郭で強調される。黒の場合もあれば、白の場合もある。ピカソは二五歳のとき裸の自画像を描いたが、その目には何か物を見ているという視線は感じられず、何でも吸い込んでしまうブラックホールのような印象を受ける（図1・5）。

顔面に一撃をくらい、打ちのめされたボクサーの顔は、大きく隈のできた目に敗北の陰をとどめる。シルベスター・ローンの演じた映画「ロッキー」の顔（図1・6）がまさにそれだ。どこかこの二つの目にはポシェという言葉の意味と相通じるイメージがある。そのように考えると、ポシェとは、単純な形象に単純な内容という、見る者の読取りを容易にすることにおいてこれ以上シンプルな表象はない。

一方、建築で使われる「ポシェ」を厳密に定義すると、それはすでに触れたように建物の空間《ヴォイド》と認識できる部分以外の部分、つまり構造《ソリッド》として存在するエリアを黒く塗りつぶす技法である。この表現自体はすでにルネッサンスの時代に遡る。そのわかりやすいものとして、一六世紀にサン・ピエトロ大聖堂の設計にあたったブラマンテ（Donato Bramante 一四四四〜一五一四）[*8]や、そのあとを引き継いだミケランジェロ（Buonarroti Michelangelo 一四七五〜一五六四）[*9]が描いた概略図《スケッチ》が代表例の一つとして挙げられる。

かつてブルーノ・ゼヴィ（Bruno Zevi 一九一八〜二〇〇〇）[*10]が「ローマのサン・ピエトロは、

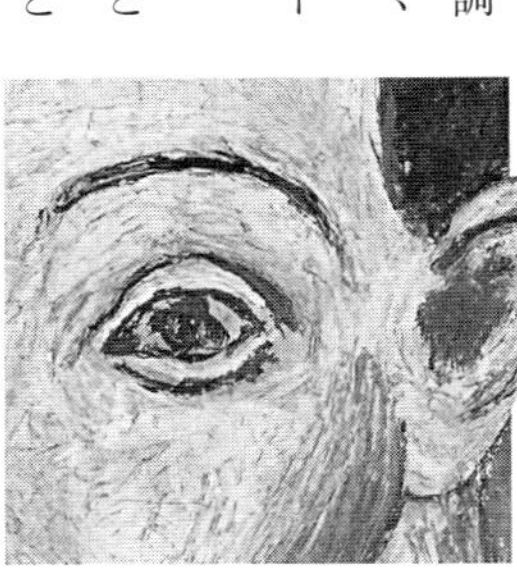
図1・5　ピカソ25歳のときの自画像。目の部分

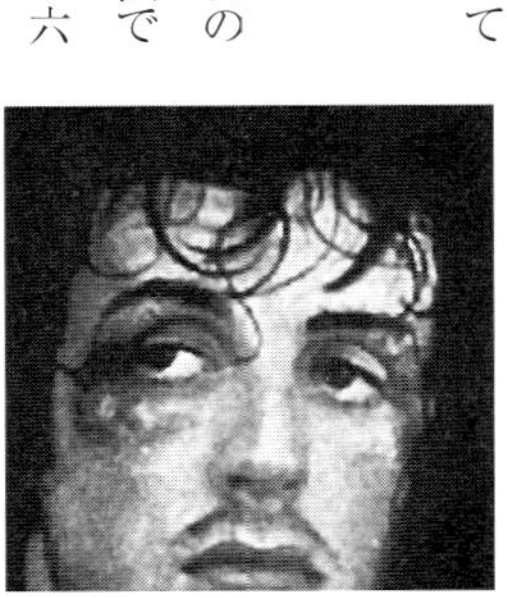
図1・6　シルベスター・ローンの演じた映画「ロッキー」での顔

＊8　イタリア・ルネッサンス盛期を代表する建築家。

ダンテ（Alighieri Dante 一二六五〜一三二一）の『神曲』[*11]と同じくらい複雑な作品である」といったが、サン・ピエトロ大聖堂は何人もの建築家が登場して連綿と続く一つの物語である。現在の大聖堂本体はミケランジェロの案によって形づくられたものであるが、それは最初に教皇ユリウスⅡ世（Julius Ⅱ）の命を受けてブラマンテが設計したギリシャ様式の十字形プランの原案（一五〇六）を活かしてつくったものである。今、輪郭描法のスケッチで示されたものを比較してみると、二人の建築家が意図した空間の質やスケールの違いがよく伝わってくる。二つとも集中形式の設計であるが、ブラマンテのものは空間にヒエラルヒーがあって、聖堂としての普遍性を生み出そうとしたように見える。それに対して規模縮小があったとはいえ、ミケランジェロは単純な空間構成と力強い造形性によって、カソリック大聖堂としてその頂点に迫ろうとしたように見える。いずれにしても、きわめて物質的なものの中に宗教建築の本質を探し求めようとした二人の建築家の意欲が、このポシェによって表現されていることがよくわかる（図1・7、1・8）。

次にエコール・デ・ボザールと「ポシェ」を語るうえで見逃せないのが、ローマ大賞の作品である。ボザール教育の真髄として、アトリエ制[*12]とローマ大賞（Grand Prix de Rome）がある。特に学生たちがディプロマをかけて競いあったこの大賞は、イタリア・ローマで研究を行う全額給付の奨学制度でもあり、受賞者は後世までその栄誉とともに建築家として地位が保証されるほど権威あるものであった。

＊9　イタリア・ルネッサンス盛期を代表する彫刻家・画家・建築家・詩人。ローマ・バチカンのシスティーナ礼拝堂の天井フレスコ画や「最後の晩餐」を描いたことで知られる。レオナルド・ダ・ビンチ、ラファエロ・サンティとともにルネッサンスの三大巨匠と呼ばれる。

＊10　ローマ生まれの建築史家。ライトの造形言語に傾倒、有機的建築運動を進める。

＊11　一四世紀初めに書かれた長編叙事詩。作者自身が地獄、煉獄、天国の三界を遍歴し信仰による魂の救済と至福を描く。

＊12　ボザール建築教育の特色の一つ。建築家による学内私塾に近い教育システム。学生は必ずアトリエに所属しなければならない。

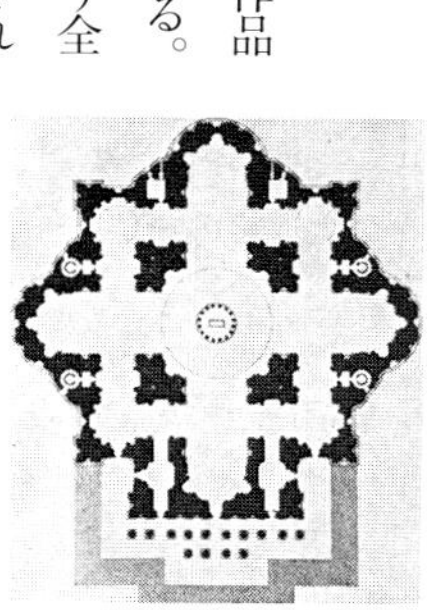

図1・7　ポシェの技法によるローマのサン・ピエトロ寺院平面、ミケランジェロの案

一九七五年に、ニューヨークの近代美術館で開催された「エコール・デ・ボザール建築展」は、フランスでもめったに見られない図面・資料が公開され大変な反響を呼んだことで知られている。そのうちの一つ、一八九七年の大賞の作品（A Celebrated Place of Pirigrimage）がある（図1・9）。これは一瞥してわかるように、「ポシェ」による完璧なレンダリングといえよう。興味

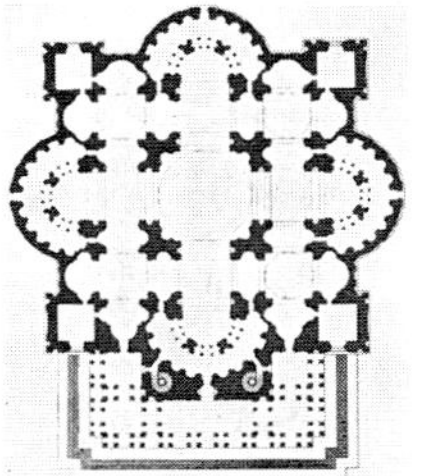

図1・8　ポシェの技法によるローマのサン・ピエトロ寺院平面、ブラマンテの案

図1・9　エコール・デ・ボザールのローマ大賞作品（JEA Duquesne 1897）

あることは、グランプリ作品の評価基準である。それはまず「パルティ（基本方針と明確なコンセプト）」であり、次に「マルシェ（marche 動きから見た空間構成と動線計画《サーキュレーション》）」、そして空間イメージを視覚化する「ポシェ」の有効性であったという。いいかえれば、技法の良し悪しではなく、「ポシェ」によって基本概念が伝わり、イメージされる空間が真に質の高いものであるかどうかであった。

この「ボザール建築展」の開催に、キュレーターとして貢献したダヴット・ファン・ツアンテン（David Van Zanten）が、大変興味ある解説を残している。

「「ポシェ」は、本来、形ある空間以外の残余部分をポジティブ・エレメントとして黒く表現することであるが、実は一つの場所が欲している空間を形づくるためにそれ自身のパワーをもって周りを浸食し、形ある残余部分をつくっていると考えることができる。その場合ポジティブなものは空間であり、ネガティブなものは構造体としてのマスである。だからこそ「ポシェ」は自らをポジティブと見せかけ、実は「空《くう》なる空」というポケットを形づくる力であるし、また同様に逆の関係もある」（筆者要約）

たしかに感情移入の強い解説ではあるが、描かれたピエトロ大聖堂やローマのパンテオンの平面を眺めていると説得力のあるとらえ方といえる。

かつて建築家ルイス・カーン（Louis Kahn 一九〇一～七四）[＊13]が語った話が思い出される。

＊13　後期モダニストの建築家の一人。ソーク研究所、キンベル美術館など抑制の中に豊かさをもつ建築をつくる。ペンシルバニア大学で長く教鞭をとり多くの優れた建築家を輩出する。

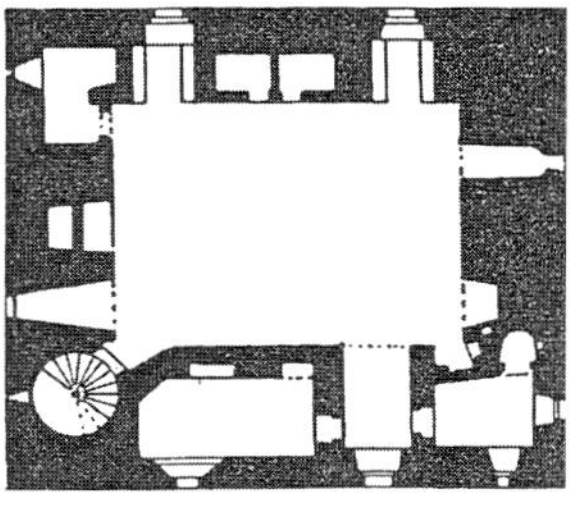

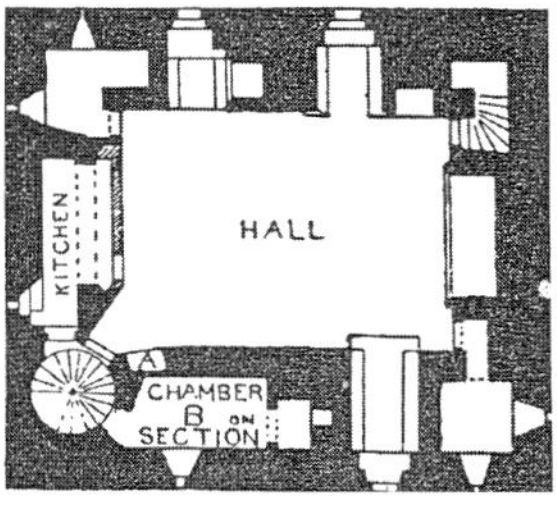

彼は、「どのような空間でも、それ自体何になりたがっているのか、つねにその意思を示している。だからオーディトリウムは、「ストラテバリウス（イタリア製のバイオリンの名器）」か「耳」のどちらかだ」と語り、空間とは内在する意志が具現化されたものでなければならないことを啓示した。

カーンは、一枚の平面図をいつでも目に留まるように自分の机の近くに貼っていた。それは、大変歴史の古いスコットランドのコムロンガン城の平面図で、城の分厚い壁がポシェとして黒く塗られ、それ以外が形質の明瞭な空間である。カーンは、特にこの昆虫の巣か何かを想わせる空間と、ひと続きの「円」や「三角」や「四角」のプライマリーな形にひかれ、イメージを触発する原形質として眺めていたといわれる。内在するシーズがみずからマスを浸食して、形ある空間を生成するプロセスを想像したのであろう（図1・10）。その意味でいえば、エジプトの有名なギザのクフ王のピラミッドは、わずかの墳墓空間に対して世界一巨大なポシェとして存在しているといってもよい（図1・11）。

生物の発生形態学では、すべて発生のしくみは、あらかじめ決められているものの拡大過程だとする前成説（pre-formation）と、外的状況への適応を含む分化の過程であるとする後成説（epigenesis）の二つがあった。これをめぐって長い歴史的な論争があったといわれる。カーンは、座右の銘としたコムロンガン城の図を眺めるとき、このどちらの説を思い浮かべることになるのだろうか。おそらく後者であろう。

ボザールの設計教育では、まず建物の平面図が指導する建築家によって描かれる。そのあと

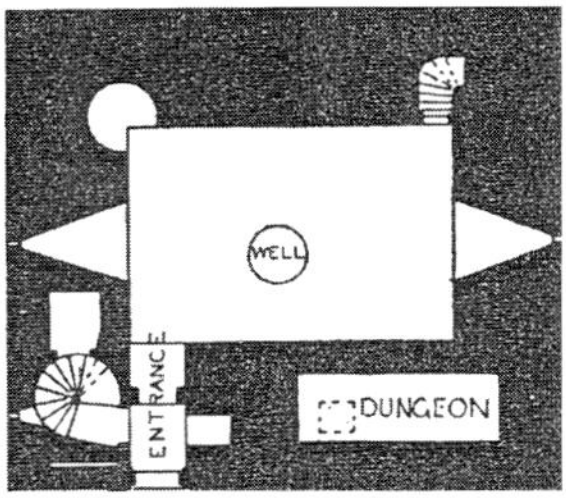

図1・10　ルイス・カーンがつねに眺めていたスコットランドのコムロンガン城平面図

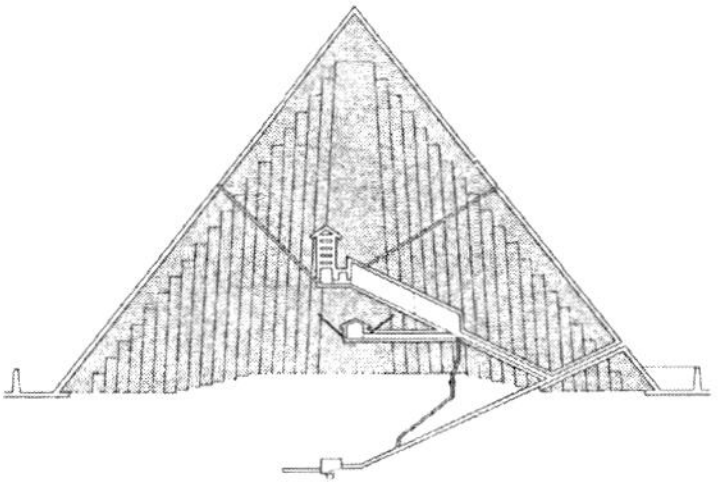
図1・11　紀元前二六〇〇年頃建設されたギザのクフ王のピラミッド断面

建築を学び始めた学生たちが、その輪郭部分を塗りつぶすという基本訓練が行われていた。そこでは、黒（poche pur）もしくはグレイ（poche dilue）のどちらかが要求されたが、いずれも全体の読取りのための輪郭描法の習得であった。ボサールでは、建物といえばほとんどが石造の耐力壁を前提とするものであったため、その部分が黒く塗りつぶされることによって、白く残された空間との相対的な関係、つまり「ポシェ」が空間の読取りを容易にした。学生たちは、大きい部屋は当然天井が高く、そのスパンの大きい部分には相応の荷重を支持する分厚い壁体が必要となることをポシェによって学んだ。

このようにして、建築の三次元ボリュームが、平面という二次元の図像を通して読みとられていたのである。しかし石造の耐力壁構造《ベアリングウォール・システム》から軸組構造《スケルトン・システム》に変わった時点で、長く続いたソリッドとヴォイドの美しくも親密な関係が意味のないものとなった。それは後段の章でくわしく触れるコルビュジエのドムイノ方式による空間概念の変革と軌を一にしている。

「地」と「図」

「ポシェ」はゲシュタルト心理学[*14]で明らかにされている「地《グラウンド》（ground）」と「図《フィギュアー》（figure）」の知覚認識と深いつながりがあることは論をまたない。

「物《オブジェクト》または図」を識別するためには何らかの「地」または「背景」となるものが必要であり、また一方で知覚という行為には、閉じた視覚の領域《ヴィジュアル・フィールド》が前提となる。このことは、領域の認識は

＊14　ベルリン学派の提唱した形態心理学。ゲシュタルトとは、一つの図形は個々の要素の総和以上のまとまった構造をもち、変換を通じて維持される形態のことをいう。

「図」の認識に先行することを意味している。

どのような場合でも、我々の着目するポジティブ・エレメントとしての「図」は、それに対する背景としての「地」なくしては存在しえない。それゆえに、「図」と「地」は、ちょうど「ソリッド」と「ヴォイド」が相互規定によって建築そのものを、そしてその建築が都市の実体を構成するのと同じである。

大学で形式論理学をはじめて学んだ人は、教師が板書した「下り」で一度聞いたら必ず記憶に残る言葉がある。それは、「[A]は[非A]ではない」という単純明快な論理である。考えれば、これは否定の否定であり、「A」を証明するロジックとして疑問に思う余地がない。「……でない」つまり「not……」が、これほど言語の中で重要な意味をもつことを知る瞬間はない。これは図を使って説明することもできる。一つのことを周囲のことから区別するためには、それ自身が背景でないことを示せばよい。したがって、「図」と「地」の関係は、この「[A]は[非A]ではない」という論理を、「[図]は[非図《ノン・フィギュアー》ーすなわち背景]ではない」というポシェの論理に読みかえることが可能である。

地図は、三次元空間を二次元情報によって表したものである。人が時空を超えて自由に旅することができるのが、地図の魅力の一つである。

我々は、一七四八年にノリ（Jiovanni Nolli）[*15]の描いたバロック・ローマの地図に目をやるとき、見れば見るほど不思議な空間に引き込まれていく。それはなぜだろうか。

＊15　一八世紀のイタリアの建築家・サーベイヤー。図像学的な地図の作成者として有名。

まずノリの地図は、読取りの楽しさを与えてくれる。白と黒《ハッチ》だけで示されている図の中で、何をポジティブ・エレメントと認識するかによって、「地」と「図」の関係が逆転することに気づく。それは「ルビンの壺」(図1・12)といわれる図を「壺」と見るか、向き合う二人の「人の顔」と見るかの関係と同じである。しかし二つのことを同時には認識できない。

ノリの地図でわかることは、「建物」が街路や広場を規定するポジティブな「図」として見える一方、あるときは教会や聖堂の内部が外部空間の延長《エクステンション》部分のように見えることに気づくと、逆にパブリックなオープンスペースである「街路」や「広場」や「コートヤード」がポジティブな「図」として見えてくる(図1・13)。事実ヨーロッパの都市では、教会の内部はいつでも誰もが祈りを捧げることができる。よそからの訪問者についても同じである。また、主要な公共建築の中庭《コート》や庭園《ガーデン》は原則市民に開放されている。そのように考えれば、都市の公共空間は街路や広場だけではない。見方によっては、実は大変な数の建物内部がセミ・パブリックな場所であることをノリの地図は教えてくれる。このように、「図」と「地」が交互に変動する現象は、読取りの反転性《インヴァージョン》を表すものであるが、見方を変えれば「都市」を理解することは、状況をいかに認識するかによって変わることを示している。

オランダの建築家アルド・ヴァン・アイクの語った言葉で、よく引用されるものに「A house is A tiny city, A city huge house(一つの家は小さな都市であるように、一つの都市は大きな家である)」という実にいいえて妙なるアナロジーがある。ヨーロッパの人たちにとって、

図1・12 ルビンの壺。ゲシュタルト理論の「地」と「図」の有名な図で、壺と人の横顔が交互する

たとえば家で食事をするのも、街中の通り沿いのカフェや広場のレストランで食事をするのも同じことなのだ。すなわち自分の家と街とは別のものではない、一つの連続体である。したがって、自分の帰属する町や都市に対して代々変わらぬ愛情があるのも、自我の拡張する領域として「わが町」や「わが都市」を意識しているからだ。

ノリの地図は、公的領域《パブリック・レルム》の読取りとして建物がいかに重要な役割を果たしているかを教えてくれるだけでなく、その建物の内部を含めて一つの都市組織《アーバン・ティッシュ》が成立していることを気づかせる（図1・14）。この一八世紀につくられた地図は、現代の我々だけではなく、バロック・ローマに生きた人たちにとっても新たなローマの再発見につながる地図であったに違いない。都市全体の中で、私的領域《プライベート・レルム》である建物自体が一種の「ポシェ」となって公的領域の読取りを助ける。最初に紹介したコルビュジエのヴァンドーム広場のスケッチが（図1・1）、この「アーバン・ポシェ」であり、歴史的都市の構造を読み解く鍵概念である。それに対して、近代都市においては、建築はもはやこのアーバン・ポシェとして存在するのではなく、自律する単体としての建築であり、それ以外は純然たるオープンスペースとして存在する。まさに歴史都市とは「地」と「図」の「反転」の関係にある。このことに関してはのちに論ずるが、たとえばコルビュジエのパリ・ヴォアサン計画[*16]の全体図を見れば一目瞭然である（図1・15）。

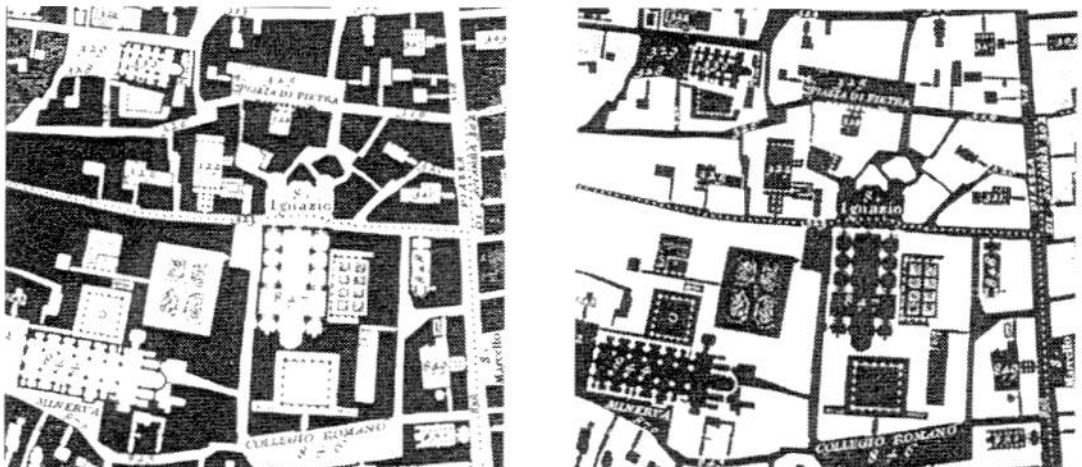

図1・13 ノリのローマの地図（一七八四）、地と図の反転

＊16 コルビュジエのパリ改造計画の一つ。

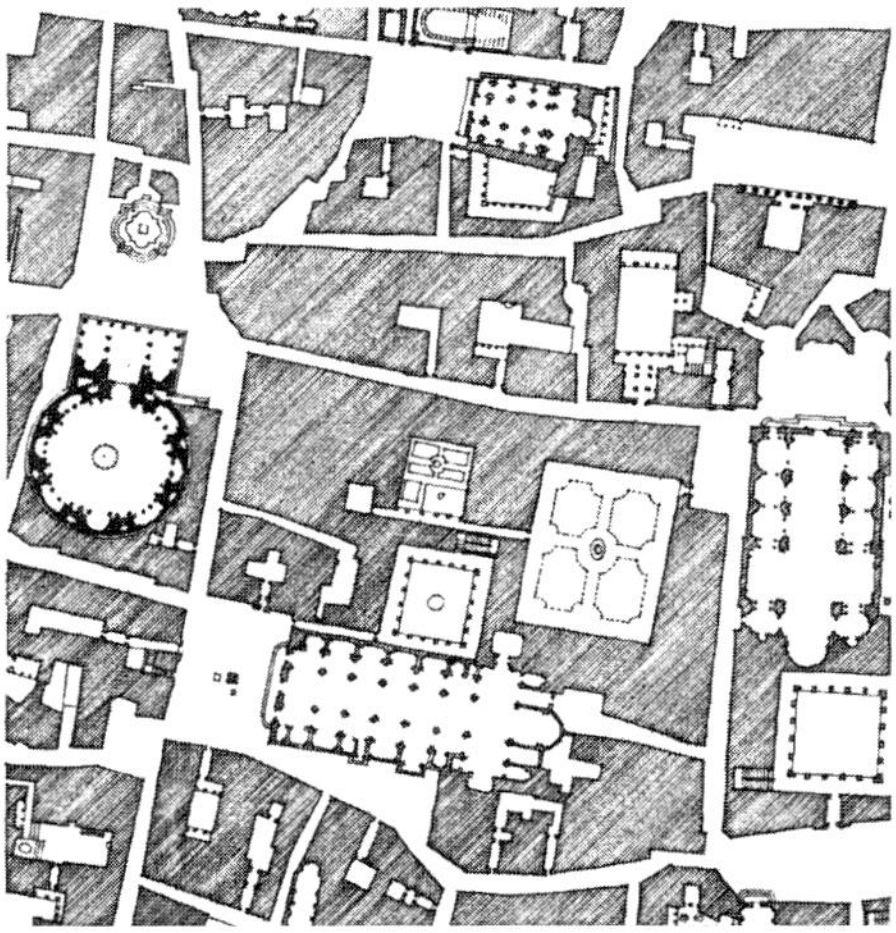

図1・14　ノリの地図。建物がアーバン・ポッシェ（構築されたソリッド）として描かれているが、パンテオンや聖堂・教会の内部、クロイスター、パラッツォの庭園が、広場や街路と同じように構築されたヴォイドとして表現されている

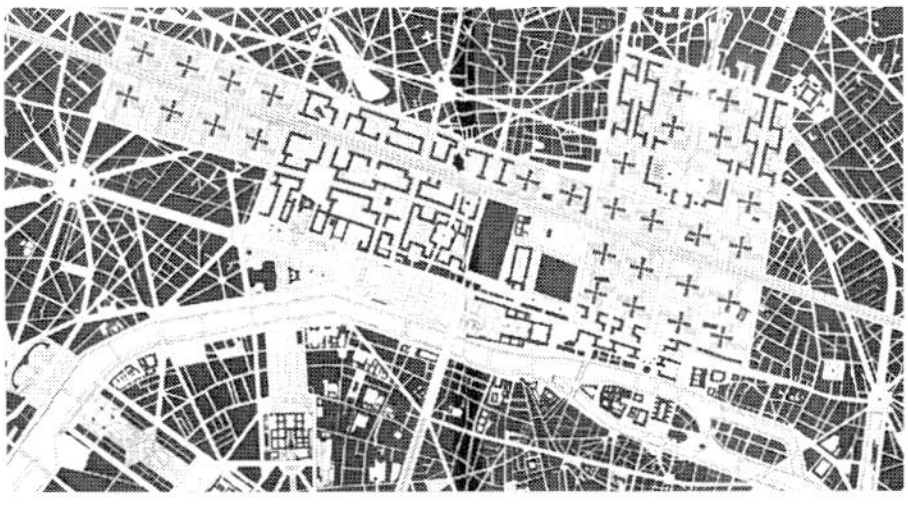

図1・15　コルビュジエのパリ・ヴォアサン計画（一九二五）

ポシェと建築の読取り

ブルーノ・ゼヴィは、「建築の歴史は、何よりも優れた空間の歴史である。建築の評価は、基本的に建築の内部空間の評価である」という観点から、「空間としての建築」を著した。一方その中で、「建築の［平面］は、建物の具体的な空間体験とはまったく別な、抽象的なものである。しかしなお［平面］は、建築作品の全体を判断できる唯一の方法である。すべての建築家は、平面が建築の芸術的価値を決定する重要な要素であることを知っている」と述べた。一方、コルビュジエは、著書『建築を目指して』の中で「立体《ボリューム》と面《サーフェス》とは建築を表明する要素である。その立体も面も［平面］によって決定される。［平面］が原動力《ジェネレーター》である。想像力不足の方々にはお気の毒だが」といい放った。

この平面が原動力であるといったことに対して、ゼヴィは「建築の理解の進歩に貢献したわけではない。逆に、彼（コルビュジエ）の弟子たちの中にボザールの学校美学と同様の形式主義的な［平面の美学］の神話を引き起こした」といった。このことは明らかに評論家と建築家の立場の違いを示したもので興味深い。ゼヴィは、建築をどう理解すべきか、そのためには何を基本に考えるべきかという見地から、建築の本質を「空間」ととらえる。建築を客観的に理解しようとするゼヴィの立場と、みずから信ずる本質的な空間を創造しようとする建築家コルビュジエの立場の違いであろう。

そこで今一つの比較論として、実在する具体的な建物について、平面でも空間でもない「ポシェ」という鍵概念を基礎として建築をどのように読みとるかを試みる。それはある時代、あるいは同時代の空間概念の違いを明らかにすることが目的である。

ここに四つの事例として、一七世紀中葉の典型的なバロック・オテル、その中でも傑作としてよく知られる「オテル・ドゥ・ボーヴェ（Hotel de Beauvais 一六五二～五五）」、一九世紀末の典型的なネオクラシカル・オテルといわれる「オテル・ドルリアン（Hotel d'Orliane 一八七九）」、二〇世紀初頭のコルビュジエの「ヴィラ・サヴォア（Villa Savoye 一九二九～三一）」、そして二一世紀はじめの現代住宅の一つとして妹島和世の設計した「梅林の家（二〇〇五）」と「トレド美術館」をとりあげる。はじめの四つの建物に共通することがあるとすれば、規模の違いは別としていずれも純然たる住宅であり、一つを除き三層構成のほぼ方形に近い形態をしていることだ。また、オテル・ドゥ・ボーヴェの最上階はアティックであり、サヴォア邸の最上階はルーフテラス（屋上庭園）であることは、オプションとして論じることにする。

●「アーバン・ポシェ」としての建築：フレンチ・オテル

オテル[*17]といえば、通常はフレンチ・オテルのことをいう。これは一七世紀半ばから一九世紀初頭にかけてパリを舞台としてつくられてきた貴族の、後半は都市ブルジョアジーのための都市邸館である。西洋建築史だけでなくフランス近世建築史に限って見ても、このオテルは歴

*17　一七～一九世紀にかけて、パリを中心につくられた貴族・富裕ブルジョアジーの都市邸館。

史の主流には現れない。しかしかりに、住宅都市パリが二〇世紀初頭コルビュジエによって批判の対象となる過程があったとしても、都市住居こそ「都市建築」の原点であるという意味において、けっして無視できない存在である。

一七世紀中葉にアントン・ル・ポートレ（Antoine Le Pautre 一六二一～八一）の設計した「オテル・ド・ボーヴェ」（図1·16）は、バロック・オテルの空間原理を見事に集約した建物として例示される。

建物平面からわかるように、敷地がきわめて不整形であり、接する表と裏の二つの街路は平行でもなければ直交でもない。また、隣接する両側の壁（共有境界壁《パーティー・ウォール》）も平行ではない。この場所には、中世の頃に三つの建物があったとされ、設計者であるル・ポートレは当時の基礎をそのまま利用したと記録されている。敷地は不整形であるだけでなく、けっして広くない。通常バロック・オテルは、主館の後ろにコートとは別のプライベート・ガーデンがつくられるが、その余裕はまったくない。建物以外の外部空間といえば、通路《ポルトコシェール》で街路とつながるコートヤードだけである。街路に面する主館《コール・ドゥ・ロージ》には、一階にショップ、二階に居住部分が配置されている。後方には厩舎のほか、サーヴィスエリアと裏街路につながる通路がある。二階の後方には、予備の部屋とギャラリーがあり、一番奥にあるチャペルがコートヤードの軸線上に位置している。

面白いのは、当時のバロック・オテルとしては珍しい借家《アパートメント》が裏街路に面してつくられており、ハング・ガーデン（屋上庭園）によって他の部分と隔てられている。さらに細かく見ていくと、すでに触れた大小さまざまな部屋のほか、上下階をつなぐ主階段に対して一見残滓のように見

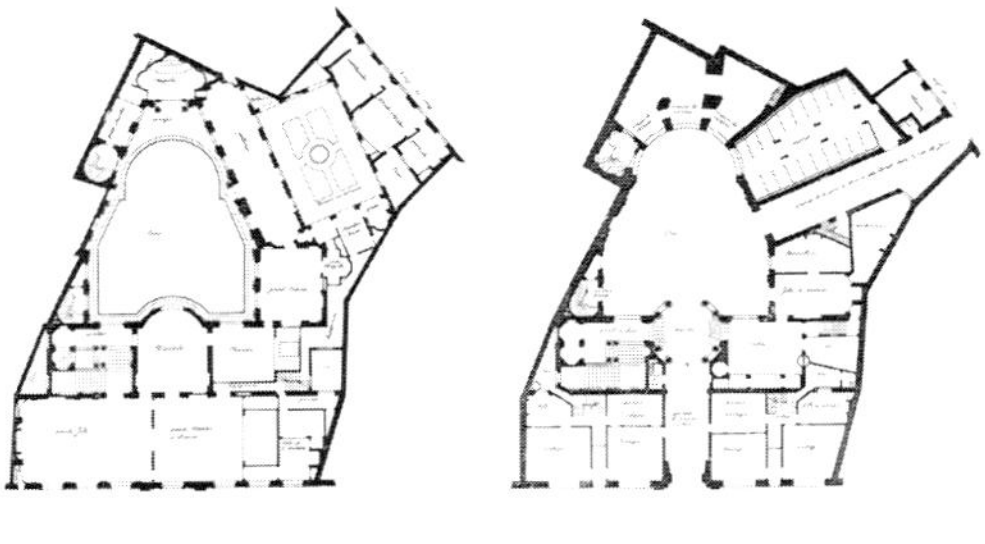

図1・16　ル・ポートレの設計したオテル・ドゥ・ボーヴェ一、二階平面

えるローカルなサーヴィス階段や小通路、洞窟《グロット》、大きな鳥籠室《ヴォリエール》が見られる。イレギュラーな形をした平面全体が、いっさい無駄のない密実な空間構成となっていることに気づく。したがって今、建物を「ポシェ」の観点から見ていくと、次のような段階的な読取りが可能である。

まず都市スケールの観点から見ると、街路とつながるコートヤードがセミ・パブリックの領域としてはっきりと識別できる。きわめて不整形な敷地にもかかわらず軸性のはっきりとした幾何学的なコートヤードが、あたかも一つのマスから刳り貫かれたようにも見える。それは、すでにバロック・ローマのノリの地図で見たように、都市の広場や教会の内部、そして個々の建築のコートヤードが、全体としてオープンスペースのネットワークとして読みとれるのは、このオテル・ド・ボーヴェのような建物が「人の住む《ハビタブル》ポシェ」という、「アーバン・ポシェ」として認識されるからである（図1・17）。

　このオテルは、敷地がいかにも不整形であるにもかかわらず、けっして歪むことのない明確なコートヤードがほぼ中央にある。それは敷地との間に折合いをつけるというよりは、いっさいの妥協を許さないかのように存在している。そして、「アーバン・ポシェ」と見なされる建物全体には、前述のようにさまざまな部屋や場所が一分の隙もなく密実に配置されている。オテルとはまったく類例の異なるものであるが、関連して触れると、エジプトのカイロにあるスルタン・ハッサン・モスク（Sultan Hassan Mosque 一三六三、図1・18）の平面に見られる関係も同じである。「イレギュラーな空間構成の中のレギュラーな空間」という妥協のない関係性である。これは整形な中心《センター》と不整形な周縁《ペリメーター》が、一方が他方を犠牲にすることなくヴォイ

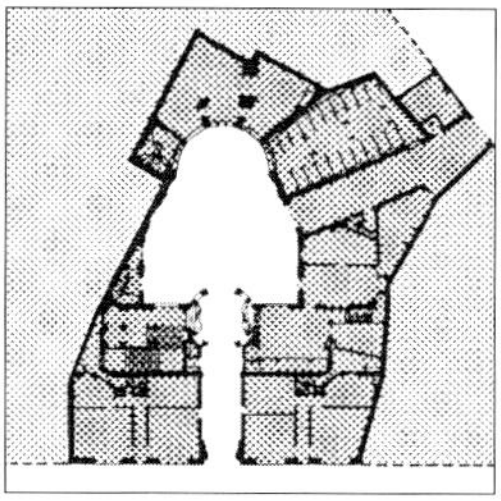

図1・17　アーバン・ポシェとして見たオテル・ドゥ・ボーヴェ

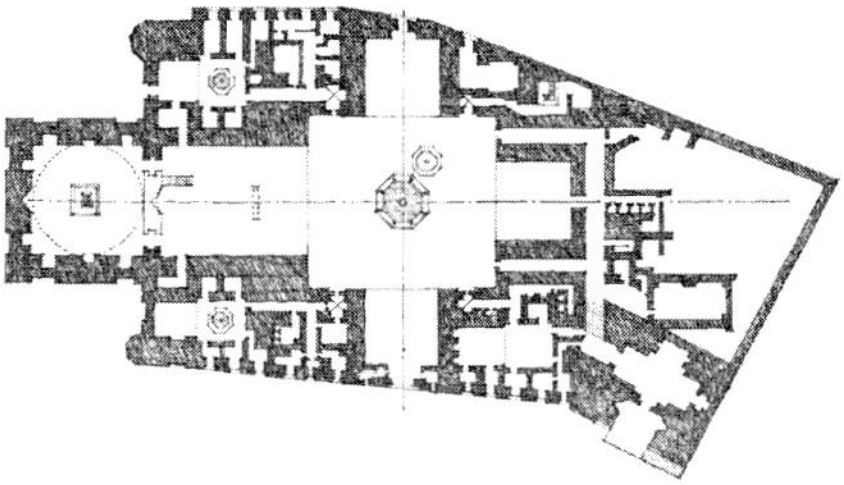

図1・18　スルタン・ハッサン・モスク、エジプト、カイロ

ドとソリッドの関係の中で成立している。ヴェンチューリの言葉を借りれば、これはまさに「困難な全体《ディフィカルト・ホール》」そのものであって、のちに述べる近代建築が最も遠ざけた概念であった。

オテル・ド・ボーヴェは、敷地に適合しかつ都市とのつながりを失わないために、セミ・パブリックなコートを内在するという、絶妙な応答関係の中に成立している典型的なアーバン・インフィルの「都市建築」といえる。このことからわかるように、「都市建築」というのは単純に都市に存在することと同義ではなく、最終的に私的領域と公的領域が相互に規定しあって都市を組織化する建築のことをいう。

この「アーバン・ポシェ」というとらえ方は、バロック・オテルが連続した都市組織を構成する「都市建築」であることを検証するうえできわめて有効な概念である。また、後半で述べる近代建築の「独立した単体建築《フリー・スタンディング・オブジェ》」が、パビリオン建築として対極にあることを知るうえでも同様である。

●「アーバン・ポシェ」の消滅：ヴィラに向かうオテル

次に示すオテル・ドルリアン（図1・19）は、オテル・ド・ボーヴェがバロック・オテルであるのに対して、一八世紀のネオクラシカル・オテルを代表する都市邸館である。中間のロココ・オテルを経て約一〇〇年以上の隔たりがあるが、共有境界壁やコートヤードをもつことにおいてオテルの伝統をとどめている。

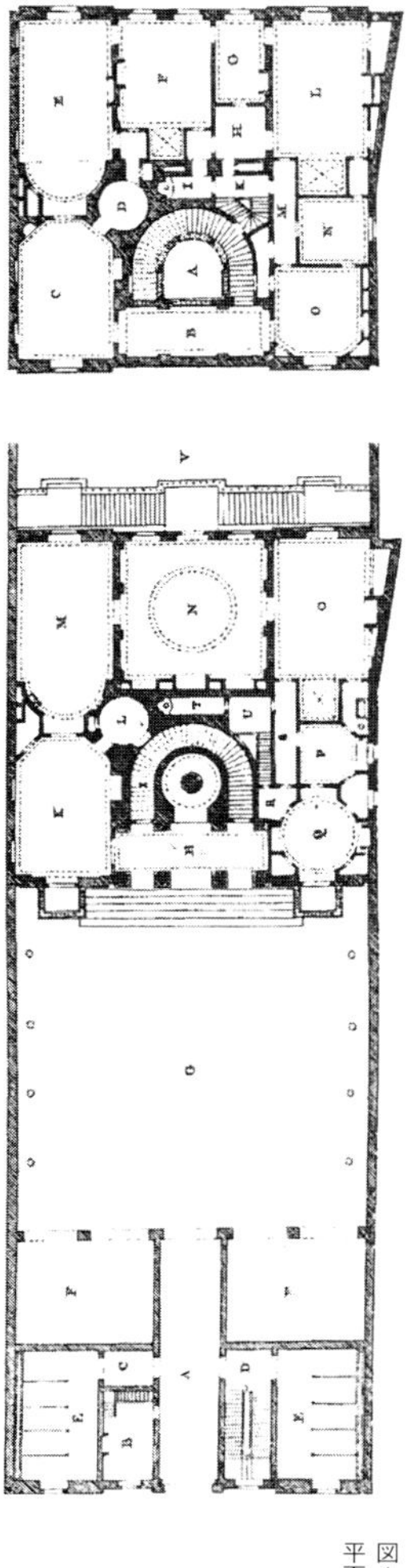

図1・19　オテル・ドルリアン一、二階平面

一七世紀中葉に都市建築としてつくられたバロック・オテルに比べて、明らかに主館の独立性が増してヴィラとしての性格が強まった。時代は世紀末から一九世紀にかけて、産業革命を経て初期資本主義の進展とともに台頭した金融資本家や産業資本家の主導する市民社会へ移行するときであった。ネオクラシカル・オテルはそのような新興階層のためにつくられたものが多かったが、それらは自律性という意味においてのちに触れる近代建築の「独立した単体建築」へ向かう予兆と見なすことができなくもない。

一見してわかるようにオテル・ドルリアンは、主館の中央に打ち込まれたような大階段《グランドステアー》があり、それを包み込むように大きさと形質の違ういくつもの部屋が、約一八m四方（これはコルビュジエのヴィラ・サヴォアよりわずかに小さい）の中にコンパクトにまとめられている。この邸館には、オテル・ド・ボーヴェのような建物に胎内化されたコートヤードの「ヴォイド」はいっさいなく、その片鱗すら見られない。その代わり、主館と厩舎との間に、正面広場ともいえる実にフォーマルな馬車寄せの外部空間（コートヤード）がつくられている。両側は共有境界壁で限定されているが、敷地に余裕があって境界壁が建物から離されるようなことになれば、オテル・ドゥ・モナコ（Hotel De Monaco 一七七四〜七七、図1・20）のような独立した邸館の形に近づく。したがって、オテル・ドルリアンはその前段階のものと見ることができる。

建物平面を見ると、古典的な三分割構成を一部くずした変則的なものであるが、各室は分厚い壁によって仕切られており、その個別性と独立性がはっきりとしている。見方によっては、量塊《ソリッド》を必要に応じて刳り貫いてできあがった空隙《ヴォイド》の集合《アッセンブリー》と見ることが可能で、残滓である壁体がポシェとして示されているといってもよい。大階段を中心に循環性のある空間構成となっている。しかし、オテル・ドゥ・ボーヴェのような、アーバン・ポシェとしての存在ではない。バロック・オテルに始まった都市建築としての邸館は、一〇〇年の隔たりを経て、それまで建物に取り込まれていた前庭やコートが建物とは別のオープンな空地としてつくられ、建物それ自体は独立した「パビリオン」*18の佇まいに変わっていった。

今ここで語ろうとしているのは、フランスのごく限られたオテル建築の変容の歴史そのものではない。後述する二〇世紀のモダニズム建築を代表するコルビュジエのヴィラが、実はこの歴史的文脈とは無縁ではなく、むしろその線上にあることを知るためにも、このフレンチ・オテルの変革を見ておくことが必要があった。二〇〇年以上にわたってつくられてきたパリの都市住居の呪縛を解き払うように、建築家コルビュジエは一九二〇年代にヴィラ・サヴォアを建

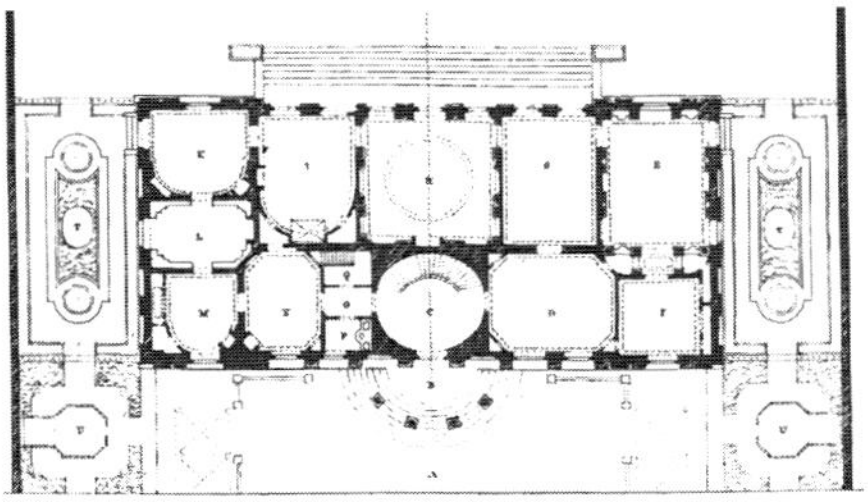

図1・20　オテル・ド・モナコ一階平面

＊18　英語のpavilionは、公園、庭園の「あずまや」を指すが、本書では周辺と特別の関わりをもたない独立した単体建築。近代建築の特性を表すシンボルとして使われている。

てヴィラ・ガルシェを建てた。しかし、ヴィラ・ガルシェの配置プランを見たとき、オテル・ドゥ・モナコやオテル・ドルリアンの庭園壁を取り払った姿を彷彿させる（図1・21）。都市建築として始まったバロック・オテルが、時代とともに規模を拡大したのち、一八世紀後半には単体建築としてのアーバン・ヴィラに変質していった経緯は、モダニズム建築への遷移を占ううえできわめて示唆に富む。

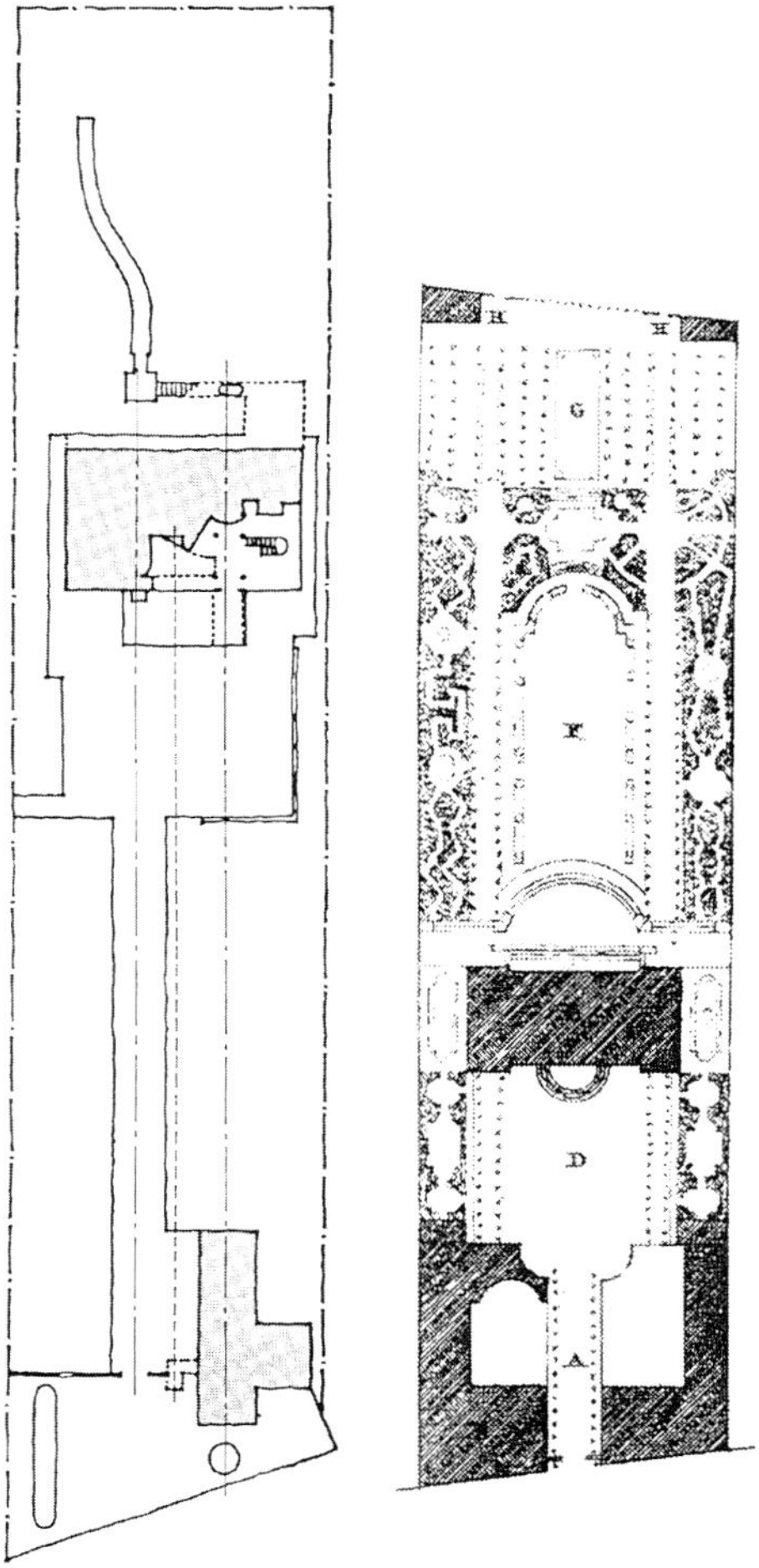

図1・21　オテル・ド・モナコ（右）とヴィラ・ガルシェ（一九二八）の配置図

●ヴィラ・サヴォアに見る反転

建築家を志した者であれば、コルビュジエのヴィラ・サヴォアの存在を知らないことはない。また今日までに、どれだけ多くの評論家や建築家が、コルビュジエの作品について語り、コルビュジエ論を書き残したかわからない。没後四五年以上経った今でもそれは続いており、モダニズム建築のイコンとしてその存在は大きい（写真1・1）。

今ここでは、多くの例にならって、コルビュジエのサヴォア邸の空間論、形態論を試みるのが目的ではない。このシンボリックな近代建築を、一連の「回想のポシェ」のテーマの中で眺めたとき、あらためて何が見えてくるのか、それを明らかにするのがねらいである。

一七世紀に起源をもつ「都市建築」としての「アーバン・オテル」が、いくつかの変容を経て「アーバン・ヴィラ」となり、二〇世紀初頭のパビリオン建築につながることはすでに述べた。今サヴォア邸をこの歴史的文脈の中で眺めたとき、コルビュジエは過去の伝統建築と訣別し「住むためのマシン」を唱道しえたとしても、実はその伝統建築は結果として反面教師であったのではないかという仮説をたて、そのことを「ポシェ」の概念を通して解き明かしたい。

コルビュジエの一九二〇年代は、彼の生涯の中で最も多くの住宅設計に没頭した時代であった。一方、画家オーザンファン（Amedee Ozenfant 一八八六〜一九六六）とともに雑誌『エスプリ・ヌーボー（新精神）』を立ちあげ、創刊号以来連載し続けた評論を後日『建築を目指して』

写真1・1　サヴォア邸全景と航空写真

という本として初出版した。その後、版を重ねるだけでなく一九二四年には『ユルバニズム』、一九二五年には『今日の装飾芸術』、一九二八年には『一つの家屋＝一つの宮殿』をエスプリ・ヌーボー叢書として出版し、精力的な執筆活動を展開していた。デザインの世界とポレミックな世界を、建築家《アーキテクト》として理論家《セオリスト》として他に追随を許さぬ勢いをもって生き抜き、若きコルビュジエの名を世界に知らしめた時代であった。

　一九二八年から二九年にかけてつくられたヴィラ・サヴォアは、最初からオテルでもメゾンでもなく「ヴィラ」と名づけられているとおり、ポワシーの保険業者ピエール・サヴォア（Pierre Savoye）のために建てたパリ郊外の別荘《ヴィラ》である。

　このサヴォア邸は、彼の作品歴の中のハイライトのイメージが強いが、実はそれに先立って一九二三年にラ・ロッシュ―ジャンヌレ邸、一九二六〜二八年にはスタイン＝ド・モンジー邸（ヴィラ・ガルシェ）が建てられており、それぞれ近代住宅史に残る名作であることはよく知られている。さらにいえば、サヴォア邸より前に伝統的なインフィル・タイプの都市住宅《アーバン・メゾン》として、メイアー邸（Villa Meyer 一九二五〜二六）が計画され、クック邸（一九二六〜二七）が完成している。このようにコルビュジエは、一九二〇年代の一〇年間に、パリだけでも一五件に及ぶ住宅の設計を手掛けた。

　一九八七年にエール大学出版会から出されたティム・ベントン（Tim Benton）の『コルビュジエのヴィラ』と題するドキュメントによれば、この期間は住宅のプロジェクトが途切れることなく、また住宅以外の建物、たとえば救世軍難民院《サルベーション・アーミー》（一九二九〜三三）やワイゼンホーフ・

ジードルングのハウジングなどを含めて精力的に仕事をしていたことがくわしく報告されている。一連の住宅だけで、その設計料が当時の金額で七五万フランほどあったと記されているのは興味深い。

サヴォア邸は、一つの住宅としてこれ以上「独立した単体建築」を代表する珠玉の作品《パヴィリオン》はほかにない。そして、この建築を読み解くのに、コルビュジエが掲げたドムイノの構造と「新しい建築の五つの原則」をもって明快に説明しつくせる建築もほかにない。同じティム・ベントンのドキュメントによると、コルビュジエはサヴォア家の予算に合わせるために二転三転して案をつくり替えている。最終的には原案に近いものを実現できたが、途中の段階では現在の建物からは想像もできないような代替え案を検討していたことがわかる（図1・22）。設計という

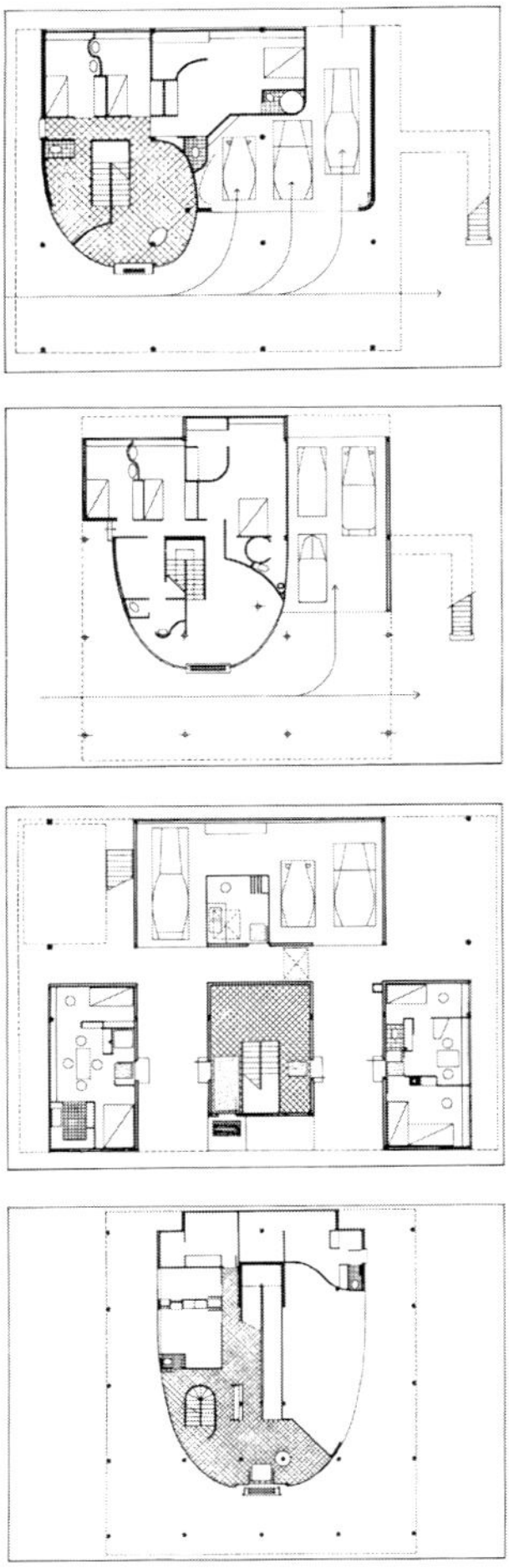

図1・22　サヴォア邸一階平面の最終案に至るまでの検討案

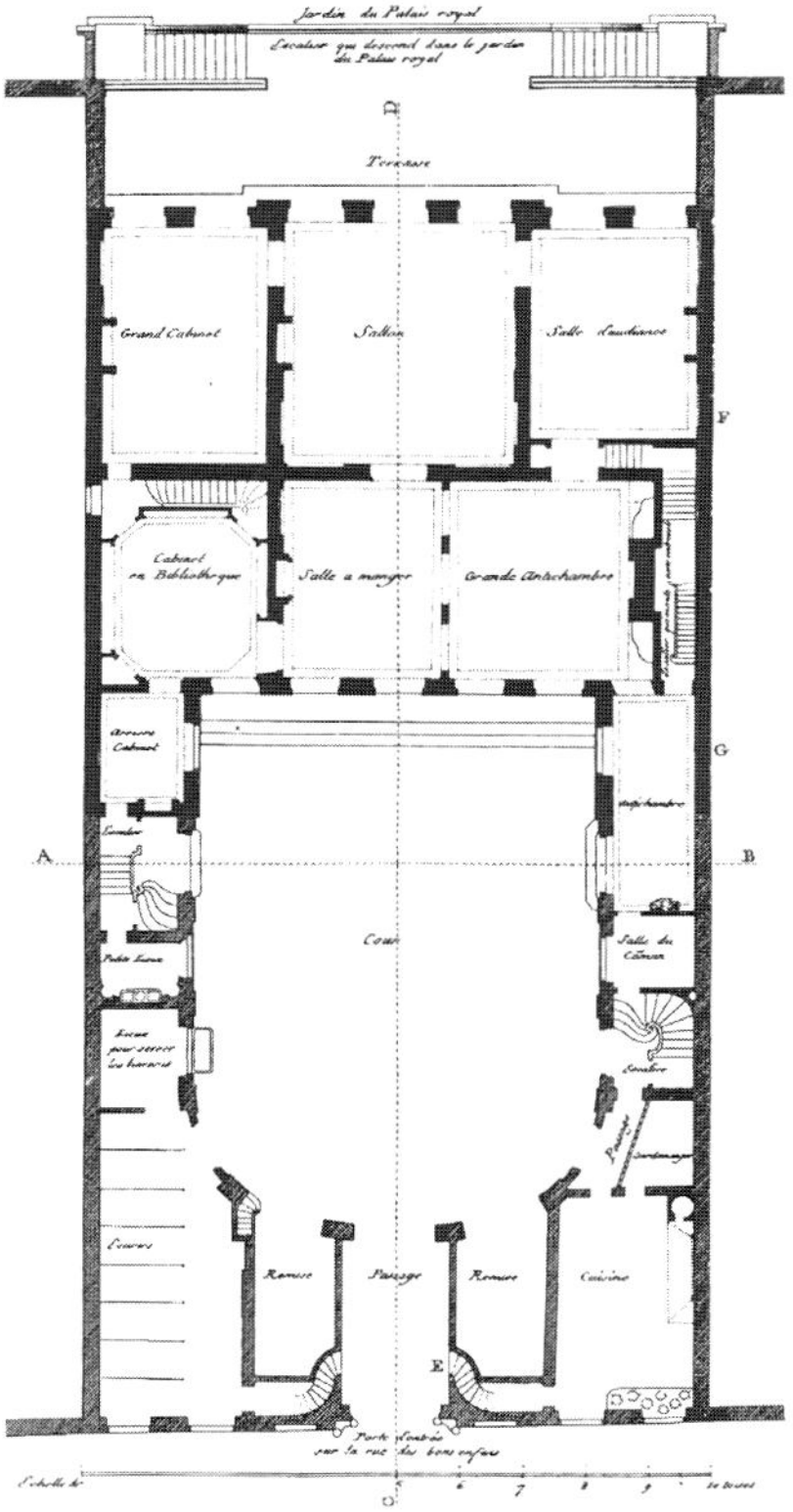
Jardin du Palais royal
Terrasse
Grand Cabinet
Sallon
Salle d'audiance
Cabinet en Bibliotheque
Salle a manger
Grande Antichambre
Cour
Remise
Passage
Remise
Cuisine
A
B
D
E
F
G

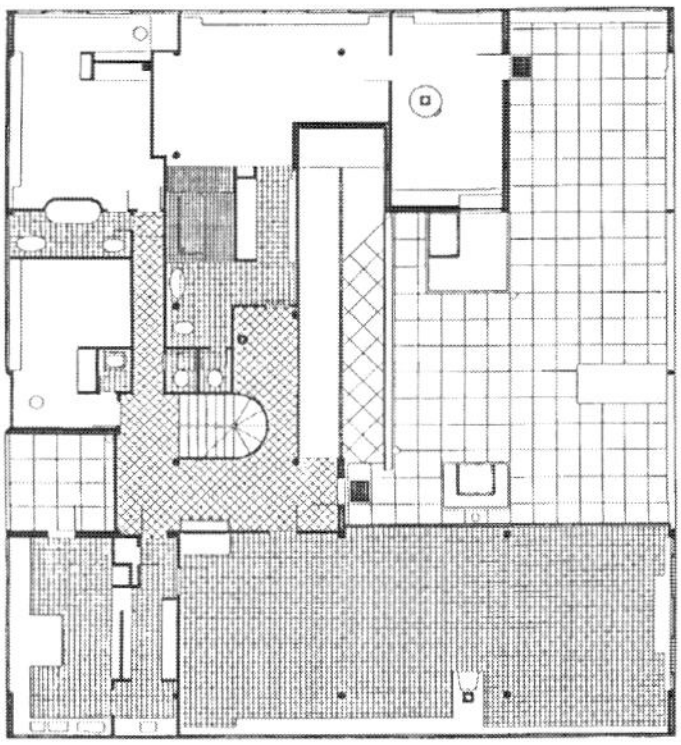

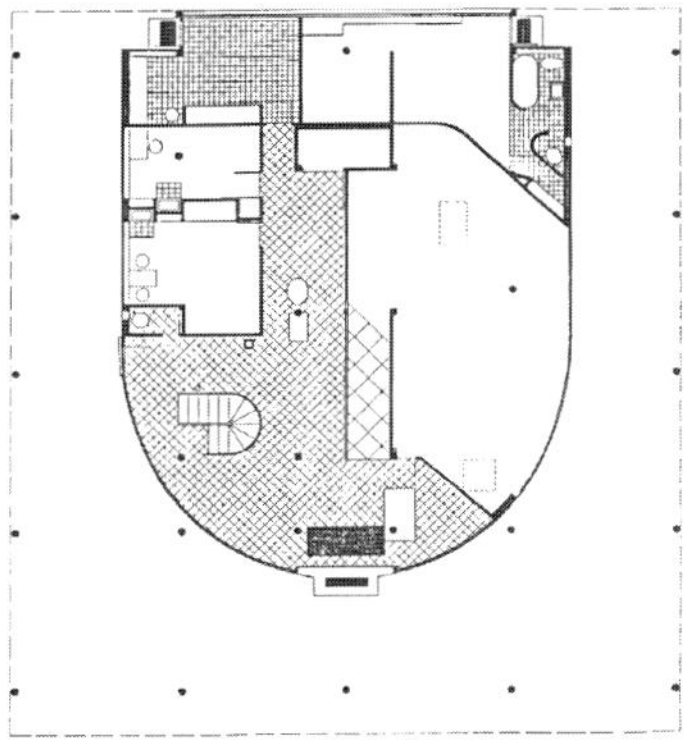

仕事が、試行錯誤の曲折をたどるものであると同時に、いかにクライアントとの格闘であることも思い知らされる。

実は、コルビュジエほど現実の諸条件を適確に読みとったうえで、巧みに建築を敷地に適合させる技《わざ》をもつ文脈《コンテクスチャル》重視の建築家はいない。しかし、そのコルビュジエがつくった「サヴォア邸」は、それとは対極の理念《コンセプチュラル》重視の建物と考えられがちである。はたしてそれだけでこの建築の本質をとらえたことになるのかどうか、まったく別の視点にたって考えてみる。

今あらためて、一八世紀初頭のロココ・オテルの一つであるオテル・ドアルジャンソン（Hotel d'Argenson 一七〇四）（図1・23）を例にとってサヴォア邸（図1・24）との比較を試みると、まずこの二つが「ソリッド／ヴォイド」の「反転」の関係にあることに気づく。

簡単にいって、両者とも建物の巾と面積がほとんど変わらない二層のヴィラである。オテル・ドアルジャンソンは、当時の形式がそうであったように、限られた敷地の中にコートヤードと一体になった主館が後方に庭園を控える都市邸館である。その特質は「構築されたヴォイド」、別のいい方をすれば「内包化されたヴォイド（concave-void）」として読み取ることができる（図1・23）。それに対してサヴォア邸は、パリ郊外の広い敷地に舞い降りたように佇む「独立した単体建築」である。俯瞰写真でわかるように、ひと続きの木立によって柔らかく区画された敷地の中に「構築されたソリッド」つまり「内包化されたソリッド（convex-solid）」として存在する（図1・24）。サヴォア邸は周りに申し分のないオープンスペースがあり、一方オテル・ドアルジャンソンはオープンスペースを建物の中に取り込んでいる。ポシェの概念でいえば、

図1・23　オテル・ドアルジャンソン一階平面（右上）

図1・24　サヴォア邸一、二階平面（右下、左下）

建物の敷地との適合関係において両者は完全に「反転」の関係にある。一方はアクロポリス的であり、他方はフォーラム的である。

ピロティでもちあげられたサヴォア邸は、一階と二階ではその平面がまったく異なる。特に地上階の、楕円というよりは江戸小判を一部切り落としたようなプランは、一度見たら忘れることのない特殊な形をしている。建物のはるか手前から直線的にアプローチする車が回り込んで正面入口で人を降ろし、そしてガレージに収まるひと続きの軌跡をそのまま形にしたと考えてもおかしくはない。そして小判型のプライマリーな形の中にエントランスホール、ガレージ、運転手や使用人の諸室がコンパクトにまとめられている。

一方、オテル・ドアルジャンソンに目を転ずると、建物はエントランス・コート、主館、後方の庭園の部分からなる。コートヤードは街路の延長として人を乗せた馬車の旋回する場所である。同じ小判状の形をしたコートヤードの周りには、付属の馬車庫、厩舎と使用人関連の諸室がまとめられている。

二つの建物を比較したとき、一八世紀のオテルも二〇〇年以上の隔たりのあるコルビュジエのサヴォア邸も、この部分のプログラムは不思議なほど同じである。サヴォア邸の場合は、諸室全体が一つの「ソリッド」として、オテル・ドアルジャンソンの場合は、逆に諸室が隣家との境界壁側に配置され、同形のコートヤードが「ヴォイド」として存在している。いいかえれば、両者は小判型のエントランス部分をめぐって「inside-out」あるいは「outside-in」という反転の関係にある。

　サヴォア邸の敷地は十分に広い。それだけに、敷地自体に手掛かりとなるような固有の物理的文脈《フィジカルコンテックス》が見当たらない。コルビュジエは、まずヴィラのための限定された領域を必要とした。その領域はプライマリーな形としてフラットな「方形《スクウェアー》」であった。彼は、「初源的な形は、はっきり読みとれるので、美しい形である」と語っているように、彼にとって幾何学はつねに出発点であった。

「方形」の中にまとめられた二階のプランは、ほぼ二〇m四方の中に寝室部分とリヴィング部分とオープンエアーのテラスがある。それらは、互いに関係しあいながら実に行儀よく場所をわきまえたコートハウスのような構成をしている。いいかえれば、然るべきものが然るべき場所（right thing, right place）にある。上階は地上部分と違って、屋上のソラリウムに象徴されるように緑の周辺環境とは別の「天空」の世界とつながっている。コルビュジエは、著書『建築を目指して』の中の「建築家各位への覚え書き」で次のように書いている。

「平面はもっとも活発な想像力を必要とする。それはまた、もっとも厳正な規律を必要とする。平面は全体の決意である。それは決定的瞬間である。平面とは、マリア様の顔を描くようなきれいなものではない。それは峻厳な抽象である」

　これはサヴォア邸の平面そのものに当てはまる。またこのヴィラの最大の特徴は、一階から二階を経て屋上に至るスロープである。これは、建物の機能的中心であるだけでなく空間的重心というべき存在である。コルビュジエは、サヴォア邸に先立つメイアー邸（図1・25）でもス

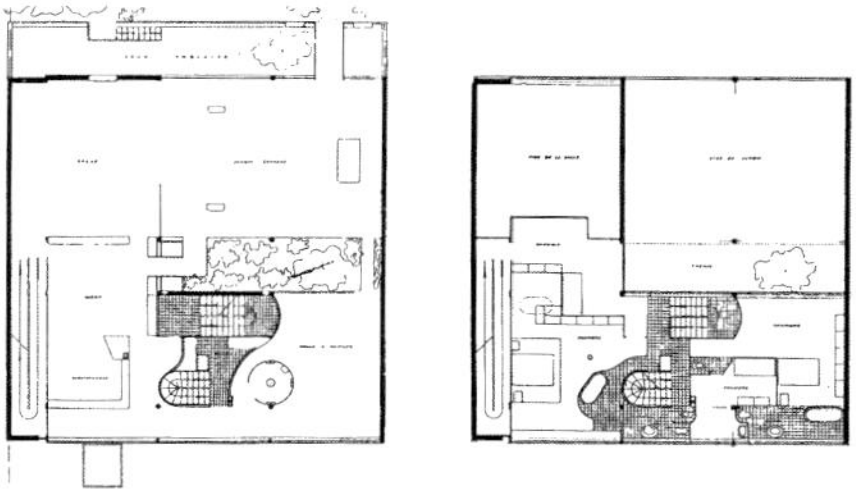
図1・25　メイアー邸一、二階平面

ロープを導入しているが、それは全体から見ると片隅に追いやられていて、上下階の移動手段以上のものではない。それに比べると、サヴォア邸のスロープは建物内の立体的なプロムナードとして空間的なドラマ性がある。

すでに紹介したオテル・ドルリアンは、その建築的特徴として建物正面に大階段がある。立ちはだかるように正面を向いたこの大階段は、その周りを取り巻くすべての部屋を支配し従えている。オテルの源流をたどれば、はるか遠くルネッサンス期のパラディオ（Andrea Palladio 一五〇八～八〇）[*19]のヴィラにたどり着く。その特徴といわれる三分割・九分割構成の中央は、多くの場合「ヴォイド」である。ヴィラ・フォスカリ（Villa Foscari 一五五〇～六〇、図1・26）[*20]や有名なラ・ロトンダ[*21]を見ても、十字にクロスした中央はホールである。これと比べると、オテル・ドルリアンは三分割構成の変形として正面に大階段があり、建物から「ヴォイド」は消滅している。その意味では、サヴォア邸の場合も上下階にわたる純然たるヴォイドはない。サヴォア邸の一階平面は、コンパクトなパビリオン型であり、二階平面は明確なコートハウス型である。この上下階のまったく違うプラン・オルガニゼーションを結合するスロープは、存在感においてはオルリアンの大階段に匹敵する。このように考えると、サヴォア邸は過去の伝統的なオテルやヴィラと無縁なものではない。

サヴォア邸は、コルビュジエの住宅作品の中でも、最も自律性の高い「独立した単体建築」を代表するものといえる。バロックやロココ・オテルが「構築されたヴォイド」という建築であ

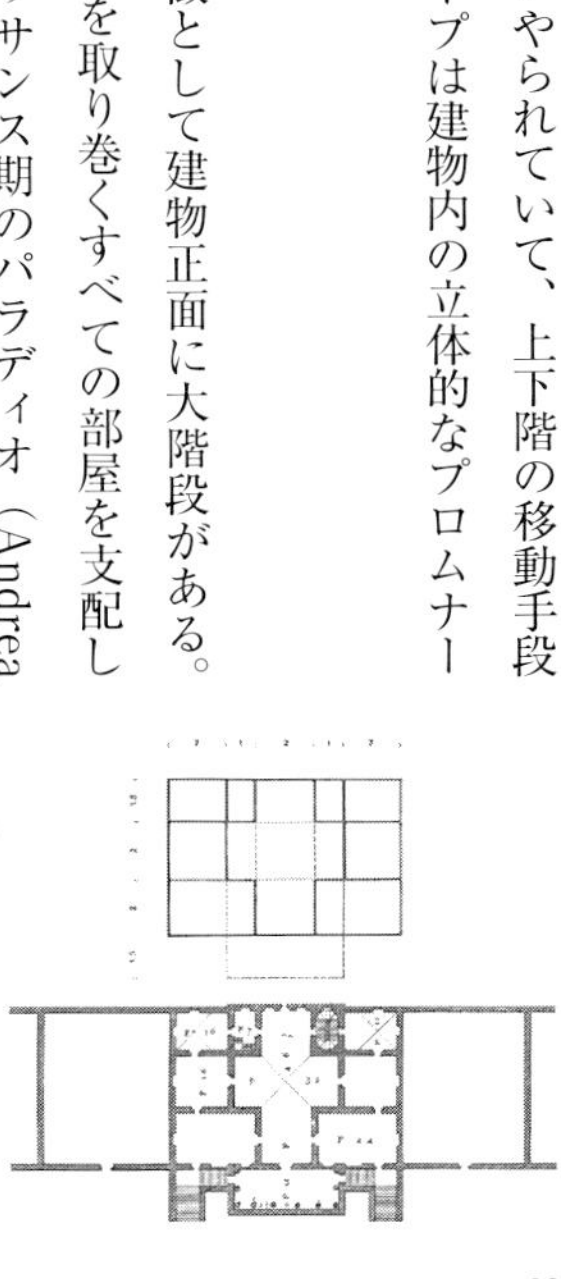

図1・26　ヴィラ・フォスカリ（アンドレア・パラディオ）平面

＊19　一六世紀イタリア・ルネッサンス後期の建築家。ヴィトゥルヴィウスの『建築十書』に対する自己の建築の集大成として『建築四書』を表す。

＊20　別称ヴィラ・マルコンテンタ。パラディアン・ヴィラの傑作の一つ。

＊21　パラディオの代表作。ローマ貴族の生活を偲びルネッサンス期の貴族アルメリコのためにつくられた。

るとすれば、ヴィラ・サヴォアは「構築されたソリッド」という建築であるという意味で、それは「反転」としてとらえられる。そしてサヴォア邸の本質は、二つのプラン・オルガニゼーションの対立性と敷地に対する「閉じる」「開く」の両義性にあることを考えれば、その基層に時代を超えて通底する伝統的な空間構成があり、それが重層して一つのヴィラが生まれている。

●オープン・ポシェ：梅林の家

妹島和世の設計した「梅林の家」は、これまで試みてきた「ポシェ」という概念による空間の読取りを最初から受けつけない建築といえる。建物の用途が何であれ、建築には必ず固有の「ポシェ」によって、その空間構造を読みとることができるのが普通である。しかし、この建築に限ってそれはまったく無縁の関係にある。

「梅林の家」は、既成の住宅市街地に建つ一戸の住宅であって、郊外の広い敷地に佇むヴィラのような建築ではない。また、密実な市街地のアーバン・インフィルとしてつくられた「都市住居」でもない。むしろ、わが国固有の敷地主義の呪縛と不確かな都市の文脈に悩みながら、建築家が何らかの結論に至らなければならない中でできあがった建築の一つである（図1・27）。しかし「梅林の家」には、従来の住宅建築とはまったく違った明快なコンセプトのあることがわかる。

この建築は、一つのマスではなく一つのボリュームである。そしてそれは空間の統合ではなく、空間の抜取りと単純な水平垂直の分割の結果として存在している。特別の形をした空間も、

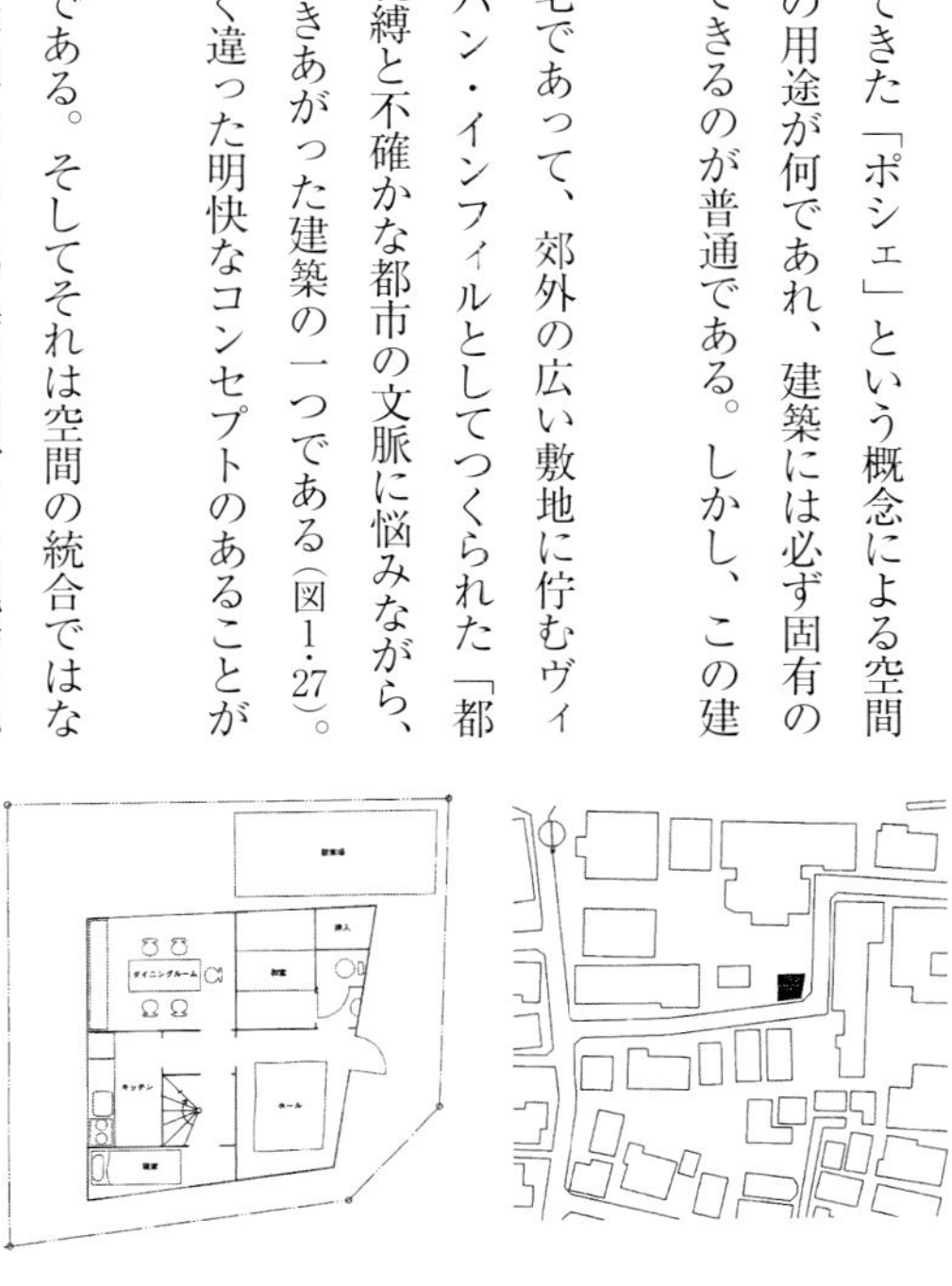

図1・27　梅林の家配置図

分節化した空間も、残余空間もいっさいない。閉じた空間は、扉のあるトイレとバスルームのみである。部屋の大きさの違いは、必ずしもスペース・プログラムに対応した結果とはいいがたい。むしろすべての空間は、等価なものとして存在している。通常のようにそれぞれの場所には［室］もしくは［ルーム］という名称が必ずついているが、それは一般的な理解を得るためにつけられたのであろう。しかし、勉強机一脚しか置けない場所が最初から［机室］と名づけられているのだとすれば、物置と呼んでもおかしくないベッド一台がやっと収まる大きさの場所は寝室ではなく［ベッド室］であり、書籍の集められた場所は書斎ではなく［蔵書室］であり、倉庫とは記されているものの給湯器置場は独自の［熱源室］の名が与えられてもおかしくはない。おそらく妹島の発想の根底には、ある定型化した個人の行為や家族のアクティヴィティに空間を用意するのではなく、むしろ「物」に空間を与え「人」がそれにアクセスすることであったのではないか。状況に応じて空間の選択があり、それによって多様な生活が生まれるとすれば、それはデザイン以前のスペース・プログラムの問題に大きく踏み込んで、独自のコンセプトをつくりあげたことを意味する（図1・28）。

妹島は、ワンルームを望む建主《クライアント》の意向を理解しつつ、逆に分割された小さな部屋を用意したと思われる。一方建物の半分は、吹抜けの「ヴォイド」である。それは全体の有効面積に限度がある場合、通常のように、リヴィングルームを中心にヒエラルヒカルな空間配分を行うことは、結果としてそれぞれが狭隘なものに終わることを熟知していたからである。むしろ小さな部屋には、「孔《パーフォレーション》」を設けてつないでいった。それは、視覚的な効果だけでなく、小さな空間で

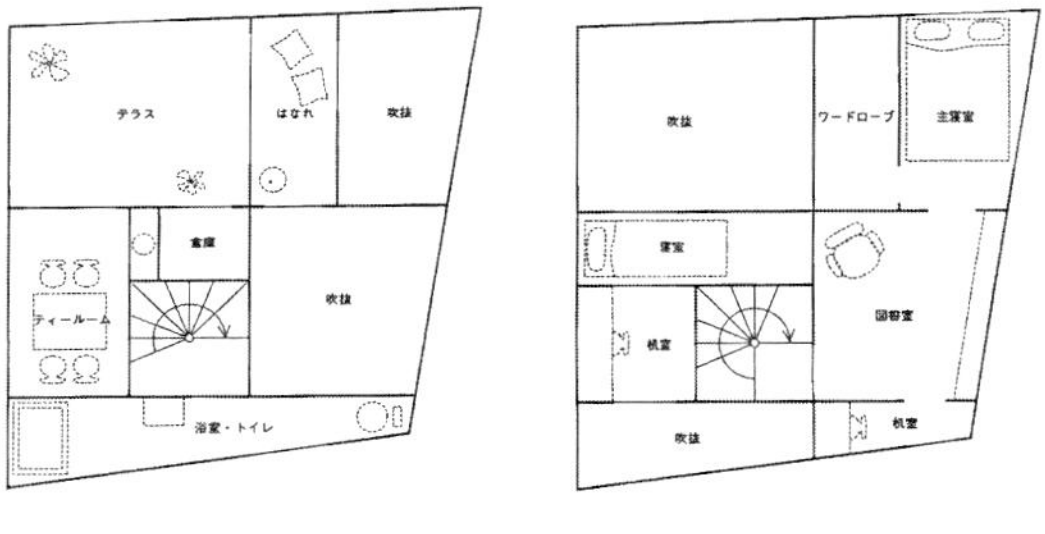

図1・28 梅林の家一〜三階平面図

も区切られていないという「同時全体《ワンネス》」という空気感を大切にした結果であろう。

　このような空間構成を成功させているのは、なんといっても厚さ一六㎜の鉄板の壁によるボックス・フレーム構造にある。かつてコルビュジエの提唱したドムイノ・システムは、荷重を支える役割を壁から開放し、代わってそれを柱に移し替えた。その結果、柱はスペース・モデュレーターとして存在することになった。それ以来、壁は帳壁《カーテン・ウォール》として空間を仕切ることが主たる役割となったが、それは建築の世界では革命に近いことであった。その壁が、妹島の建築では再び支えるものであり、かつ仕切るものとして存在している。さらにそれだけでなく、外壁も内壁も関係なく構造《ストラクチャー》と非構造《ノン・ストラクチャー》の区別がなくなったことを意味する。そして相対的な空間の読取りに、もはやソリッドの「ポシェ」という概念は存在しない。逆に吹抜けという媒体空間という「オープン・ポシェ」の存在によって、全体の空間構造が認識される。「梅林の家」にあるのはすべて等価なボリュームである。ここには規定するものと規定されるものの関係はなく、「オープン・ポシェ」とそれ以外である。「オープン・ポシェの建築」の誕生なのである。

●虚のポシェ：ガラス・パビリオン

「トレド美術館ガラス・パビリオン」は、ガラス工芸の展示館としてつくられた。建築家は自分のつくる建築自体がガラス・アートであることを密かにイメージしたことは想像にかたくない。建物は見るからに透明感にあふれ、周りの緑地も含め「限りない平面性《フラットネス》」の地平に静止している（図1・29）。

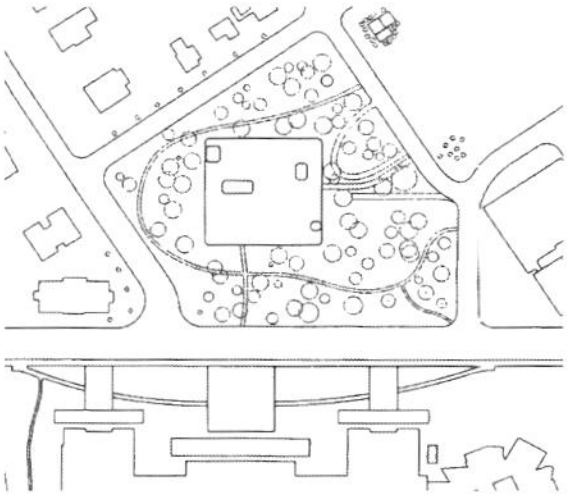

図1・29　トレド美術館ガラス・パビリオン配置図

「地」と「図」、「ヴォイド」と「ソリッド」によってこの建物全体の読取りを試みようとすると、出会うのは当惑と混乱だけである。そこには「梅林の家」の場合と同じように、これまでの「ポシェ」という概念の入る余地はない。むしろその拒絶に出合う。建物全体は「透明な塊《マッシブネス》」とその「群居」とでもいうべき状況を呈している。そして、ノン・ヒエラルヒーの共時的状況の見え隠れする建築である。

このガラス・パビリオンは、妹島和世＋西沢立衛／SANNAの二〇〇六年に完成した作品である。彼らはこの建物を設計する前に、金沢市立二一世紀美術館（図1・30）を手掛けていた。それもまた、都市公園の中に端然と静止するパビリオンである。その類例を見ない新しい空間構成は、完成直後から内外の注目を集め大きな反響を呼んだ。この建築のために用意されたような申し分のない環境の中で、大小さまざまな立方体が円盤形態の中に群居する建築であり、そして徹底した平面性を特徴とする。トレド美術館ガラス・パビリオンはこの金沢美術館の形質を受けついでいる。

このパビリオンは、「透明な塊」の群居するスーパー・フラットな建築であるといったが、最大の特質はガラスの透明性と重層性による空間構成にある。このことを論じる前に、透明性について語らなければならない。

英語では透明性をtransparency、半透明をtranslucency、不透明をopaqueと呼んで使い分ける。このうち透明性についていえば、一九六二年にコーリン・ロウとロバート・スラッツ

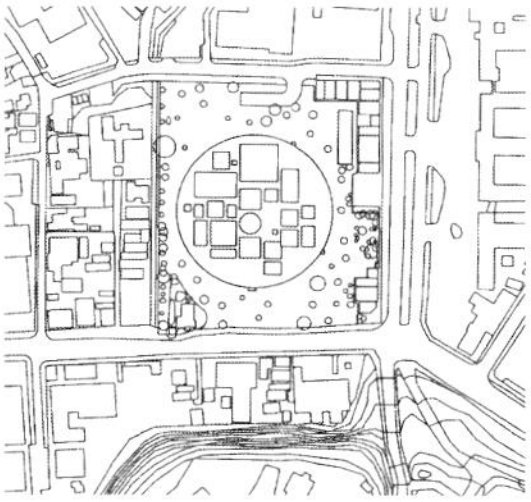

図1・30　金沢市立二一世紀美術館配置図

キー（Robert Slutzky 一九二九〜二〇〇五）が、エール大学の機関誌"Perspecta 8"に掲載した「透明性《トランスペアレンシー》」と題する有名な論文がある。キュービズムの透明性の論理を敷衍することから始められているテキストは、建築を学ぶ学生たちの必見の書となった。彼は透明性について「literal」と「Phenomenal」の二つがあると説明して、物質的な「実の透明性」と知覚的な「虚の透明性」を対比させる概念を示した。コーリン・ロウが、この論文の中で定義した透明性は、ジョージ・ケペッシュ（Gyorgy Kepes 一九〇六〜二〇〇一）[*22]が『視覚の言語』の中で語った次の言葉によっている。

「……透明性は単なる視覚上の特性以上のもの、さらに広範な空間秩序を意味しているのだ。透明性とは空間的に異次元に存在するものが同時に知覚できることをいうのである。空間は単に後退するだけでなくたえず前後に揺れ動いているのである。透明な像の位置は、近くにあるかと思えば、遠くにも見えるといった多義性を秘めている点である……」

トレド美術館ガラス・パビリオンの特質の一つであるノン・ヒエラルヒカルな「共時的状況」については、まさにこのケペッシュの語る透明性に深く関わるものと思う。

建築プログラムとその機能関係を示すものとして、バブル・ダイアグラム（bubble diagram）と呼ばれる図式化法（schematism）がある（図1・31）。それが気泡《バブル》であるのは、固有のイメージを避けた抽象的な記号として扱うのに便利だからである。一見すると、この建築の場合それがそのまま空間化したように見えるほど、空間構成には一種の抽象性がある。建築の内容を特

＊22　ハンガリー生まれの画家・デザイナー・教育者・アート・セオリスト。『視覚言語』の著者。

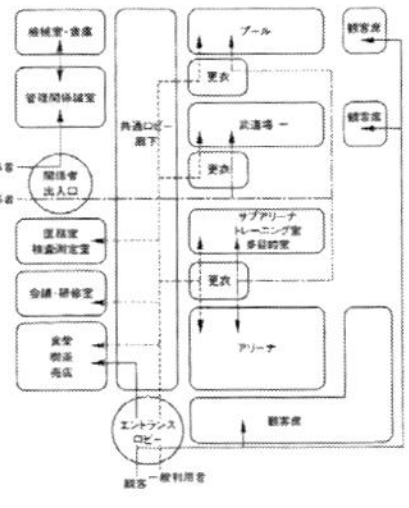

図1・31　バブル・ダイアグラムによって示された機能図の例

定するプログラムは設計にとって不可欠なものであるが、ダイアグラムによって示されるものは、どこまでも空間イメージ以前のものであって、そこに建築家の意志が導かれない限り建築は生まれない。そのように考えると、この建築はけっしてよくいわれるようなダイアグラム・アーキテクチャーではない。

この建築では、すべての「場所」が透明なガラス・ウオールによって特定化され、個々の空間は一つの機能にのみ対応している。しかもそれはシャボン玉の気泡のような形態をしており、機能によっては引き延ばされたり、くびれたりするトポロジカルな空間である。大小さまざまな空間は、およそ六〇m四方のフィールドの中に、エアークッションのような透明な空洞《キャヴィティ》（残余空間）を介して、あたかも等圧の均衡状態であるかのように見える。それぞれ近接する空間は、ガラス・ウオールを共有することがない。したがって、ガラスのダブル・ウオールは、空間を仕切る透明な空洞壁《キャヴィティ・ウォール》と見なすことができる。またガラスは、純然たるサーヴィスエリアを除いてすべて透明であるが、基本的に気泡形態であるため光の屈折や反射によって、単純な透明体とは異なることは容易に想像できる。展示室にいても廊下にいても、あるいはその他の部屋にいても、そのアクティヴィティが同等な透視状態によって風景化される。しかも現実には「壁がある」のに「壁を見ない」という、おそらく現実と非現実を行き交うスールな感覚を抱くに違いない（図1・32）。

さらにトレド美術館ガラス・パビリオンの特性を明らかにするために、すでに前段でとりあ

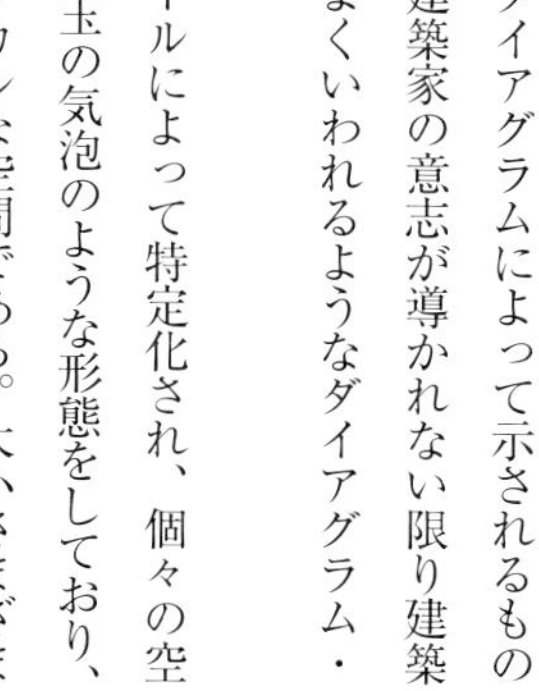
図1・32　トレド美術館ガラス・パビリオン平面図

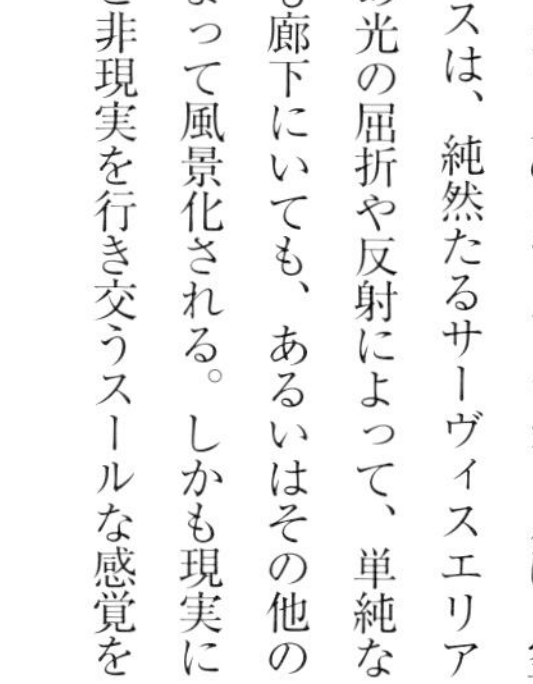
図1・33　トレド美術館ガラス・パビリオンの空洞壁（キャヴィティ・ウォール）部分を厚い壁（ソリッド）で表した平面

げた一九世紀のネオクラシカル・オテルの一つであるオテル・ドルリアンとの比較を試みる。

　両者には、建物の規模、大きさに違いがあって比較としては不公平であるかもしれないが、それを無視して平面だけについていえば、継起的な空間構造に共通するものがある。オテル・ドルリアンは、部屋の大きさと形状がそれぞれ違っているが、明確に特化され分節化されている。ガラス・パビリオンの空間も、その大きさと形状についてはどれ一つ同一のものはなく、やはり特化され分節化されている。しかし、部屋の形状の属性について見れば、空間はスペース・プログラムに関係なく、すべてシャボン玉のような気泡空間であり隅角部がない。オテル・ドルリアンの場合は四角の部屋、円形の部屋、一部半円形の部屋があって、隅角部が直角、曲面と多様である。しかし、今両者の類似性を論じることが目的ではなく、両者の空間の「反転」性を論じようとしている。


　オテル・ドルリアンの特質を「ポシェ」という概念で眺めて見ると、それぞれ部屋は目的に応じて、あたかも一つのマスから刳り貫かれてつくられた空間のように見えるし、残りが重厚な壁体となったと見なすことができる。

　今かりに、トレド美術館の部屋と部屋を分けている空洞壁が、オテル・ドルリアンのようにソリッドなものに置き換えられ、それぞれの部屋が閉じたヴォイドになって連結されたとすると、全体は生物の巣空間か何かのように見えるであろう（図1・33）。逆にオテル・ドルリアンの重厚な壁体が、ガラスの空洞壁になったとすると、邸館全体はそのままトレド美術館のよ

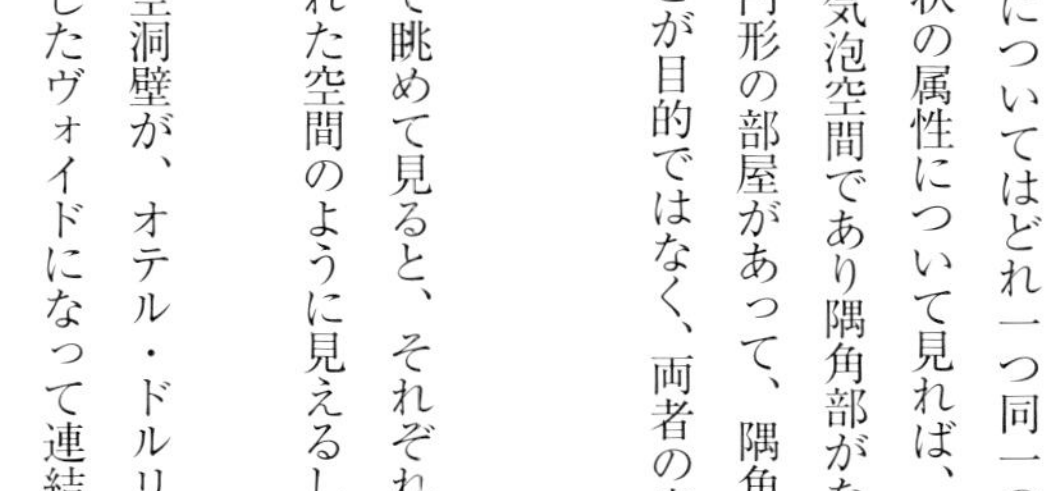

図1・34　オテル・ドルリアンの厚い壁（ソリッド）の図と空洞壁（キャヴィティ・ウオール）を想定した図

うに重層する透明空間の集合となって、まったく別の建築に生まれ変わるであろう（図1・34）。特に大階段とその周りの錯綜した空間は、目くるめくような視覚体験と空間体験を引き起こすであろう。このような仮想の反転操作を通してわかることは、トレド美術館の建築にはソリッドの壁はない。しかし現実には、透明な「空洞壁」という名の「ポシェ」の存在することに気づく。いいかえれば、それは「実のポシェ」ではなく多様な意味をもつ「虚のポシェ」である。

トレド美術館において妹島と西沢の展開した空間は、これまで我々が知るミース（Ludwig Mies van der Rohe 一八八六～一九九六）[*23]の「均質なユニバーサル・スペース」でもなく、また伊東豊雄のいう「不均質なユニバーサル・スペース」でもない。さらにいえば、コルビュジエの「自由な平面」やカーンのヒエラルヒカルな空間構成との間にはエイリアンと思えるほど出自の違いがある。妹島と西沢がトレド美術館で示したものは、スーパー・フラットというフィールドに生起する空間はすべて等価でありヒエラルヒーのない共時的な関係である。それは介在する空洞壁という「虚のポシェ」によって成立している。

これまで、「オテル・ドゥ・ボーヴェ」に始まって、「オテル・ドルリアン」、コルビュジエの「サヴォア邸」、妹島や西沢の「梅林の家」そして「トレド美術館」と、それぞれの建築の空間構造を読み解くためにポシェという概念を手掛かりとした。「梅林の家」において、「オープン・ポシェ」という初めての形態を見た。そして、最後の「トレド美術館」において、「虚のポシェ」の存在する建築に出合うことになった。

*23　二〇世紀モダニズムを代表するドイツの建築家。コルビュジエ、ライト、グロピウスとともに近代建築の四大巨匠の一人。鉄、ガラス、大理石で構成されたバルセロナ・パビリオンはモダニズム建築の珠玉の一つ。'less is More' の言葉が有名。

第2章

都市居住とアーバニズム

反転の諸相──「前面／背面」から「大地／天空」、そして「閉鎖／開放」

「近代建築は、その原理において革命的《リボリューショナリー》であったというより、むしろ進化発展的《イーヴォリューショナリー》なものとしてとらえられる。その意味において、歴史の連続性を見ることは不連続性を見るのと同様に重要である」

ルドー（Claude-Nicolas Ledoux 一七三六～一八〇六）[＊1]やブーレ（Etienne-Louis Boullee 一七二八～九九）[＊2]の建築に見られるような形態《マス》と表層《サーフェス》の抽象性は、途切れることのない建築様式の変転の中にあって、二〇世紀初頭までその位置づけが明らかにされないまま長い時間が過ぎた。その結果二〇世紀初頭の「抽象主義」の衝撃は、ピカソ（Pablo Picasso 一八八一～一九七三）の絵画、ストラヴィンスキー（Igor Feodorovitch Stravinsky 一八八二～一九七一）の音楽、コルビュジエの建築がそうであったように、突如として現れた革命的なものに感じられた。

その「抽象主義」は、旧体制《アンシャン・レジーム》の新古典主義《ネオ・クラシシズム》や折衷主義《エクレティシズム》が一掃されたあとに表出した論理だとしても、近代主義とそれ以前、あるいはアヴァンギャルドとブルジョアジーとの狭間に打ち込まれた強力な楔が、まさに抽象という概念そのものであったと思われる。

新しい機械時代の背景にある「メカニズム」と「抽象」という概念は、必ずしも分ちがたいものではないけれども、これらは結果として近代建築を支配する力あるものとなった。しかし一方、この「抽象」の本質を見失うようなことがあれば、それは色あせるだけでなくいつまで有効であるかを問う時効の問題となるであろう。「……歴史を見れば、どのような革命であっても、その歴史的意義を認め変革を受け入れるのは、まさに歴史構造の連続性にあるからだ」（筆者訳）

＊1　フランス革命時代の建築家で近代建築の先駆者。

＊2　ルドーと同時代の建築家。実作は少なく「幻視の建築家」ともいわれた。

これは、バロックから近代建築までの歴史的遷移に触れたミカエル・デニス（Michael Dennis）[*3]が、著書“Court & Garden”の中で近代建築の原理について語ったものである。

今ここで、一九世紀後半から二〇世紀初頭にかけて、近代建築とアーバニズム[*4]の諸現象において「反転の諸相」を見ることができるとすれば、それは急進的な「革命（revolution）」思想によるものなのか、変革に向かう「発展進化（evolution）」によるものなのか、偶発的な「非連続（discontinuity）」現象なのか、また「反転の反転」という波動的なものなのか、本章ではそれを考察する。

ひと口に近代建築思想といっても、いくつものストリームからなると考えるのが妥当である。影響力の大きさということでいえば、多くの建築史家が指摘するように、その筆頭はコルビュジエである。二〇世紀初頭のヨーロッパには、同時代の建築家としてミース・ファン・デル・ローエやグロピュウス（Walter Gropius 一八八三〜一九六九）[*5]、エルンスト・メイ（Ernst May 一八八六〜一九七〇）[*6]、その他多数の逸材がいたことはいうまでもない。コルビュジエの活躍の舞台であったパリを例にとっても、オーギュスト・ペレ（Auguste Perret 一八七四〜一九五四）[*7]、マレ・ステファン（Rob Mallet-Stevens）、ピエール・シャロー（Pierre Chareau）、アンドレ・リュルッサ（Andre Lurcat）、そしてアンリ・ソヴァージュ（Henri Sauvage 一八七三〜一九三二）[*8]、といった建築家たちが、二〇世紀初頭まで続いた新古典主

＊3　建築家。“Court & Garden”の著者。

＊4　都市化現象一般を指して使われる用語。アーバニゼーション（urbanization）が類似語。

＊5　モダニズムを代表するドイツの建築家。近代建築の四大巨匠の一人。一九一九年に、建築を中心に美術、工芸、デザインを統合する教育機関としてバウハウスを設立。

＊6　ドイツ・ハンブルグ出身の建築家。アンウィンのもとでイギリスの田園都市理論を学ぶ。

＊7　フランスの建築家。二〇世紀初め鉄筋コンクリート造によって建築の芸術的表現を追求し、パリ・フランクリン街アパートやランシー教会を手がけ、「コンクリートの父」ともいわれた。

＊8　コルビュジエと同時代に、パリを中心に多くの作品を残したフランスの建築家・都市計画家。

義や折衷主義と訣別し、真生のモダニストとしてその存在を示すに至った。個別のストリームが全体として一つの潮流となっていたと見るのが、近代建築の多様性と複合性を見る視点として重要である。本流があって支流があるのではなく、「主流」とともに「副流」が数多く共存していた。

近代建築とアーバニズムの関係を見るとき、いくつもの断面からそれをとらえる必要があることは論をまたない。しかし何といっても二〇世紀の建築と都市の関係は、「住居」と「ハウジング」[*9]という都市居住の問題を抜きにしては考えられない。その建築形態がどのように近代都市の姿を変えていったのか、そして結果として残ったものは何であったのか、モダニズム再考を試みるとすれば、いったんそれ以前の過去に戻って、そこから逆照射的に総括することが、「反転の諸相」を明らかにする鍵となるかもしれない。

住居は、人間の生存の基本をなすものであるだけでなく、心の安らぎを与え喜びを生み、生きる力を表現し、さらには都市をつくる原動力となることは過去の歴史が多くを語る。二〇世紀初頭の科学技術に支えられた機械時代という新しい局面を迎えて、その新時代、モダニズムの「住居」そして「ハウジング」は、はたして伝統的な歴史都市のそれのように都市との間に密接なつながりをもちえたのか、あるいは後世に継承されるサステナブルな都市資産となりえたのか、それを考えるにあたって、まず「都市建築と住居」とは何かを考える必要がある。

*9　集合化された住宅の形態一般を表す用語。

都市建築と住居

都市建築《アーバン・アーキテクチャー》とは、すでに定義されているようで実は概念規定の定まっていないものの一つである。いうまでもなく、それは都市に存在する建築そのものと同義ではない。都市建築とは、一つの建築行為によって生まれる建物が、単体にせよ集合体にせよ、都市との関係において自らの形式をもつ建築であり、アーバニズムに深く関わるものである。

最初に断らなければならないことは、ここで扱う都市建築は、建築史に単体として光彩を放つ高貴建築《ハイ・アーキテクチャー》のジャンルのものではなく、むしろ歴史の脇役をつとめるヴァナキュラーな「住居」を中心とした都市建築である。

都市建築には、その属性として「連担性（reciprocity）」がある。ここでいう連担性とは、個別の建築行為であっても、それによっておのずから「個と全体」「私と公」との間に一定の秩序が生まれ、結果として持続性の高い都市組織《アーバン・ティシュウ》を形づくる仕組みをいう。また都市建築は「適応」という意味において、その関わるものとの「応答」を拒むことのない基本構造をもつものである。他方において、この応答が有効なものとなるための取決め、それが公的な「法」によるものにせよ私的な「約束」にせよ、一種のルールを必要とすることも都市建築の特質である。このように、都市建築の究極の意味は、都市社会の中で人間がその建物を通して「個の存在」と「都市への帰属」を矛盾なく結びつけることのできる、時間をかけてつくられた建築にある。

一義的に論ずることの難しさを認識したうえで、都市建築の原形を探る方法として歴史的な「都市住居」に着目することから始める。これは逆の見方をすれば、これまで歴史的な都市住宅をヴァナキュラーな建築として扱うことはあっても、積極的に都市建築としてとらえる視点にたつことが少なかったことを意味する。

歴史的に見て、特に西欧社会と比較したとき、日本の場合は近世の階級社会における「町家」と「長屋」を除けば、「住まい」が類型として都市建築と考えられたことはない。またその一方で、いわゆる武家屋敷を祖形とする独立住宅居住に対する近代の共同住宅居住を経験してからまだ一世紀も経ていない。したがって、都市との関係を論じるにも歴史がない。

戦前の、というよりは大正期のお茶の水文化アパートや一九二〇年代の同潤会アパートに代表される近代住宅としての共同住宅に始まって、一九五〇年代以降、戦後社会の中で大きな役割を果たした団地住宅としてのパブリック・ハウジング（賃貸住宅）、そして一九六〇年代後半の高度成長期に現れたわが国固有のマンション（分譲住宅）、これらが大まかではあるが、わが国の共同住宅の類型と概略史である。その間、人々の住まい選びは、ライフスタイルやライフステージに応じて都心に住むか郊外に住むかの選択というよりは、住宅を供給する側の資本の論理と市場メカニズムに支配されてきたといってよい。見方を変えれば、全体として居住水準の引上げや住宅性能の向上という技術的な成果はあったとしても、どのタイプ一つとっても、アーバニズムとの関係において住宅が都市建築として論じられたこともなければ、現実に都市建築として存在しているともいいがたい。

しかし歴史的に見て、「よい都市には必ずよい都市住宅があり、そしてそれは都市建築である」といわれる。このことは何を意味するのか、都市建築としての都市住居の源流をたどるうえで、次の四つを歴史に学ぶモデルとしてとりあげる。

古代ローマの「ドムス（Domus）」と中国の「四合院住居」、一九世紀の近代都市社会に登場したパリの「メゾン・ア・ロワイエ（Maison a Loyer）」とロンドンの「テラスハウス」、そしてわが国近世の「町屋」である。いずれも、国、時代、歴史文化の違いの中で存在したものであり、あるいは今なお存在する都市住宅である。そこに共通した構造性を読み解くことができるとすれば、それによってすでに触れた都市建築の属性を明らかにすることが可能である。

●アトリウムと院子

古代ローマ時代のドムスは、限られた富裕階級の都市住居であると同時に、アトリウムハウス*10としても古くから知られている。その特色として、建物がすべて道路境界・敷地境界（隣家）に接しており、敷地と建物とが完全に一体化した住居である（図2・1）。多くの場合ドムスは、街路から見て建物の「表《フロント》」と「奥《リアー》」にそれぞれ中庭《コート》があり、住まいにとって重要な採光、換気、通風などはすべてこの中庭であるアトリウムに依存する。これが共通する基本構造である。また、ローマ人にとってドムスは、アトリウムを通して空を仰ぎ見、星を見つめ、日照の変化や気象や季節の変化を感じとる閉ざされた世界であった。

中国の四合院住居（図2・3）も、その構造性においてきわめてローマのドムスに近い。四合

*10　住居の中に取り込まれた中庭を有する住宅。中庭は複数の場合もある。

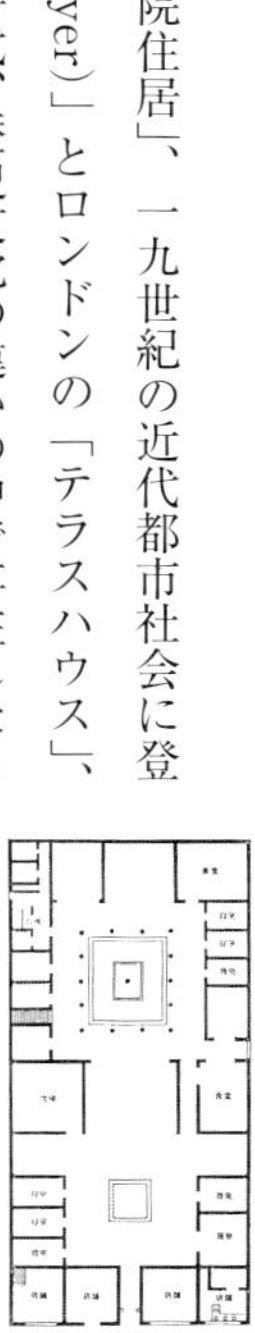

図2・1　古代ローマの都市住居、ドムスの住戸平面（出典：大野勝彦『都市型住居』）

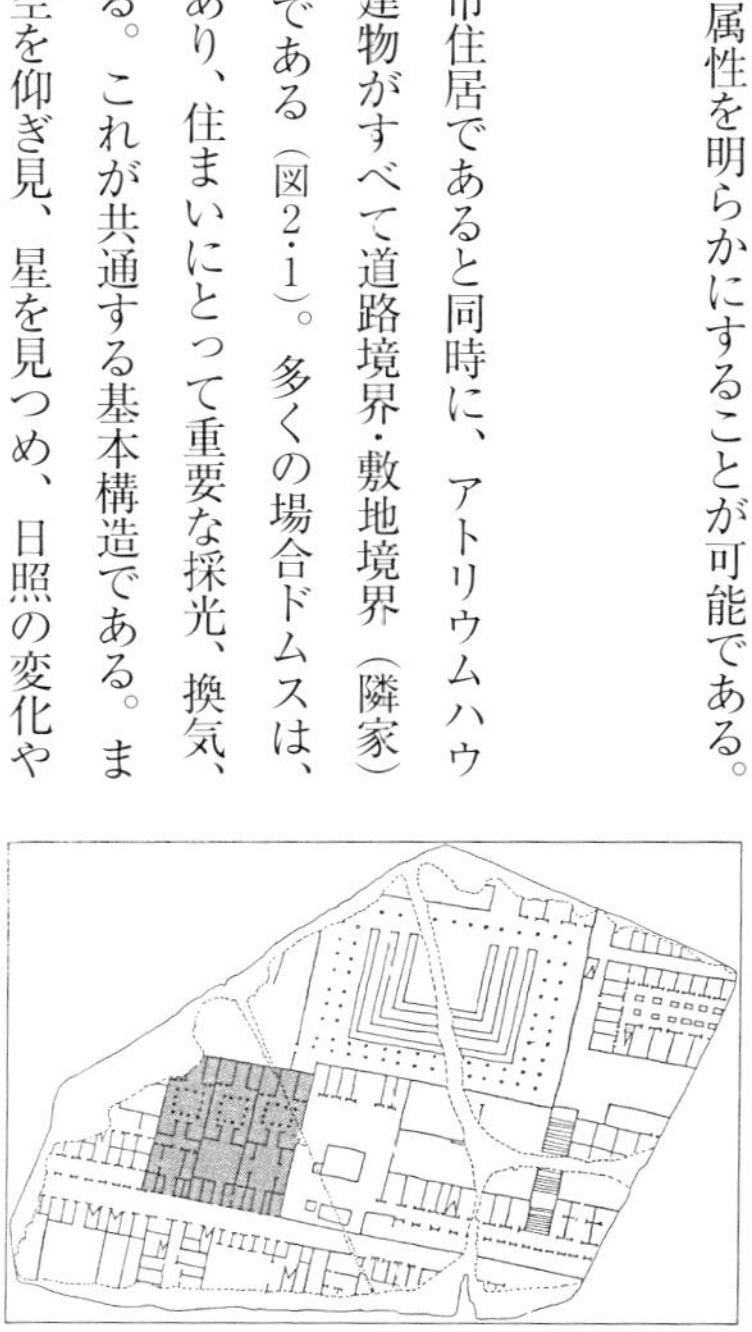

図2・2　大理石に刻まれた古代ローマ都市の市街地図、その中に見えるドムス（出典：レオナルド・ベネヴォロ『都市の歴史』）

院住居は、その始まりは防御の必要から生まれた田園の邸宅であり、必ずしも都市固有の住居形式ではなかったが、かつてはその美しい家並みが紫禁城を彩る首都北京の風景になくてはならないものであった。近年開発の激しい市街地にあっては次々とその姿を消し、最近では中国共産党幹部の邸宅として使われていたものがわずかに貴重な保存建築物として残っている（写真2・1）。代表的な四合院は、ドムスと同じように二つのコートをもつ中庭型住居である。中国古来の宇宙観や封建社会の身分制の影響が見られ、平面は対称性と軸性が強い。中でも首都北京の大規模な四合院住居は都市全体の構造と整合性をもち、紫禁城のミクロコスモスと見なされる。

この二つに共通することは、建物が敷地の形状にかかわらず最初から一体化し、そこにいっさいの曖昧な部分を残すことがない。この明解な土地利用のほかに、軸性のはっきりとした「表」「奥」の構成と、複数の中庭によって生活領域が段階的に分けられていることも特質である。中庭は、ドムスの場合アトリウムあるいはペリスタルと呼ばれ、四合院の場合は院子（jin）と呼ばれる。ドムスは街路側に店舗を設け直接外部とのコンタクトをもつが、四合院の場合にはゲスト用の部屋が配置されることが多く、街路に対しては立派なゲートがつくられる。いずれも中庭を介しつつ「表」から「奥」に進むにしたがって、都市に関わる領域から私的な領域へと移行する。この段階性のある空間構成は、両者が住居でありながらいかに安定した都市組織を構成するアーバン・ユニットであるかを示している。

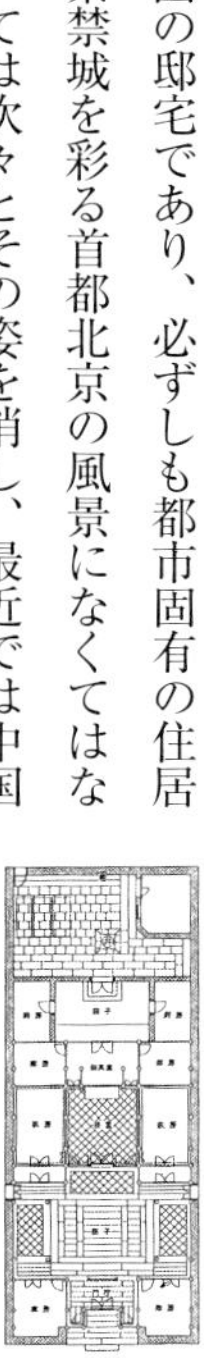

図2・3　中国の四合院住居平面（出典：山田水城「構法と風土」『建築雑誌』一九八八年六月）

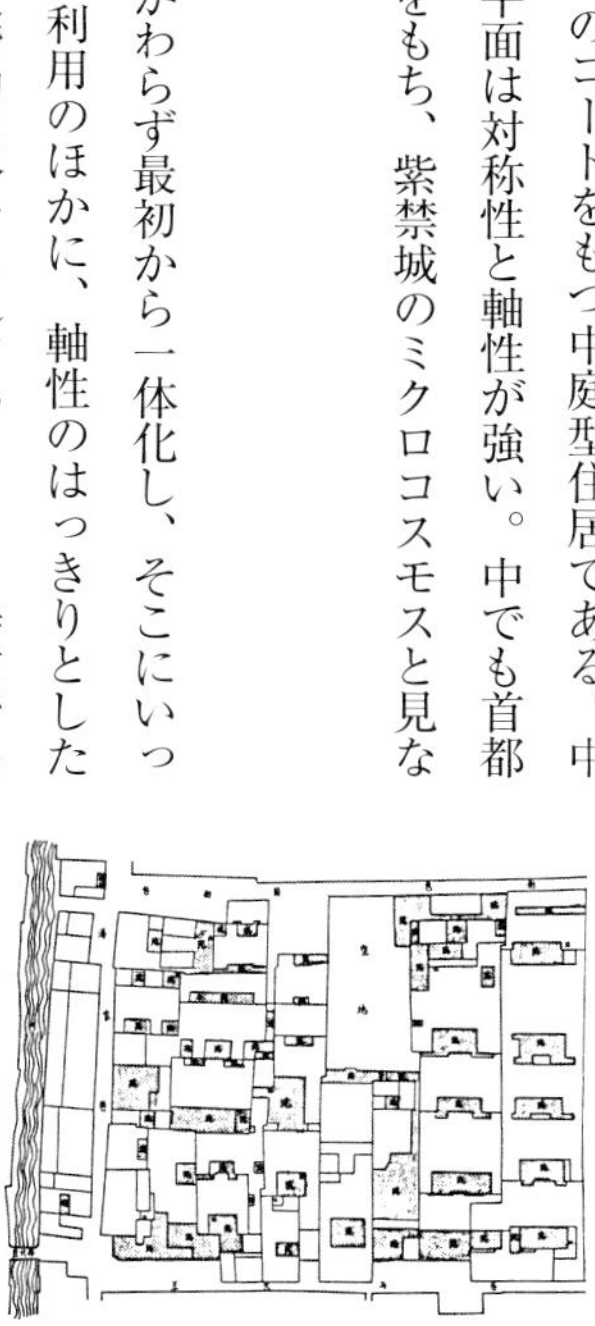

図2・4　中国の四合院住居の聚落

二つの都市住居には、接する街路あるいは隣家との間に残された空地はいっさいない。これをゼロ・セットバック（zero-setback 非後退）方式という。いいかえれば、残るべき空地はすべて院子あるいはアトリウムに統合されている。結果として、建物は構築されたソリッド（built-solid）と構築されたヴォイド（built-void）の二つが存在するだけでそれ以外のものはない。このことを「ゼロ・ロット（zero-lot）」あるいは「ゼロサム・ロット（zerosome-lot）」方式と呼ぶが、ドムスにしても四合院にしても、その集合体を俯瞰したとき、それは前章で明らかにしたアーバン・ポシェとして、「地」と「図」の関係を示していることは明らかである（図2·3、2·4）。

写真2·1　保存されている四合院住居、北京

●ストゥープ

都市街路に適応しながら連続していく別のタイプの都市住居がある。それは、一八世紀中葉につくられ始めたロンドンのジョージアン・テラスハウスがその代表例といえる（写真2·2）。産業革命をひと足先に進め、そのあと資本主義経済へと向かっていったイギリスでは、ロンドンのような大都市に中産階級が増え、そのための住宅供給に迫られていた。大地主で世襲相続の許されていた当時の貴族たちは、その特権をもつ代わりにキャピタルゲイン[*11]を目的とした売却などは禁じられており、地域社会に貢献する資産運用が義務づけられていた。これもノーブレス・オブリージュ（noblesse oblige）[*12]の一つかもしれない。貴族たちは所有地の開発を行うに先立って、「コモン」あるいは「スクエアー」と呼ばれる「庭園広場」を一種の緑地系

＊11　資産売却所得をいう。それに対しインカムゲイン（income gain）は勤労所得。

＊12　高い身分に伴う徳義上の義務を意味する。

資産としてつくり、次に周辺土地の街区造成を行った。その造成地は、あるまとまった区画地、あるいは全部が開発事業者《デヴェロッパー》あるいは建設業者《ビルダー》に貸与され、長期の賃貸借契約が結ばれる。彼らは住宅事業者として間口が二四ft（約四間）前後の短冊状の敷地に三〜五階建てのテラスハウスをつくった。生来アングロ・サクソン系の人々は、エンクロージャー・ムーヴメント（enclosure movement）[*13]の歴史に象徴されるように、用地の取りまとめと同時に一宅地一所有（one-lot one-ownership）の形式を堅持する伝統があった。したがって、テラスハウスは多層の建物であっても原則一家族の専用住宅であった。これに対してラテンを起源とする人たちは、古代ローマのインスラと呼ばれる都市住居がすでにそうであったように、後述するパリのメゾン・ア・ロワイエに見られる成層的な共同住居（manifold-family housing）を受け入れてきたと考えられる。今日ではもはやこのようなこだわりは希薄であるにしても、固有の歴史と文化に根差した「専有」と「共有」に関わる価値観の違いといえる。

ジョージアン・テラスハウスの都市建築として見逃すことができない特性は、その街路（道路と歩道）との連担性である。住戸の玄関先には、ストゥープ（stoop オランダ語のベランダを意味する stoep の派生語）と呼ばれる数段のドアーステップと踊場、わずかなドライエリアへ降りる小さな階段がある（図2・5）。そこには住戸に付属する倉庫と石炭庫がつくられていて、石炭の補給は歩道上に設けられた鋳鉄製の投入口からなされていた。つまり歩道の舗床《ペイヴィアー》は石炭庫と連動してつくられていたことになる。したがって初期の段階では統一の基準がなく、のち

写真2・2　ロンドンのベッドフォード・スクエアー（庭園広場、Bedford Square、1775-84）とそれを囲むジョージアン・テラスハウス（出典：Spiro Kostof "The City Assembled"）

＊13　近世初期のイギリスにおける領主、大地主による農地囲い込み。共同用役権を排し土地の一括所有の一連の動きを指す。

に正式な舗道法《ペイヴィング・ロウ》が制定されるまで舗床の素材も出来具合も不揃いであったといわれる。このようにテラスハウスにとって、歩道部分はけっして現代都市のそれのように先行する公領域として整備されたものではなく、つねに居住者が生活領域の一部として責任をもってつくるという考えがあり、建物に帰属するものであった。

建物の一階が半階もちあげられ、その下に半地階がつくられる構成は、ピアノ・ノービレ(piano nobile)といって、ルネッサンス以来のヨーロッパ建築の伝統的な手法である。正面には必ずエントランスに至る階段がつくられて、パラディアン・ヴィラ(Palladian Villa)がその代表的な基壇建築である。一八世紀のジョージアン・ロンドンの中産階級のためにつくられたテラスハウスにおいても、このピアノ・ノービレの名残とも思えるものが存在する。すでに触れたストゥープの名で呼ばれる玄関先の控えめなステップがそれである(写真2・3)。この場所は、歩道との間に設けられた半地階のドライエリアとともに、建物の都市との間の約定《ボンド》ともいうべき重要な役割を果たす。

ストゥープは、住まいに属する「私の領域」であるが、歩道に属する「公の領域」と見なすこともできる。別の見方をすれば、両者を分け両者を結ぶ結界である。そのルールとして、建物はある決められた壁面線に沿って建てられる。住人は玄関扉を開けてこのストゥープに立つとき、街に迎え入れられるという心地よい緊張の瞬間をおぼえ、逆に帰宅してこの場所に立つとき、わが家に迎えられる至福の瞬間を感じる。その意味でいえば、人は両義的な場所を必要

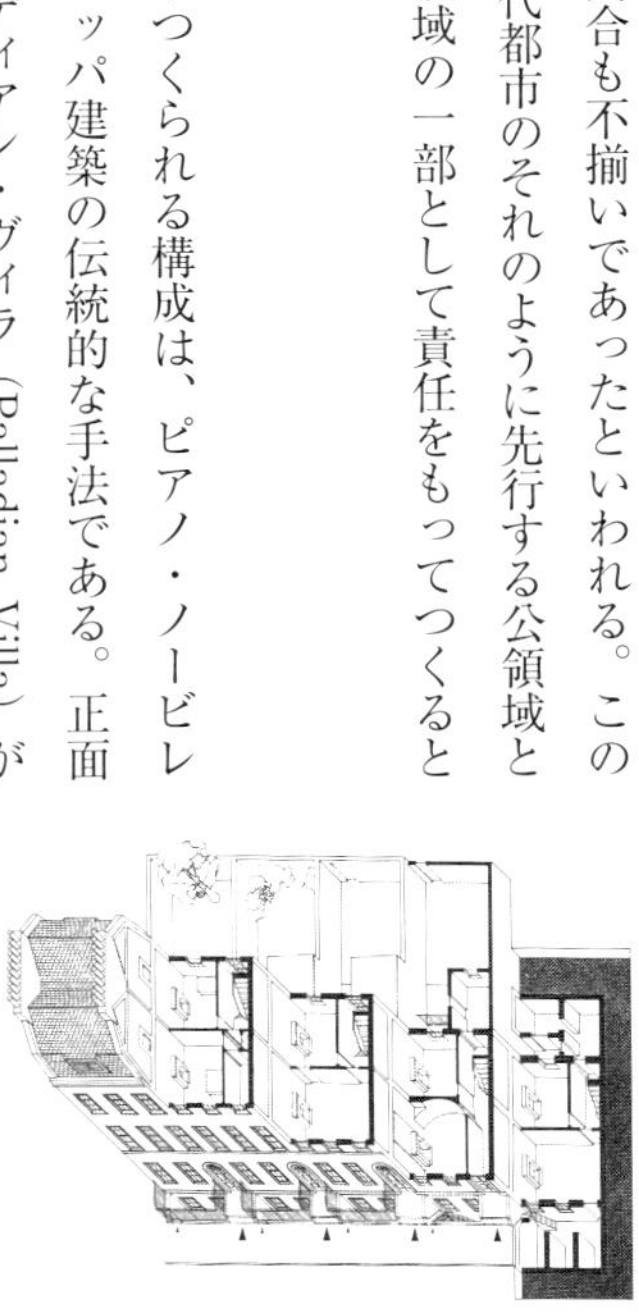

図2・5　ジョージアン・テラスハウス階構成図。街路側にストゥープと石炭庫が設けられているのがわかる(出典:都市の住居単位/香山壽夫他/都市住宅一九七号)

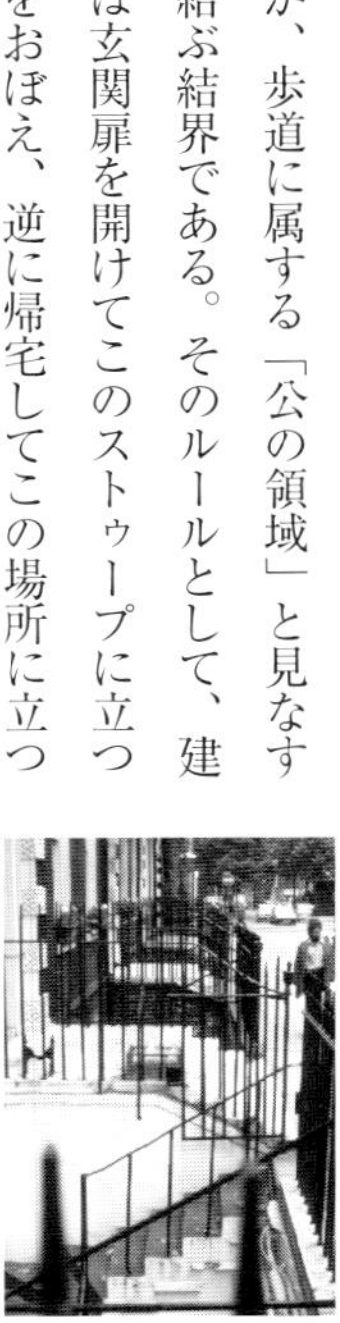

写真2・3　ジョージアン・テラスハウス玄関前のストゥープ

とし、それを通して「都市に住む」ことの豊かさに気づく。

このテラスハウスには、パーティ・ウォール（party wall）と呼ばれる隣家との共有境界壁に関する厳密な取決めがある。これは次に述べるパリのメゾン・ロワイエの場合にも原理的に共通するもので、「所有」と「利用」の考え方に関係する。本来一つの建築行為は土地を必要とし、一方、土地はそこに建物が建つことによって、はじめて不動産価値が発生する。もともとイギリスでは、歴史的に貴族を中心とする大土地所有制がとられており、土地と建物は不可分の不動産として扱われてきた。それは建物を建てると、その物権は最終的に土地に帰属することを意味する。したがって土地の貸借は、同時に建物の売買・賃借を意味する。一般的には伝統的な慣習法によって利用権が所有権を凌駕するかたちで認められる。

このことに関連して、『日本建築学会学術講演梗概集』（一九九五）に発表された渡辺新と安藤正雄の研究（「英国の建築・空間の所有と利用の制度に関する研究」）は、都市建築の観点からジョージアン・テラスハウスの成立の仕組みを考察するうえで貴重な文献である。この研究は次のことを明らかにしている。まずイギリスの財産法では、フリーホールド（土地自由保有権）とリースホールド（土地賃借権）という二つが、土地に関わる権利として存在する。このリースホールドは、よく知られる九九年リースのような世代を跨ぐものとして取り決められるのが一般的であり、わが国でいえば、期間を決めた長期定期借地権という名の利用権と見なされる。フリーホールドをもつ地主は、テラスハウスの開発業者あるいは建設業者にその土地の運用収益の権利を認めたうえで、期間を限定してリースホールドが売られる。このリースホールドの契約に関しては、建物の品質の確保、優良なデザイン、街路やスクエアーと呼ばれる庭園広場の管理責任などが付帯条件としてつけられていた。基本にこのような取決めがあることによって、リースホールドが転貸借《サブリース》されることがあっても、周辺環境の質が維持される限り、土地の資産運用による安定した収益が上がったと考えられる。ジョージアン・タウン・プランニングと呼ばれる街づくりの背景には、大土地所有者であった当時の貴族に世襲制相続権が与えられる代わりに、投機的なキャピタルゲインを目的とした行為が禁止されていたこととあわせて、このようなリースホールドという優れた仕組みがあった。

次にジョージアン・テラスハウスには、もう一つの特質として共有境界壁の仕組みがある。この仕組みを担保する共有境界壁法《パーティー・ウォール・アクト》という法制上の取決めが存在したからこそ、長い間修復《レストレーション》や用途転換《ユース・コンヴァージョン》を繰り返しながら一世紀半以上経た今日まで、このテラスハウスは維持保全されてきたともいえる。正式にはこの法令は一九三九年に制定されたとされるが、古くは一六六六年のロンドン大火以降境界壁に関する法律がすでにあったといわれる。したがって、ジョージアン・テラスハウスの時代には、この基本的な考え方とその取決めはすでに実行されていた。法令の適用対象地域がロンドンに限られていたのは、蓄積として一九世紀のタウンハウスがロンドンに集中していた事情によるものだろう。

文字どおりこの法律は、共有境界壁を挟んだ二者の権利関係を定めたものである。共有壁に

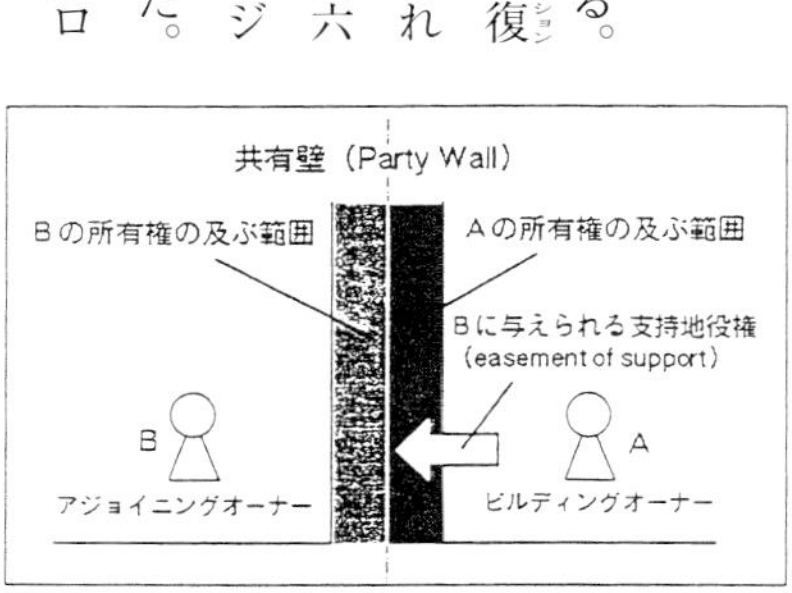

図2・6　共有壁の支持地役権概念図
（出典：渡邉新と安藤正雄の学術論文、一九九五）

変更を加える側＝ビルディング・オーナーとその影響を被る隣接のアジョイング・オーナー(adjoining owner)の二者の権利と義務を定めたものである。

図2・6に示すとおり、両者の共有境界壁の所有権の及ぶ範囲は壁の中心線までであり、通常これは敷地境界ラインと一致するはずである。すなわちゼロ・ロットの考え方である。建物の改造、修復、取壊し、建替えなどの改変にあたっては、ビルディング・オーナーは事前の告知義務とともに、原則当初の構造性能が維持される限り共有境界壁の利用は自由である。一方、アジョイニング・オーナーには支持地役権(easement of support)といって、建物の壁を支持する地盤の地役権が与えられる。

このテラスハウスでは、人々は必ず正面街路とは別にミューズ(mews)と呼ばれる街区専用の裏路地を共有していた。それは各住戸の裏側にある厩舎や物置につながるサーヴィス用通路である。表通りと同じように、たとえばWimpole MewsとかWeymouth Mewsといった固有の名前が路地名としてつけられていた(図2・7)。建物の規模によっては、ミューズに面してアルチザンや職人がその一部を借りて住むこともあった。当時は馬車が富裕階層の移動手段であったが、馬車はミューズを通って正面玄関に回り、従者は建物正面で主人の出てくるのを待つのが普通であった。

このことからわかるように、ジョージアン・テラスハウスでは、必ず街路側にストゥープのあるフォーマルな正面《フロント》があり、次にホール、レセプション、サロンのほかダイニングなどが続き、中間のわずかなコートを介して背面には倉庫や厩舎などが配置されていた(図2・8、2・9)。

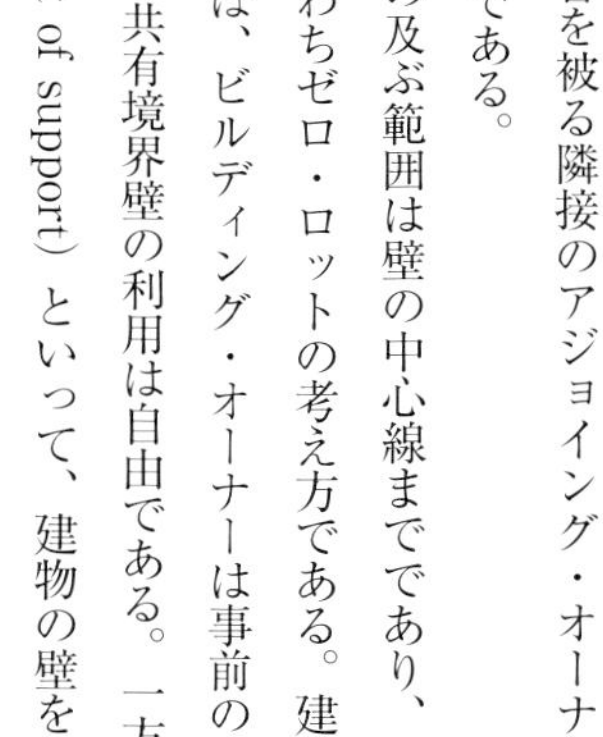

図2・7　一八世紀ロンドンのハーリー通り周辺の街区図。各街区にサーヴィス・レーンとしてミューズが設けられている(出典：レオナルド・ベネヴォロ『都市の歴史』)

このような空間構成の住戸が、逆にミューズを介して背面し合うかたちで一つの街区を構成するとき、全体としてフォーマルな「表」に対してドメスティックな「裏」[*14]という街区の構造が生まれる。

さらにスクエアーを中心にテラスハウスが集積すると、地区《ディストリクト》としてのアイデンティティが生まれ、人々はそこに住むことの誇りとコミュニティ意識をもつ。今日でも、たとえばロンドンのブルームスベリー地区のスクエアーを単位とする一帯は、歴史的な住宅地として高いプレステージをもつ。このように、ハウジングがその時代のアーバニズムの主役となって、「住まいが都市をつくる」とき、それは真正な「都市建築」である。

ジョージアン・テラスハウスが一つの都市建築として成立する理由は、開発形態に独自の仕組みがあるだけでなく、限られた大きさの街区に無理なく住戸を収める方法として、「間口奥行き比」の大きい短冊状の土地分割《サブ・ディヴィジョン》を行っていることである。したがって、建物の自由度は奥行き方向に限られており、「前面」と「背面」の使い分けを行いながら街区形成を担うアー

*14 「表」に対する「裏」、「公」に対する「私」の意味に使われている。

写真2・4 スクエアを囲むジョージアン・テラスハウス

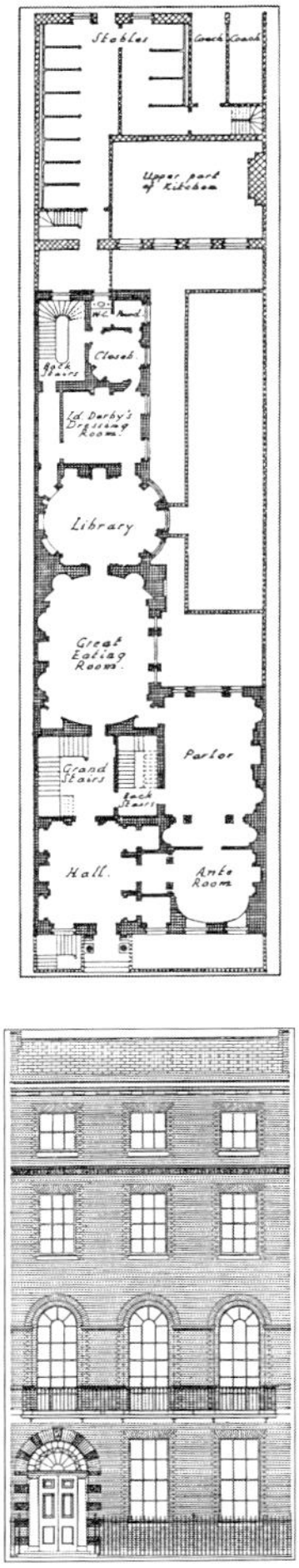

図2・8 ロバート・アダム設計のダービー邸（Lord Derby House 1777）平面と一八世紀のジョージアン・テラスハウスの代表的なファサード（出典：レオナルド・ベネヴォロ『都市の歴史』）

バン・ユニットであった。その単純な原則が、建設構法を平準化し、さまざまな住宅事業者を誘引することとなった。それは一方で建物のデザインに微妙な違いを生むが、多様性とともにバランスのとれたスケール感と秩序感のある街並みがつくられた。ジョージアン・ロンドンの都市風景として、今日に至るまで多くの人に親しまれている。

　しかし、イギリスの都市住居のすべてがこのような成功に満ちたものではない。同じ一八世紀半ばには、特に都市に集まった労働者階級の劣悪な居住環境が非難の対象になったことはよく知られている。この時代の不条理は、ルイス・マンフォード（Lewis Munford 一八九五〜一九九〇）[*15]が『都市の文化』の中で指摘している次のような記述からもうかがえる。

「エジンバラの見事なファサードの裏側、狭い路地に面したバラック建築、風景画を描く際にありがちな、裏側がどう見えるかの無関心。正面だけの建築。豪華なシルク、高価な香水、高雅な精神そして天然痘。視野の外にあるものは考慮の外となる」

「表通り《ストリート》」と「裏通り《バックストリート》」の二つの顔をもつジョージアン・タウンハウスは、富裕な中産階級の住宅として、近代都市ロンドンに新しい都市風景を加えることとなったが、その一方で産業社会の底辺にあって過密状態から逃れ得なかった労働者住宅の悲惨な状況は、近代の光と陰の「陰」として汚点を残すことにもなった。それは、他の国のものを含めてモダニストたちの激しい批判の対称でもあった。

図2・9　ジョージアン・テラスハウスのクロス・セクション

＊15　アメリカの生んだ二〇世紀を代表する建築評論・文明批評家。大著"The City in History"がある。

●第三の土地：共有境界壁

メゾン・ア・ロワイエは、一九世紀半ばフランス第二帝政期にナポレオンⅢ世（Napoleon Ⅲ）の大命を受けてオースマン（George Eugene Hausamann 一八〇九〜九一）[*16]が推し進めたパリ大改造を契機に生まれた。大半は当時の都市ブルジョアジーのために建設された賃貸共同住宅である。

それらは、パリ大改造の中心的事業の一つでもあった新ブールバール（街路樹のある大通り）や拡幅された街路沿いに建てられた都市住宅であり、中世以来の歴史都市パリの風景を一変させるものであった（図2・10）。オースマンによる近代都市にふさわしいインフラの整備事業と、商業資本による住宅供給という投機事業は、パリの様相《フィジオグノミー》を大きく変えるだけでなく第二帝政期のナポレオン政府にも富をもたらすことになった。そして一方では、メゾン・ア・ロワイエに住むことはブルジョアジーのステイタス・シンボルでもあった。

すでに触れたが、フランス人はアングロ・サクソン系の人たちと違って、街路に対する十分な間口を求める代わりに、複数の世帯が上下階に住み分ける多家族共同居住を厭わなかった。昔からゲルマン系民族とラテン系民族の気質の違いが、文化の違いとなって現れるのは、昨今の言葉でいえばDNAの違いによるものであろう。当時の代表的なメゾン・ア・ロワイエに住む人々の生活風景を戯画風に描いた建物の断面（図2・11）がある。それを見ると、一階に住人の生活行動のすべてを掌握するコンセルジェ夫婦が住んでいて、天井の高い二階、三階には

＊16　セーヌ県知事在任中に、ナポレオンⅢ世とともにパリ大改造を行いフランスの近代化に貢献し、現在のパリ市の原型をつくった。一方では、都市の将来を抵当に入れる危険な解体業者ともいわれた。

図2・10　ブールバールの代表といわれるシャンゼリゼ大通り（一八五〇年代）と両側のメゾン・ア・ロワイエ（出典：Spiro Kostof "The City Assembled"）

上位中産階層《アッパー・ミドルクラス》の家族、四階には小市民階層《プティ・ブルジョアジー》の家族、そして最上階の小屋裏にはパリのボヘミアンといわれる貧乏芸術家やメイドの住む様子が描かれているのがわかる。街との結びつきをひと筋の階段に託したこの一連のメゾン・ア・ロワイエは、ブールバールと呼ばれる街路樹の並ぶ大通りを逍遙し、街路沿いに繰り広げられる華やかな消費社会の喧噪を楽しむことにおいて大変都合のよい都市的な住居であった。

一七世紀初頭に、アンリⅣ世（Henri Ⅳ）によってパリの「ロワイアル広場（Place Royale)」、現在の「ヴォージュ広場（Place des Vosges)」とそれを取り囲む住居群がつくられた。それは、パリにはじめてつくられた歴史的な都市貴族の住む住居群広場《レジデンシャル・スクエアー》であり、いくたびか変遷はあったものの今日でもなおパリ市民によって住まいとして使われていることは有名である。ロワイアル広場がつくられたときを境に、当時の貴族たちは田園から都市に生活の拠点を移し始め、パリに都市邸宅《アーバン・オテル》を構えるようになった。その初期のものがバロック・オテルと呼ばれる。実は、メゾン・ア・ロワイエのもとをたどれば、この原型としてバロック・オテルにいきつくといわれる。かつてパリを中心につくられたオテルは、のちに貴族のほか成功を収めた商業資本家や工業資本家の都市邸館としてロココからネオクラシカル・オテルへと引き継がれていくが、それは今日のパリの都市風景になくてはならないメゾン・ア・ロワイエの源流のまた源流といえる。

必ずしもバロック・オテルの典型とはいえないが、よく引用されるものに、オテル・ド・ボーヴェ（Hotel de Beauvais 一六五二〜五五）がある（図1・16）。すでに前章で、アーバン・

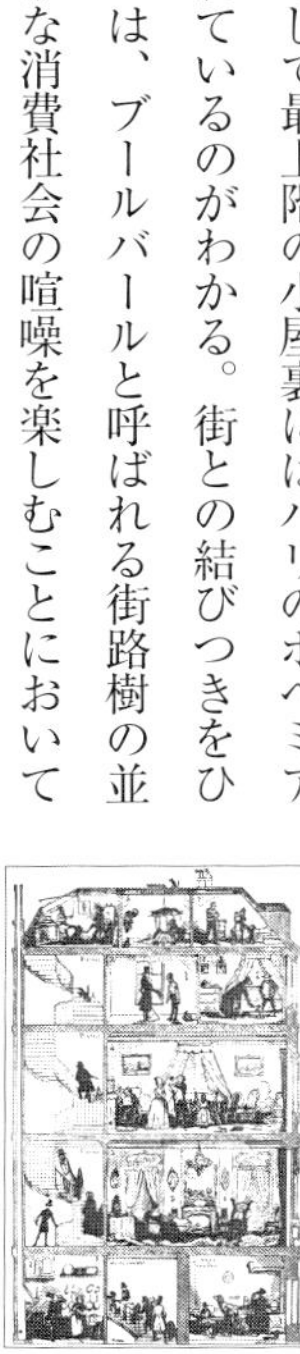

図2・11 一九世紀半ばの代表的なメゾン・ア・ロワイエの生活風景を示した断面（出典：レオナルド・ベネヴェロ『都市の歴史』）

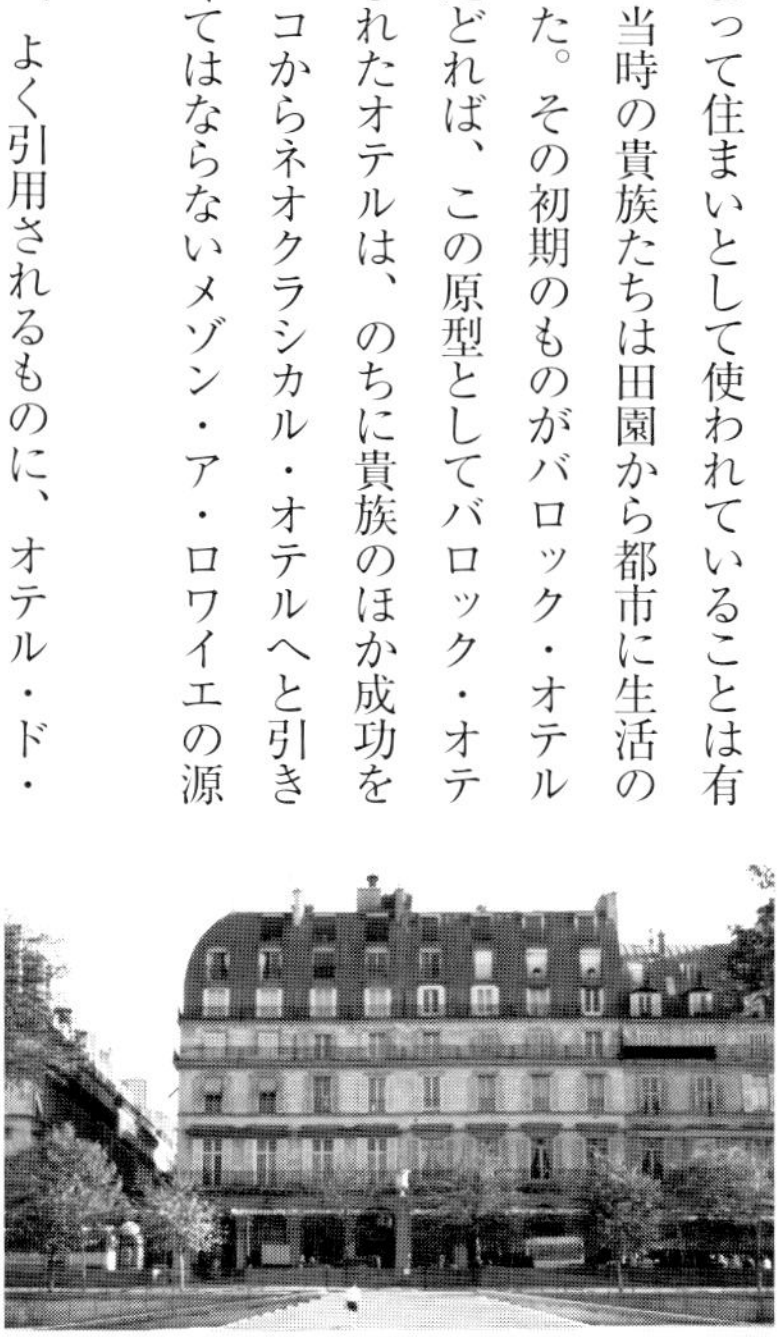

写真2・5 パリ・リボリ通りのメゾン・ア・ロワイエ

ポシェに触れてとりあげたが、この建物はバロック・パリの高密な都市社会を彷彿とさせる。当時の一般的なオテルは、中世以来の街路形態によって生じた不定型な敷地に適応するために、共有境界壁による「象嵌型《インフィル》」の建築であった。一般的なバロック・オテルの主館は、街路から離れた奥にあって、前面にコートがあるのが普通であった。コートは敷地の形状には関係なく必ず形の整ったものであり、その周りに厩舎や馬車庫が配置されていた。しかし敷地に余裕がなくなるにつれて、主館自体がコートの奥ではなくて街路側の前面に移動して、逆にコートは背後に押しやられ主館を経て街路につながることとなった。

　このような歴史的推移の中でメゾン・ア・ロワイエを見たとき、この都市住居は、まずバロック・オテルに端を発する共有境界壁という考え方がその成立要件として見事に継承されている。先行した建物の境界壁を、それに接して建てる隣接《アジョイニング》オーナーが応分の費用を払って使用するという慣習法があった。通常その壁の厚さは六〇cmほどあり、あたかも基礎をつくって柱を立てるように、この共有境界壁にホゾ孔をあけて梁をわたして床をつくる。そのことによって、敷地境界上にいっさいの曖昧な空間が残されることがない。

　これは「第三の土地」ともいうべき境界壁であるとともに、共用の構造壁であることが最大の特徴である。つまり、ゼロ・ロットの考え方が貫かれている。ドムスでも四合院においても、ゼロ・ロット方式がとられていたことはすでに触れたが、それらはあくまでも単層の住居であって、メゾンのように多層住居の場合にはもう一つ架構に関わる別のルールと仕組みが必要であった。

これは、土地の有効利用という理由だけから生まれたものではない。むしろ、土地利用をめぐるトラブルに対して賢く折合いをつけることが、自己の権利の保全につながるという、長い歴史の中で培われた適応の仕組みであり、おそらく前述のジョージアン・テラスハウスの共有境界壁法と同じである。

現在でもパリの街を歩いていると、メゾンの一画が壊されて露出した共有境界壁に、それまで隣にあった建物の形がゴーストのように残っている光景に出会うことがある。そのとき、普通は隠れて見えない仕掛けの一部を見たようにも感じられ、それは古い都市に刻まれた思いがけない歴史との邂逅である（写真2・6）。

写真2・6　共有境界壁に残る取り壊された隣家のゴースト

一方、前面の街路に対しても、いっさい後退のない非後退の原則によってつくられる。オースマンのパリ大改造によって登場したメゾン・ア・ロワイエは、その性格からいって投機的な賃貸共同住宅事業であったことはすでに述べたが、敷地規模は漸次小さなものになり、主たる居住部分は街路に直接面し、かつてのオテルの構成とは完全に「反転」したものとなった。

一九世紀のフランスの建築家であり、中世建築の保存修復の研究者でも知られるヴィオレ・ル・デュク（Eugene Emmanuel Viollet-le-Duc 一八一四〜七九）は、近代最初の建築理論家《セオリスト》とされている。ジョン・サマーソン（John Summerson 一九〇四〜九二）[*17]は、彼の存在をルネッサンス期のバティスタ・アルベルティ（Leone Battista Alberti 一四〇四〜七二）[*18]に匹敵するといった。事実、彼の合理主義的な考え方は、モダニズムの機能主義の考え方に道を開

＊17　二〇世紀のイギリスを代表する建築史家。著書『古典主義建築の系譜』は、建築を学ぶ者の必携の書。

＊18　イタリア・ルネッサンス期の万能の天才。著書『建築論』は、ヴィトルヴィウスの『建築について』を分析し、独自に書かれたルネッサンス期最初の建築理論書。建築のほか、絵画、彫刻、詩学、音楽に多彩な能力を発揮、ディレッタント・アーキテクトともいわれた。

いたともいわれる。その建築家ヴィオレ・ル・デュクは、メゾン・ア・ロワイエについてはパリ固有の建築というよりは没個性という評価によってそれを認めようとしなかった。しかし、一八六三年にみずから自分の名を冠したメゾン（Maison Viollt-le-Due）を設計した（図2・12、2・13）。ちょうどオーギュスト・ペレが設計したフランクリン通りのアパートに、一時自分の設計事務所をおいたように、デュクもこのメゾンに事務所をもっていたと伝えられる。

街路に面するファサードのデザインは明快で格調が高く、また建物のプランは無駄のない非常にコンパクトにまとめられたものである。一九世紀後半につくられたメゾンの多くは、かつてのオテルの特色であったフロントコートを完全に消滅させ、背面に通風・採光をかねたユーティリティ・コートがわずかにつくられるにとどまったが、メゾン・デュクもその例外ではなかった。

しかし、この都市建築としてのメゾン・ア・ロワイエには、表には現れないもう一つの隠れた工夫があった。それはメゾン・ヴィオレ・ル・デュクの場合のように、建築密度が高まるにつれ狭小化を避けられなかった背面の中庭を、隣接するメゾンのそれと協調して一種の「中庭集合」ともいうべき空地の集約を図りながら良好な採光・通風環境を確保する仕組みであった。そしてそのための「空地協定」がつくられていたことである。これは共有境界壁が「第三の土地」としてのハードな協調の仕組みであるとすれば、中庭集合の「空地協定」は、もう一方のソフトな協調の仕組みであった。

このことに関しては、『日本都市計画学会学術研究』（一九八二）として出された鈴木隆の研

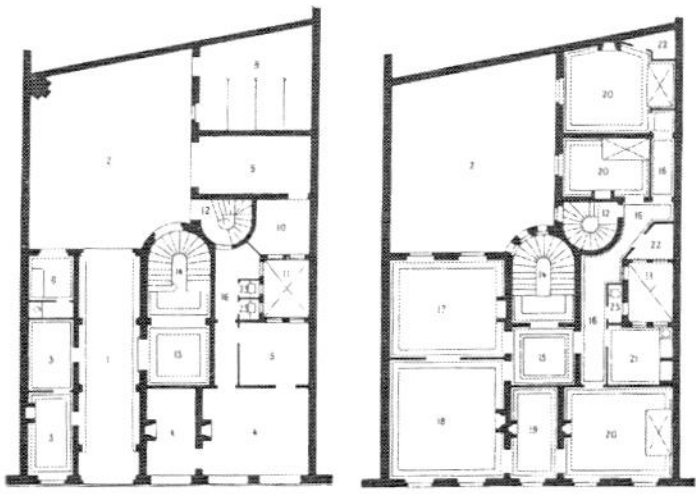

図2・12　メゾン・ヴィオレ・ル・デュク一、二階平面と立面

図2・13　メゾン・ヴィオレ・ル・デュクのファサード

究論文（「一九世紀前半のパリの市街地における中庭の整備と中庭協定」）があり、これもまた前述の渡辺・安藤のものと同様に、貴重な文献調査に基づく論考である。

鈴木は、パリのサン・ジョルジュ地区を一つのフィールドとしてその住宅地図を調査した結果、「二つ以上の隣接する敷地に、中庭が相互に隣接して設置され、一つのより大きな中庭が形成されたかのごとき外観を呈している例が数多く認められる」ことに着目した。この形態が六～七階のメゾンの建て込む街区全体の有効な空地として機能していることと、そこに巧みな協定が存在していることを見出し、それを「中庭集合体」と「中庭協定」というかたちでとらえた。この論考を踏まえて、メゾン・ア・ロワイエが、他の歴史的な都市住居には見られないヴァナキュラーな「都市建築」であることを明らかにする。

一九世紀前半のパリのメゾンは、前述のロンドンのジョージアン・タウンハウスのような貴族の大土地所有制や世襲相続制に基づく住宅開発として生まれたものではなく、また共有壁条例のような公的な取決めがあるわけではなかった。また、当時は組織的な投機事業を行うには建設事業者や開発事業者が未成熟なこともあり、ほとんどが個人の事業者によって建設が進められたといわれる。また、隣接する二つ以上の不動産が同一の主体によって所有されている例は稀であった。一方、そのような状況の中でパリの人口集中による市街地化は進行し、土地の細分化による建物の高密度化に対処する方法は、限られた空地の整備しかなかったと思われる。

通常都市は空地の体系として、都市街路、広場、都市内河川を含む公園などがパブリックなオープンスペースであり、それに対して個々の敷地内庭園や中庭がプライベートなオープンスペースと考えられる。それらは、量の問題とともに適切にして有効な配分体系の中にあることが都市の質を決める。その観点にたてば、異なる建設主体が協調して一つの中庭集合を形づくるために協定を結ぶことは、フランスの伝統的な「所有権の絶対性」と資産利用に関わる「私権行使の自由」の原則を保持しつつ、全体として良好な環境維持を図る究極の選択であったと考えてもおかしくない。この空地協定は、当初局所的《ローカル》に始められた試みが漸次一般化され慣習法として定着したものと思われる。「中庭集合体」の重要なことは、複数の異なる主体によって個々の敷地にそれぞれの建設がなされても、最終的に一つのまとまった空地が担保され、それが単一主体の計画に匹敵する点にある。鈴木の文献調査の結果、そこに見出された協定の仕組みの特徴は概略次のようなものであった。

「中庭集合の第一の目的は、よりよい通風・採光を確保する以外に敷地内の移動（避難）の機能を確保することである。そして個別の建築行為による中庭設置の義務をしるす「中庭協定」は、まず土地分譲の際に結ばれ、その当事者は土地分譲者と画地取得者である。この時点で原則的に中庭集合体の建設と保全が担保される。中庭協定による相互規制は、中庭つまり集合空地のつくられ方にかかわる取り決めと、中庭境界壁の構造的な制限である。中庭境界壁は土地の区画どおりその境界線上に建てられるが、高さ（一〇ピエ＝約三・三m）を越えてはならないとされていた。市街地地図で見ると画地どおりにすべてが分割されているように見えるが、実際はつながった空地としての中庭が形成されている」（図2・14）。

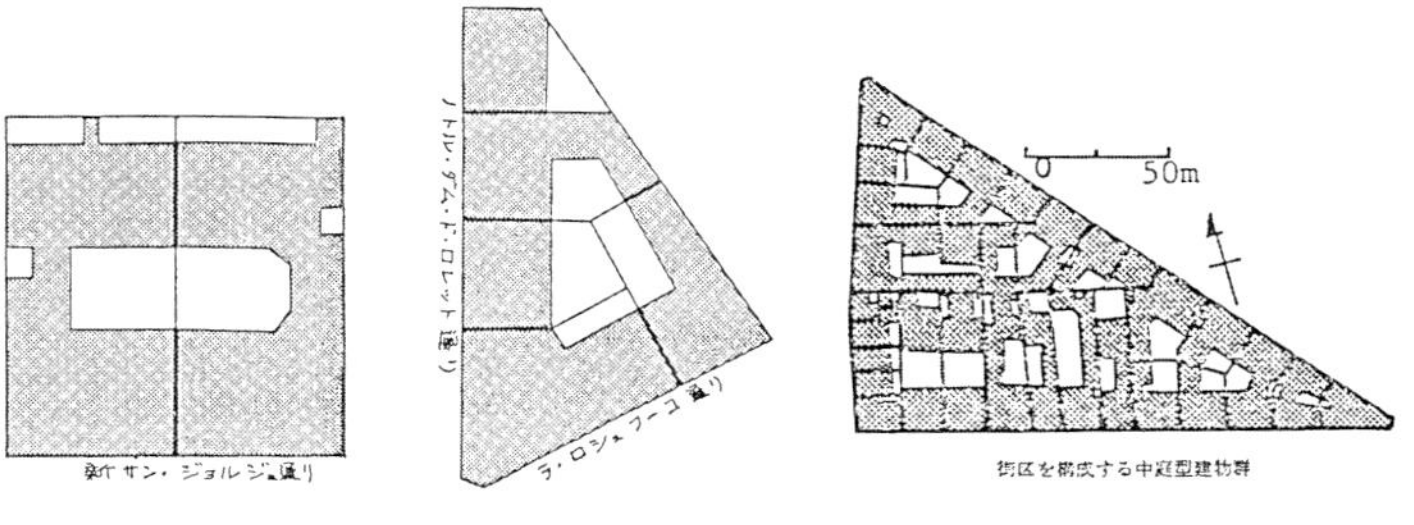

図2・14　一九世紀前半、協定によりつくられた二つの中庭集合の例（出典：鈴木隆の学術論文、一九八二）

メゾン・ア・ロワイエの源流にバロック・オテルをたどることができるとすれば、今なお受け継がれているものとして「ゼロ・セットバック」の考え方と「第三の土地」ともいわれる共有境界壁の存在である。この二つの原則に加え、中庭協定はメゾン・ア・ロワイエが都市建築として生き残るための選択でもあった。つまり個別の建築行為が連担して街区を形成し、都市街路に沿って連続した表層をつくるうえで、なくてはならないルールであった。しかし一方において、健全を装うストリート・ファサードは、隠された「背面」の犠牲を伴い、実は矛盾に満ちた都市相を形づくっていったことも事実である。この極端な状況をピクチャレスク・スラム（picturesque slum）と呼ぶこともあった。産業革命以降の資本主義の進展とともに近代社会の生み出した歪み、特に居住に関する問題は、モダニストたちの歴史都市批判に向かう「反転」のモメンタムとなったといってよい。

●「通り庭」「庇合い」「矢来」

通常「町家《まちや》」とは、職住一体型の京町家の住居形式を指すが、店舗として見る場合は「町屋」と書く。また、純然たる住居として見る場合は、民家の一つとして「町家」と表すのが一般的といわれる。その京町家の原型は江戸時代の中期にさかのぼるが、京都に現存する町家は一八六四年の大火以降に建てられたものがほとんどとされる（図2・15）。

このようなわが国の町家を都市建築と呼ぶことは少ない。その主な理由は、木造建築の限界に起因している。また、京町家のように建物が連担して街区を形成する場合でも、その特性をすでに述べたテラスハウスやメゾン・ア・ロワイエに見られたような建物の非後退によるゼロ・ロット方式の概念によって説明することも、「表」と「裏」の関係だけでとらえることも難しい。むしろそれだけでは「町家」の本質を見失う。しかし、そのことによって「京町家」が「都市建築」ではないということにはならない。町家には数々の特質があるが、その中でも「オエとドマ（通り庭）」「庇合《ひあ》い」と「矢来《やらい》」の三つが、都市建築として論ずる場合の重要な鍵になる。

ヨーロッパの共有境界壁が、きわめてハードな境界画定であるのに対して、わが国の伝統的な木造町家のそれは、外見には現れないしなやかな関係が存在する。ロンドンのテラスハウス同様に、街路に対する間口の狭い住居形態であるため、空間のフレキシビリティは奥行き方向に限られている。しかし何よりも特徴的なのは、その間口の限られた短冊状の建物が、「オエ（居室）」ゾーンと「ドマ（通り）」ゾーンの二つに分かれていて、伝統的な日本家屋の「続き間」による長さへの対応と、通路と作業スペースの重ね合わさった「通り庭」の平面構成である。

そして、建物が隣り合うときにもつねにその位置関係がかわらない。けっして両隣の「ドマ」どうしが背中合わせ（back to back）になることもなければ、同じく「オエ」どうしも背面し合うことがない。基本的に私的な生活空間である「オエ」ゾーンは、つねに隣家の通り庭である「ドマ」ゾーンと隣り合う。いいかえれば、日常の生活で居室の使い方やその生活時間帯が大きく違わないゾーンは、背中合わせに隣り合うことを避けるという知恵によって、木造家屋に避けられない生活音の相互干渉を最小限にとどめ、きちんと住み分けながら居住密度の高い

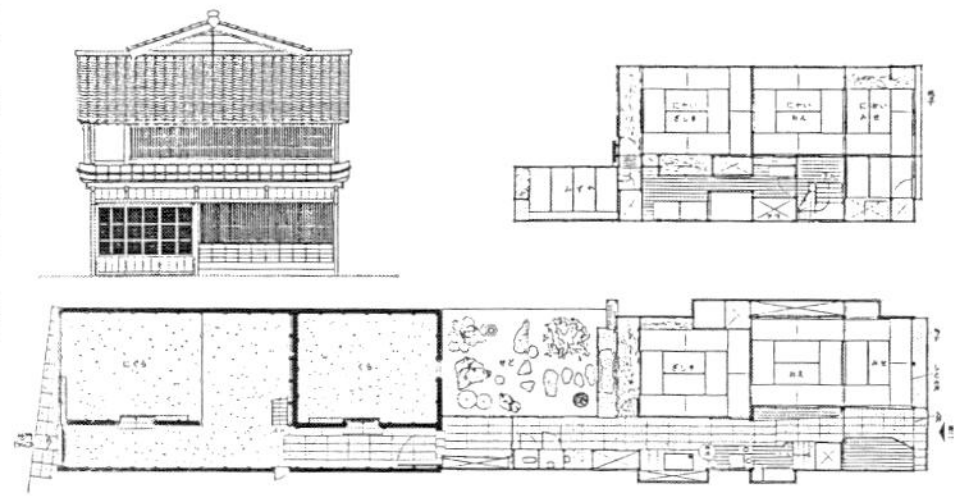

図2・15　町家平面と立面

街区を構成したと考えられる（図2・16）。

また、建築史家の伊藤ていじの信濃の「海野宿の町家」に関する論考によると、特に町家は、建物が境界線上に建つことがなく（木造の場合、物理的に無理なことである）、必ず両隣の建物との間には境界線を挟んで意図的に設けられた約半間（九〇㎝）ばかりの「庇合い空間」が設けられていたという（図2・17）。「庇が出合う」という意味から名づけられたと思われるが、この場合は子庇のことである。

それはルールとして、両者合意の中で相互に使用することができる一種のニュートラル・ゾーンにあたるものであった。たとえば、一方が「オエ」部分の一画に仏壇をつくりたければそこだけをこの庇合い部分に突き出してつくることが許され、同じように他方は「ドマ」部分の一画に物入れを突き出したければ双方入れ子のようにして利用が可能であった。実に曖昧といえば曖昧であるが、起こりうる無用なトラブルを避け、可能な限り近接して土地を有効に利用するために考えだされた仕組みであった。

わずかばかりの残部空間の生まれるのをきらって境界線上に共有境界壁をたて、隣接するものに「第三の土地」として使用を許すのが西洋の石造都市建築のハード・システムであったとすれば、一方、境界線を挟んで意図的に庇合い空間を設定し、さもなければ利用困難となる境界部分の問題を巧みにかわしたのは、木造の都市建築に考えだされたしなやかな領域画定のシステムといえる。西洋のゼロサム（zerosome）に対するわが国のツーサム（twosome）の

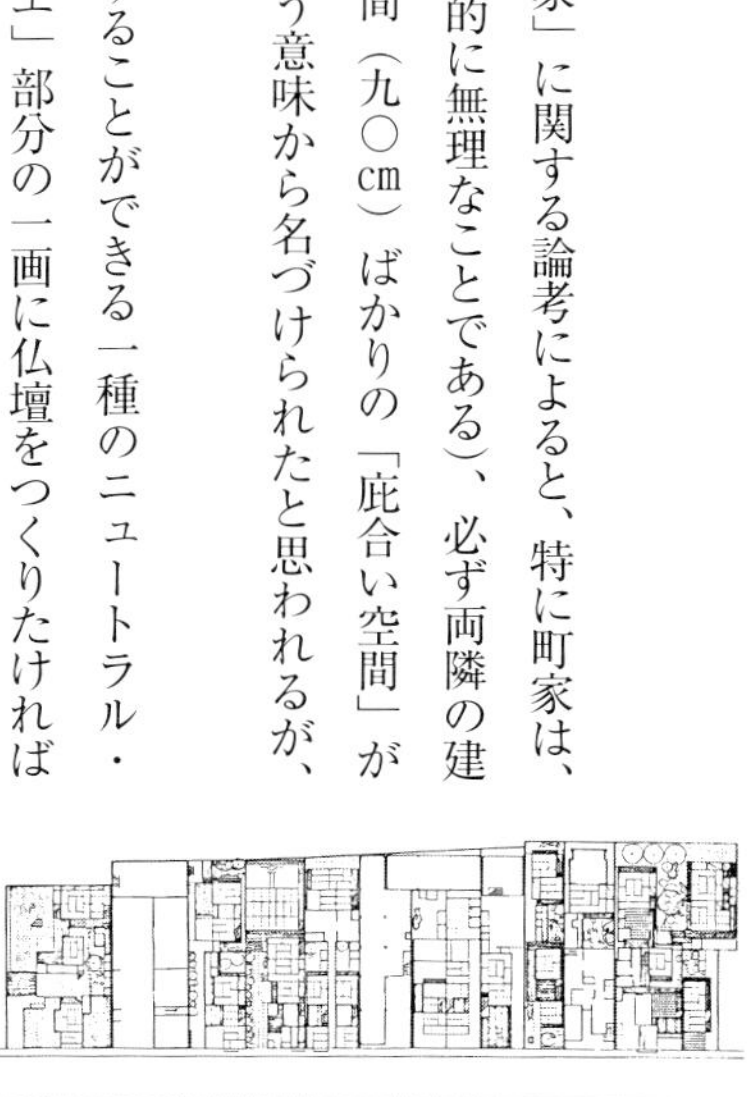

図2・16　京の町家の街区図（出典：島村昇他『京の町家』SD選書）

考え方である。

わが国の都市市街地に見かける不思議な光景の一つとして、街路に沿って並ぶ建物が敷地境界を挟んで微妙な個体間の離隔幅（一m未満）を残して建っていることが挙げられる。欧米人の目から見ると、不可思議そのものであるという。この隙間は、通り抜けとして利用されていることは稀で、また、防災上からも問題のあるきわめて曖昧な残余空間であるとしか考えられない。また、都市の街景《ストリート・スケープ》として見ても、心地よい街並みの連続性を損なうものである。

このような気がかりな隙間は、土地利用、防災、景観の観点から問題視されて久しい。もはや今日の建設技術を駆使すればゼロサム・ロットは可能であるにもかかわらず、依然として消え失せないのは建築基準法に起因するだけではなく、民法上求められる境界からの離隔として説明される。推論の域にとどまるものかもしれないが、これはほとんどが木造建築であった時代の境界がらみの紛争回避から生まれた「庇合い」に相当する離隔が、本来の意味を失ってコンクリート造や鉄骨造の不燃建築になっても、そのまま空隙というかたちだけで引き継がれているとも考えられる。

日本の町家には建物と街路との間につくられる「矢来」という仕掛けがある。これは、建物と道路境界との間に設けられた竹製あるいは木製の円弧状の形をした一種のバッファーを指す（写真2・7）。「駒寄せ」といって、牛や馬を一時的につなぐ建物の前につられた木柵のあった同

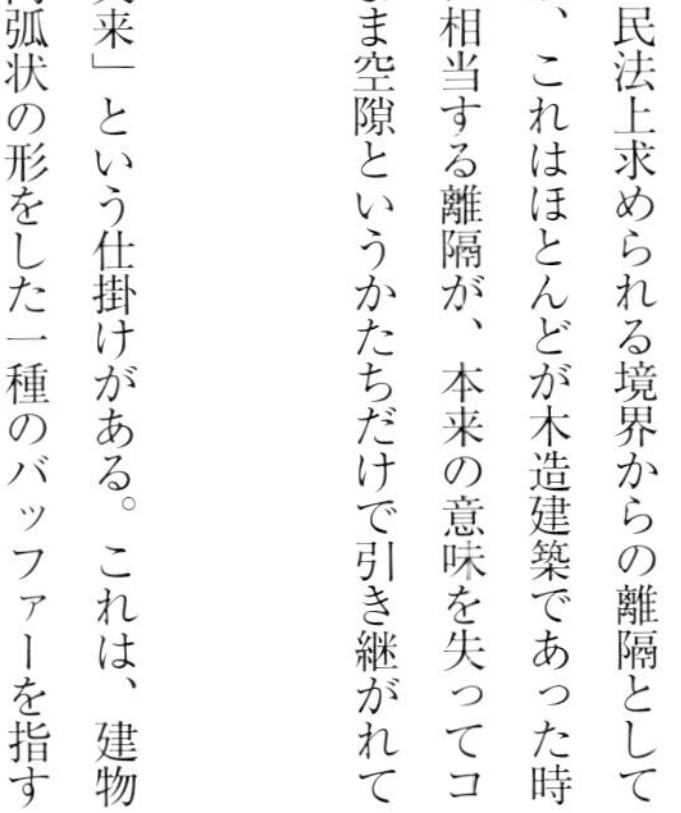

図2・17　庇合いを示す海野宿の民家集合（出典：伊藤ていじ研究論文）

じ場所につくられている。特に居住密度の高い近世京町家の場合、ひと筋の道に踵を接して多くの町家が並ぶことはあっても、面する街路が十分に広いというわけではない。人のほかに荷を運ぶ牛車や馬車が行き交う往来に対して、建物側に何らかの防護が必要であった。ちょうど軒下にあたる「犬走り」部分に、日常のトラブルを避けるため賢くまた粋《いき》な障碍をつくったものが「矢来」であった。犬の放尿から壁を守るための機能もあったとされ「犬矢来」と呼ばれることもあり、また素材の竹に因んで上品に「竹矢来」ともいわれた。

「矢来」の機能的な意味と、形態的な由来は以上のようにとらえられるが、この矢来は「町家造」に最初からあった部位というわけではない。むしろ軒先の「駒寄せ」が最初につくられ、その後の仕掛けである。江戸時代は、「お上《かみ》」として「町割り奉行」は存在してはいたものの、建物と道路との境界をめぐっては今日のような厳密な取決めはなかった。むしろ「町家」は、その発生形態の特性からいっても沿道型の建築であり、漸次建物が増えるにしたがって街路が整えられていくのが自然であった。

この点に関しては、ロンドンのジョージアン・テラスハウスの舗道の仕組みに似ている。しかしこのことは、一方で不法な建物の境界侵害《エンクローチメント》を引き起こす原因でもあり、その都度「お上」によって取締りや規制が行われたが、手を焼くことが多かったといわれる。

建物が境界を越えることなく建てられたとしても、平入家屋の庇が道路にはみ出す。今度は庇下が木柵や駒寄せによって囲い込まれ、その結果鼻先が境界となる。このわずかな侵犯とい

写真2・7　竹矢来の風景

う既成事実の積重ねの中で、道は限界にまで狭くなるという経過をたどったと推測される。一方建物側も、すでに述べたように往来の増加に伴う被害とその防護の対策を立てる必要から、庇下の犬走り部分に「謝絶・防護」の表意として駒寄せに代わる「矢来」というかたちが現れたときに、一つの平衡状態が生まれて近代町家としての安定した形態ができあがったと考えることができる。

このように、町家造の「オエ」と「ドマ」のダブルゾーン、「庇合い」と「矢来」に象徴される建物の敷地への適応と境界画定のあり方は、ロンドンのジョージアン・テラスハウスやパリのメゾン・ア・ロワイエに見られたハードな考え方の対極にあるといってよい。これを単純に「石の文化」と「木の文化」の違いとして語るのは難しいことではない。しかし、都市街路と建築との付合い方、折合いのつけ方に関しては、ソフト・システムとハード・システムの違いがあるにせよ、巧みに住み分けをしながら都市組織につなげていく「都市建築」本来の特性において共通する。「都市建築」とは、歴史や文化の違いを越えて「都市に住む」ことの共同幻想に深く関わるものと認識すべきであろう。

五つの歴史的な都市建築としての「住まい」を通して、そこに通低するいくつかの特性を述べてきた。これらはいずれも、最終的に都市組織を形づくる連担性の強いアーバン・ユニットとして成立するものであり、次のような特徴的な事象を挙げることができる。

一．基本形態は、敷地と一体化した居住部分の「構築されたソリッド」と、中庭、坪庭、コート、アトリウムという「構築されたヴォイド」とによって構成される。そして、その集積は、連続的な人の住むアーバン・ポシェ（都市の図）として認識される。

二．建物の敷地への適合、隣接する建物との関係において、原則ゼロサム・ロットもしくはツーサム・ロットの考え方に立つ。

三．街路に対してはゼロ・セットバック（建物位置指定による非後退）の考え方に立ち、沿道性の原則を保つ。

これまで見てきた歴史的な「都市住居」は、形式の違いはあるにせよ、いずれもその本質は時代のアーバニズムに深く関わる建築であった。すでに触れてきたように、共通する形態特性《モフォロジー》が、「前面」と「背面」あるいは「表《フォーマル》」と「裏《インフォーマル》」という二面性にあり、他方境界画定において西洋の「ゼロサム」、わが国の「ツーサム」という自己＝他者規定のルールをもつアーバン・ユニットであった。そして都市との結びつき《ボンド》を確かなものにしていることにおいて「都市建築」であった。しかし、この歴史的な都市住居の形態は、「建築の自律性」に目覚めたモダニストにとっては、伝統の呪縛そのものであり、これからの離脱において近代ハウジングの可能性があると信じたに違いない。

「伝統様式からの脱却」を一つのモメンタムとして推し進められた近代建築、特にアーバニズムに関わる近代ハウジングの「反転の諸相」を本章において明らかにするためにも、これまで

＊19　イギリスの思想家・デザイナーであるウイリアム・モリスが主導した一九世紀の美術工芸運動。産業革命の結果、大量生産による安価な粗悪商品の氾濫を批判し、生活と芸術の統合を主張した。

論じてきた都市建築としての「都市住居」を振り返る必要があった。

「反転」の五原則：住むための機械

二〇世紀のはじめに、イギリスのアーツ・アンド・クラフト運動[*19]の影響を受け、近代社会にふさわしい芸術と産業の統一を目指す「ドイツ工作連盟（Deutscher Werkbund）[*20]」が結成された。一九二六年には、シュトゥットガルトのワイゼンホーフで第二回工作連盟展として住宅展が開催されたが、当時連盟の副会長を務めていたミース・ファン・デル・ローエが一つの住宅団地《ジードルング》を構成するかたちで全体配置計画をたて、実際に最新のハウジング（集合住宅）がつくられた（写真2・8）。それは、ドイツの伝統ともなった国際建築展の始まりでもあった。

住宅展の目的は、当時の「ヨーロッパ各都市が共通に抱える住宅不足の解消と、過密居住による環境悪化の問題解決」にあたるための運動として、「新時代にふさわしい多様な居住形態の可能性」を明らかにする一大デモンストレーションであった。ミースのほかにコルビュジエ、ピーター・ベーレンス（Peter Behrens 一八六八〜一九四〇）[*21]、ハンス・シャロウン（Hans Scharoun 一八九三〜一九七二）[*22]、ワルター・グロピウス、ヒルベルザイマー（Ludwig K.Hilberseimer 一八八五〜一九六七）[*23]、ブルーノ・タウト（Bruno Taut 一八八〇〜一九三八）[*24]、J・J・P・アウト（Jacobus Johannes Pieter Oud 一八九〇〜一九六三）[*25]、マルト・スタム（Mart Stam 一八九九〜一九八六）[*26]といった建築家が全ヨーロッパから招かれ、

＊20　一九〇七年に、建築家ムテジウス（Hermann Muthesius 一八六一〜一九二七）によってアーツ・アンド・クラフト運動をモデルにして結成された団体。建築家、デザイナーの参加によってモダンデザインの発展に貢献。のちにバウハウス設立の母体となる。

＊21　二〇世紀ドイツの建築家。電機メーカーのAEGの顧問を務めタービン工場を設計、モダニズム建築初期の代表作品となる。コルビュジエ、ミース、グロピウスが一時期ベーレンスの事務所に在籍していた。

＊22　ドイツの建築家。一九二〇年代のおわりにグロピウスと共にベルリンのジーメンスシュタットに大規模住宅団地を設計。晩年のベルリン・フィルハーモニー・コンサートホールの設計でも有名。

＊23　二〇世紀ドイツの建築家・都市計画家。バウハウスで活動したのち、ミースとともにI.I.Tで教鞭をとる。

＊24　ドイツの建築家・都市計画家。手がけたブリッツ馬蹄形ジードルング（一九二五）は有名。世界遺産に指定されている。一九三三年に日本を訪問、著書に『日本美の再発見』がある。

＊25　二〇世紀オランダの建築家。ドゥースブルグとデ・スティーユ運動を推進。

それぞれが競ってハウジングの設計にあたるという画期的なイベントであったことは間違いない。

コルビュジエは、全体の二一棟のうち二棟の設計を委嘱された。彼はタイミングを計っていたかのように、この機を逃さず「近代建築の五原則（五つの要点と呼ばれることもある）」を個人のマニフェストとして公表した。また一九二〇年代といえば、それはコルビュジエの「白の時代」ともいわれ、白いキュービックな建築「ラ・ロッシュ－ジャンヌレ邸」をはじめ、「スタイン・ド・モンジー邸」「クック邸」「サヴォア邸」といった作品をたて続けに残した時期であった。それらは、ことごとく自分の提起したこの「近代建築の五原則」に従ってつくられた明解な建築であった。

その五原則とは、よく知られた「ピロティ」「屋上庭園《ルーフ・ガーデン》」「自由な平面《フリー・プラン》」「自由な立面《フリー・ファサード》」そして「水平の窓《リボン・ウィンドウ》」である（図2・18）。これは、ギリシャ・ローマ時代の古典建築に五つのオーダーがあったように、シンボリックにいえばそれに匹敵する近代の五原則が表明されたと見ることもできる。五つの原則については、コルビュジエ個人のマニフェストであるといっても、注意深く前後の歴史を見れば彼の先輩たちが何らかのかたちでその先駆けとなるアイディアを示していたことがわかる。

「ピロティ」は、オーギュト・ペレのコンクリート・フレームの工学的な検証に基づく建築

写真2・8　ドイツ工作連盟の開催した建築展によって実現したワイゼンホーフ・ジードルング、シュトゥットガルト（出典：“Weizenhof Siedlung Stuttgart 1927”）

＊26　二〇世紀のオランダの建築家・都市計画家。

＊27　エコール・デ・ボザールでディプロマを取得。パリ市の公共事業計画、特に交通計画にたずさわる。パリに環状交差点（round-about）を最初に提案したことで知られる。

的可能性によって示唆されたものであり、また都市との関係でいえば、コルビュジエの「Ville Pilotis－パイルに支えられた都市（一九一五）」は一九一〇年にユージン・エナード（Eugene Henard 一八四九～一九二三）[27]の描いた「未来の街路（Rue Future）」のアイディアに由来する。「屋上庭園」はトニー・ガルニエ（Tony Garnier 一八六九～一九四八）[28]が工業都市の中で提案したルーフテラスがヒントであったといえる（図2・19）。「自由な平面」はフランク・ロイド・ライト（Frank Lloyd Wright 一八六七～一九五九）[29]の「箱の解体」から有機的建築へ移行する一連の作品にそのシーズが見られるし、アドルフ・ロース（Adolf Loose 一八七〇～一九三三）[30]の建築に「自由な立面」を、そしてオランダのアムステルダム派の建築に「水平な窓」をすでに見たといえないことはない。コルビュジエは、これらの諸事象を新しい建築の原理原則として総括したところに強烈なインパクトがあった。

「近代建築の五原則」が衝撃的であったとすれば、もう一方彼の強い信念もっていい放たれた「住宅は住むための機械《リヴィング・マシン》（machine for living in）」はさらに強烈なものであった。この衝撃的なフレーズは、人々のスキャンダルの種となって、その真意が理解されるのには時間を要した。なぜなら、ほかならぬ人間の「住まい」が、車や飛行機と同じように論じられることに起因する誤解を払拭するのは簡単なことではなかったからだ。しかしコルビュジエは、地上を「走るための機械」が「車」となり、空中を「飛翔する機械」が「飛行機」になったのは、人間の「知」が純粋に浮揚力と推進力を探し求めた結果であって、それは「新しい精神《エスプリ・ヌーヴォー》」に支えら

＊28　フランスの都市計画家・建築家。エコール・デ・ボザールに一〇年在籍し、三〇歳のとき念願のローマ大賞を獲得。ローマ滞在中にイタリア未来派の影響を受け近代都市計画理論をまとめ「工業都市」を提案。

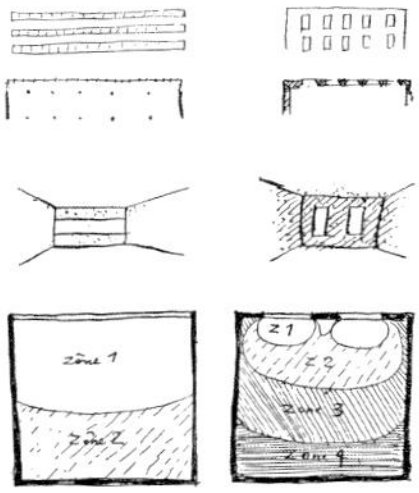

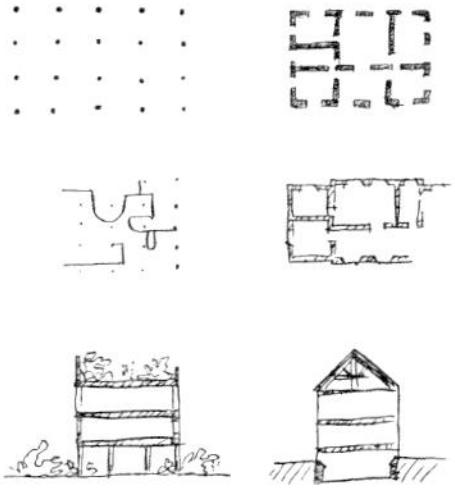

図2・18　コルビュジエの「近代建築の五原則」の説明に使われるダイアグラム

れたものであると信じた。
それと同じように、「住まい」を「住むための機械」であると考えることが、「住まい」に関わるいっさいの既成概念や価値観から開放され、むしろ人間が自我の拡大と自己実現の可能性を拡げる出発点であると確信したからにほかならない。

この五原則の中で、特に「ピロティ」は、残りの四つを展開させるうえで鍵となる重要なものであった。まず「ピロティ」は、大地を建物の一方的な占拠（occupancy）から開放するという理念に支えられたものであった。そしてさらに、この五原則に先立つ一九一四年に「ドムイノ・システム（dom-ino system）」として発表された鉄筋コンクリート構造の純粋な「柱・床システム」によってさらに実体的な概念となった。

一九〇三年、パリのフランクリン通り二五番地にアールヌーヴォー[*31]の面影を残して登場した建物は、オーギュスト・ペレがはじめて鉄筋コンクリート構造を採用して設計したアパートであった。そこに一時ペレ自身の事務所があって、一九〇八年にコルビュジエが働いていたことがある。そのときの実務体験がコルビュジエの「ドムイノ・システム」を生む一つのきっかけになったといわれる。

彼がシステムとして示したダイアグラムは、六本の柱と三枚の水平スラブと一階から屋階につながる階段が示されているだけであるが、モデルとしての「ドムイノ・システム」については、いろいろな角度から多様な評価がなされる（図2・20）。特許をもつ製品名「ドムーイノ」か

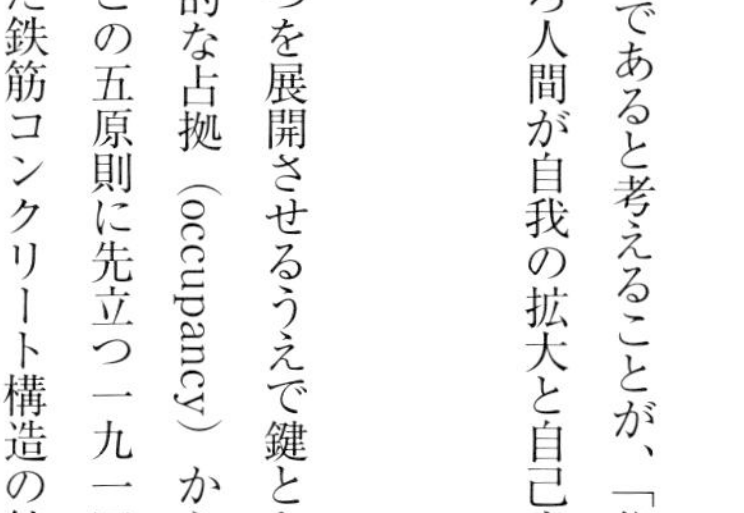

図2・19　トニー・ガルニエの『工業都市』（一九一七）の中で提案された学校のルーフ・ガーデン（出典："The Cite Industrielle, Planning and Cities"）

＊29　アメリカの生んだ天才建築家。近代建築の四大巨匠の一人。初期のプレーリー・スタイル、後期のユーソニアン・スタイルによる住宅建築は、独自の有機的建築として展開された。

＊30　二〇世紀オーストリアの建築家。モダニズム建築の機能主義の立場から、ウイーン分離派の装飾性を非難して「装飾は罪悪である」という過激な発言をしたことで有名。

らわかるように、またのちに「ドムイノ・ハウス」という名称でもって、今日でいう大量生産住宅を目指したことからもわかるように、構造フレームの構成要素の部品化と標準化、その組立てという二つの意味があった。

しかし、今このシステムの根幹をなす構造の考え方が、いかにそれまでのものと違って革命的であったのか、そのことの衝撃の強さを最初に見るべきであろう。

この方式は、伝統的な組積造《メイソンリー》の「マス・システム」から純然たる床・柱の「スケルトン・システム」への思想の切換えを意味する。『構造文化に関する考察（Studies in Tectonic Culture)』を著したケネス・フランプトン（Kenneth Frampton、一九三〇〜）[*32]の分析でいえば、このシステムは「ゴシック建築のもつ構造の正当性と、古典建築のもつ形態の普遍性との相克に一つの道筋をつくる唯一の方法として、鉄筋コンクリートのフレームを位置づけた」（筆者訳）のである。

耐力壁《ベアリングウォール》を主体とするマス・システムでは、「壁」は荷重を支えることと空間を仕切ることが同時に行われるシステムであった。したがって、人は長い間壁が空間に先行するものとしてその存在を認めてきたし、それについて何の疑問をもたなかった。しかし「ドムイノ・システム」において、「柱《ピラー》」が荷重を地盤に伝えるこれまでの「壁《ベアリングウォール》」にとって代わり、一方壁はその役割から自由になると同時に、空間を仕切る「帳壁《カーテン・ウォール》」の存在となった。耐力壁でなくなった壁は、階から階に正確に重なっていく必要がなくなり、仕切りとして自由に配置されることが可能に

＊31　一九世紀末から二〇世紀初頭にかけて、ヨーロッパを中心に開花した「新しい芸術」を意味する美術運動。花や植物をモチーフにしたデザイン、曲線の導入による様式にとらわれない装飾性に特色がある。

＊32　イギリス生まれの建築史家。コロンビア大学終身教授。一時、ピーター・アイゼンマン（Peter Eisenman 一九三二〜）の主宰するニューヨーク都市・建築研究所のフェローとして批評活動を行う。

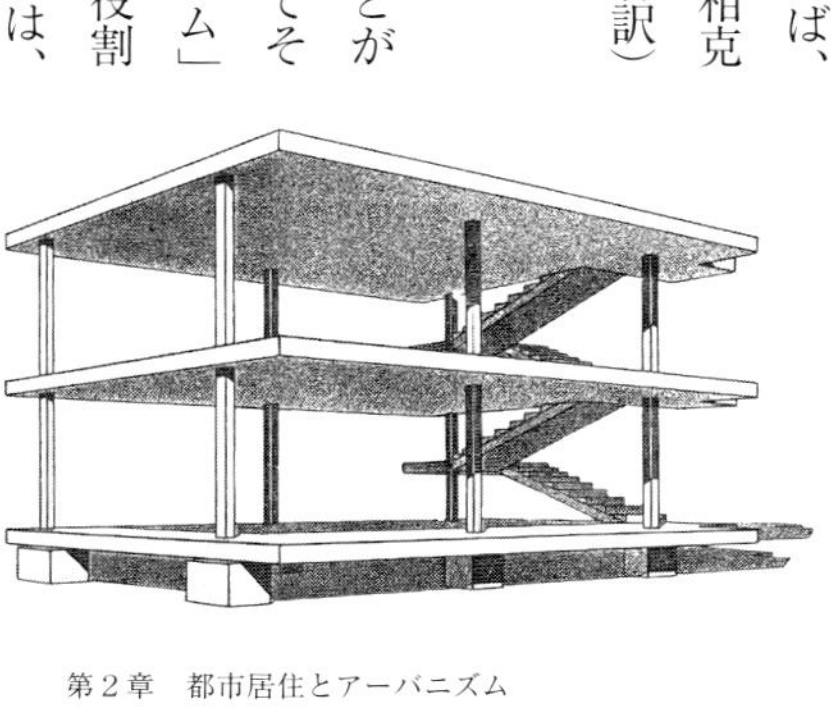

図2・20　コルビュジエのドムイノ・システム図

なった。もはや「壁」は支えることの宿命から完全に解き放たれた。

今の時代、「柱方式《ピラー・システム》」は「軸組方式《スケルトン・システム》」として何ら特別のものではない。さらにいえば、わが国の古来から伝わる構造方式はこの軸組方式にほかならない。身近に分厚い壁しか知らなかった当時のヨーロッパの人々にとって、部屋の中に「柱」のあることは驚愕以外の何ものでもなかったであろう。コルビュジエに住宅を頼んだクライアント、たとえばメイアー邸のメイアー夫人にしても、ガルシェのスタイン夫妻にしても、彼らはコルビュジエのよき理解者であることをみずから任ずる人たちであったが、自分の寝室に「柱」がためらいもなく佇んでいる姿を最初に見たときのショックは大変なものであったことは想像にかたくない。コルビュジエの唱える「住むための機械」を構成する主要な「器官《オーガン》」、つまり「上下移動のための器官＝階段・スロープ」「調理するための器官＝厨房」「身体衛生を保つための器官＝バスルーム」が、ホールあるいはその他の部分と自由な位置関係をもちながらどこにでも配置しうるものとなったのも、この「軸組方式」によるものである。このように「ドムイノ・システム」は、彼の唱える「自由な平面」の実効性をより確実なものにすることとなった。

さらには、支えることから開放された「壁」は、長く続いてきた「窓との争い」にも終止符を打つことができた。そのことによって、建物の外壁は、第一に「内」と「外」とを隔てる「外皮」として存在し、構造に拘束されない「自由な立面」を展開する面となった。具体的には、光や風を通し眺望を得るための窓の位置や形状に今までにない自由度が加わった。このように、ドムイノ・システムは、「自由な平面」を可能にしたのと同じように、「自由な立面」をも可能にしたことになる。建物の外壁は、「囲い《エンベローブ》」であると同時に内外を制御しその応答関係を表現する「面」であるという新たな概念によってとらえられるものとなった。

伝統的な建築においては、「ファサード」は建物の「正面性《フロンタリティ》」を意味するだけではなく、「公」の領域と「私」の領域に関わる両義的な役割をもっている。それは「私」の領域のシンボル的存在であるとともに、「公」の領域をととのえる背景としての意味があった。ファサードにはそのような正当性があったとすれば、「自由な立面」とは、旧来のファサードの概念をいったん反古にして再び復活させたといえなくもない。なぜならば、「正面性」の否定と同時に自立する建築はすべてがファサードでありうると考えられないこともないからだ。いいかえれば、正面に対する側面・背面の関係の消滅を意味していた。

ルイス・マンフォードは、著書『都市と文化』の中で「近代機能主義計画理論は、純粋に視覚的な計画概念とは異なり、正直かつ適切に問題をあらゆる面から取り扱い、「正面」と「背面」、見えるものと見せてはならないものという大雑把な区分を廃して、すべての次元で調和した構築物をつくりだす……」と語っている。

コルビュジエのいう「自由な立面」は、自由な壁面構成の話だけではなく、背景には新しい都市建築のあり方にまで発展するものがあった。まさにこのことは、すでに触れた伝統的な都市建築の「表」と「裏」あるいは「正面」と「背面」の二面的な関係を一気に払拭する決定的な出来事であり、自律性をもった「独立した単体建築《フリー・スタンディング・オブジェ》」の正当性につながるものであった。

一方「水平の窓」は、同じく支えることから開放された外壁の横長の開口部のことである。伝統的な組積造住宅の多くは、構造的な制約によって窓の大きさにも限度があり形状は縦長となることが多かった。コルビュジエは、ある間隔で横並びする「縦長の窓」と、連続する「水平の窓」の昼光率分布の比較から後者の優位性を強調した。

オランダの「静謐と光の画家」として知られるフェルメール（Johannes Vermeer 一六三二～七五）の絵画に、有名な「窓辺で手紙を読む若い女」や「牛乳を注ぐ女」がある。いずれも単一の窓から差し込む限られた光の中の女性を描いたものである。これは部屋の奥まで光の届かない古いオランダの町家の「明るさ」と「暗さ」を象徴的にとらえ、窓際の静謐の世界を表現したものである。フェルメール自身も、つねに手暗がりにならないように窓際にイーゼルを据えて制作にあたる自分を描いているが、季節によっては外光による室内の輝度対比は大きかったに違いない（図2・21）。このような状態は、コルビュジエの目には健康で快適なものには映らなかったのであろう。

コルビュジエは、これまで見てきたように住空間の実体を「器官」と「皮膜《メンブレーン》」の二つに分けた対位法的な発想をもって、「自由な平面」と「自由な立面」を一つの対概念《ツイン・コンセプト》としてとらえている。すでに触れたように、モダニズム以前のプランの特質は、ソリッドから刳り貫かれて生じた「内包化されたヴォイド」とみなされるものであった。それに対して、コルビュジエの

図2・21　窓際にイーゼルを立て絵を描くフェルメール

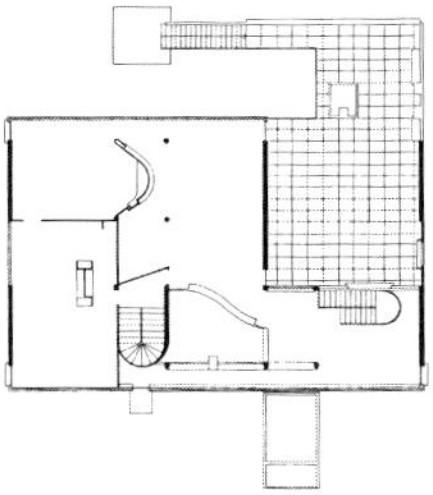

図2・22　シュタイン・ド・モンジー邸二階平面図

プランの特質は、スペースに挿入された「内包化されたソリッド」にあり、いいかえれば「ポシェ」自身が特化されてスペースの中にある。そしてスペースは、単に限定されているだけで閉ざされているものではない。具体的には、シュタイン・ド・モンジー邸やメイアー邸の空間構成を見れば一目瞭然であろう（図2・22）。

次に、「ピロティ」と「屋上庭園」は、「自由な平面」と「自由な立面」の場合と同じように、対位法的な概念である。「ピロティ」の必然性を説くコルビュジエのダイアグラムは、あまりにもよく知られている。これに対する一般的な解釈は「地上の開放とともに非接地のより健全な空間を確保できる。伝統的な組積造建築特有の布基礎《ウォール・フーティング》の大量な掘削土をはじめから避けることができる（事実コルビュジエは、機会あるごとにパリから出る掘削土は郊外の地形を変えるほど大量のものであると語っている）」というものである。この理解はけっして間違いではないが、本来「ピロティ」は「屋上庭園」と対になって考えるべき理念性の強いものであって、技術的な側面からとらえるだけでは十分ではない（図2・23）。

「近代都市は、［高貴な野人《ノーブル・サヴェジ》］の住みよい家という意図でつくられた。高貴な野人はもともと純粋な存在なのでそれに見合った純粋な住まいを必要とした。……どうしても必要とされる建物は、できる限りデリケートで目立たない形で自然の連続体に入り込まれるように計画される。建物は地表面から離して、大地との接触をできるだけ避けるように建設され、大地は白紙の

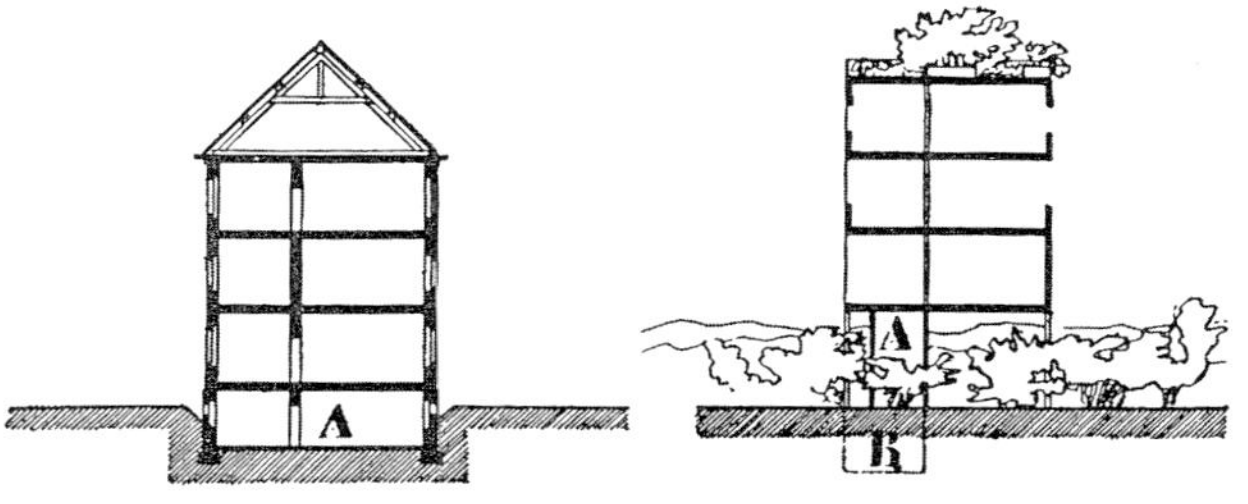

図2・23　コルビュジエの「近代建築の五原則」の中のピロティとルーフ・ガーデンの概念図

状態に戻され再利用される。それは重力による制限からの開放を意味するだけでなく、長い間あからさまな人工物にさらされつづける危険に対しての一つの批評としても理解される必要がある」

これはコーリン・ロウが著書『コラージュ・シティ』の中で記した一文である。ロウは、「近代都市の計画案は過渡的なものであって、最終的には純粋な自然環境の再建を目指す（と期待される）提案であった」ということを指摘したものであって、けっしてコルビュジエの「ピロティ」に直接言及したものではない。しかし、コルビュジエのピロティの概念を表したスケッチからは、どこか「自然回復」の思いと「自然回帰」のイメージが伝わってくる。

人が建物を建てることは、必ずある土地を必要とし、そこを占拠することによって成立する。この行為には、ある種の密やかな原罪性がある。それは、建物が建てられなければそのままであったはずの「自然」を犯すという原罪性である。だからこそ、人はその償いとして建物をもちあげ大地の開放とともに、失われた原風景の回復として建物の最上部に自然を再生するということが、屋上庭園の本来的な思想ではないかと思う。したがって、「ピロティ」と「屋上庭園」の二つは、対位法的な発想に基づく「対概念」であり、別の見方をすればモダニスト、コルビュジエの純粋な原点回帰の「創造するオフセット—反転（offset creative）」の思想といってもよい。

プラグマティックな側面で考えれば、「ピロティ」によって建物には重ねられた二つのゾーンが生まれた。もはや街路に建ち並ぶ建築によって遮られることのない、人や車の自由な移動を可能とする地上レベルのゾーンと、もう一つはその上の生活ゾーンである。これは、完全に建築と都市を三次元的に再構成する原理を備えており、近代建築によるアーバニズムの新たな出発点となった。その最も象徴的なものは「輝ける都市」の全面的な地上開放であり、具体的な建築としては、マルセイユの集合住宅《ユニテ・ダビタシオン》（Unite d'Habitation 写真2・9）[*33]であり、パリのスイス学生会館《パビリオン》である。その後コルビュジエという一人の建築家の手法が普遍化し、かくも多くの建築家によって具体化されたものとしては、このピロティの右に出るものはない。

コルビュジエのいう「近代建築の五原則」は、逆に考えると伝統的なメゾン・ア・ロワイエのように「前面」の都市街路を飾るファサードと、「背面」に隠れたコートヤードという長きにわたるジレンマの正体を否定するとともに、あらたな「グラウンドレベル（地上階）」とアッパーレベル（上階）」という「大地《グラウンド》／天空《スカイ》」の関係を明らかにした。また「人は通りに背を向け、光に向きを変える」というコルビュジエの主張には、「建築の自律性」と「自然回帰」への強い「反転《インヴァージョン》」の意志が示されている。

この一連の反転は、地上の奪回と開放、屋上庭園と天空の賛美ということとともに、「街路」からの離反という新たな反街路主義《アンタイ・ストリート》に向かうことにもなった。また地上の騒音から逃れた屋上《ルーフ》

写真2・9　マルセイユの集合住宅のピロティ

＊33　コルビュジエの設計した一連の集合住宅。通常ユニテ・ダビタシオンというときは、マルセイユのユニテ・ダビタシオンを指す。垂直の田園都市ともいわれた。

階は、太陽の享受とともに「高貴な野人」の失地回復を託す場所となった。このように、コルビュジエの五原則は、人と都市との関係をあらためて定義しなおすことを可能にした。いいかえれば、都市住居の役割がおのずから三次元的な関係、つまり都市計画《アーバニズム》のレベルにまで広がっていったことを意味する。

近代建築による都市は、旧体制の自由放任《レッセーフェール》の中の「快楽主義《エピキューリズム》（Epicurism）」から、新時代の「ハイジーア（Hygeia 健康の女神）」崇拝へと大きく向きを変えるパラダイム・シフトを遂げようとしたのである。これはコルビュジエにとって本質的な勝利を意味していた。

コルビュジエの『建築を目指して』を読み、彼の住宅プロジェクトを見たフランスの実業家アンリ・フルジェス（Henri-Fruges）は、コルビュジエに説得されてフランスのボルドー近郊のペザックに集合住宅をつくることにした。一九二三年から二四年にかけてのことであった。コルビュジエは、かねてからドムイノ・システムによる低価格の工業化住宅をつくる機会を待ち望んでいたこともあり、精力的にこの仕事に取り組んだ。最初に手掛けたものは従業員用のハウジングで、コンパクトな二層の建物であった。厳しい予算に加えて入居者を特定できない住宅は、当然のことながら標準化へと向かった。とはいっても、水平の窓、フラットなルーフテラス、ピロティに代わるロッジアなど、コルビュジエの五原則に従ってつくられた。

アメリカの建築家チャールス・ムーア（Charles Moore）がジェラルド・アレン（Gerald Allen）、ドンリン・リンドン（Donlyn Lyndon）と一緒に書いた『住まいと云う場所（The

Places of Houses 1974)』の中で、このペザックに先立ってアルカション近郊レージュに建てられた一連の住宅について興味ある報告をしている。それは住み手が建物をつくり替えていった事実についてである。その中で最も顕著なものは、建物に「切妻」の屋根をかけたこと、窓の形を変えたことである。描かれた図解資料やほかの研究者による現地調査の写真を見ると、「ルーフテラス」には見事な三角屋根（gable）がのせられている。また、かの「横長の窓（sliding window）」は地域の人たちが慣れ親しんだヴァナキュラーな「縦長の開き窓（casement）」に置き替えられている。その結果からわかることは、原型《オリジナル》に対して新しい機能を付加するとか増築するというつくり替えではない。住む人にとって、屋根や縦長窓は住宅のイコンとして必要であった。この地域に住んでいた多くの人たちにとっては、どこを見ても最初から屋根が見当たらない風景は、廃墟にでも出合ったとき以外には思い浮かばなかったことだろうし、自己の身を託すには不安と違和感があったに違いない。「建築は大地と天空をつなぐ屋根をもって完結する」ものであるとすれば、「屋根」は人間にとって雨風を凌ぐシェルター以上のシンボル性が伴う（図2・24）。

コルビュジエは、けっして屋根を否定したのではない。すでに述べたように、「ピロティ」による大地性の復権と地上の開放は、建築の原罪性に対する贖罪を意味すると同時に、その表明として第二の大地という「屋上庭園」を生んだのであった。それは、屋根を建物から取り外すことと同義ではないはずだ。近代建築において、屋上は第五のファサード（Fifth Facade）

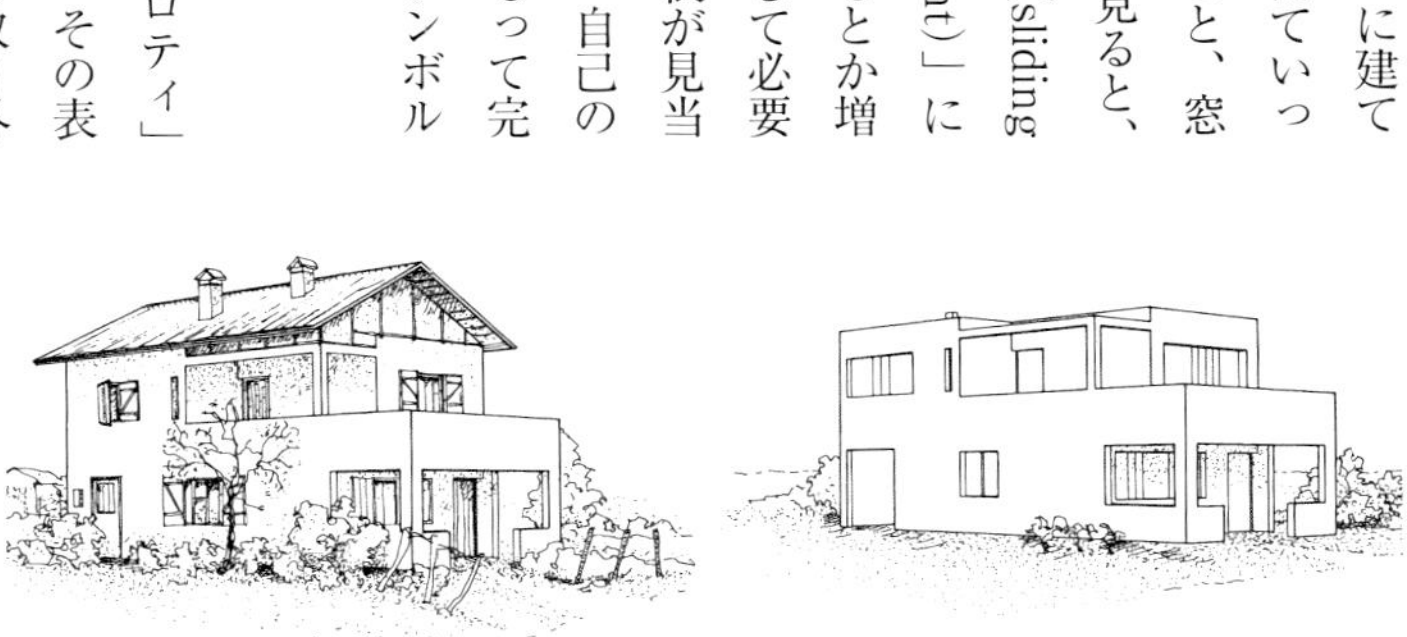

図2・24　コルビュジエによるレージュの住宅（一九二四－二六）と居住者による住宅の改造（左）

といわれてきた（図2・25）。それは放置されてよい残余のものではなく、一つの環境として成立すべき場所という認識である。すでに触れたように、コルビュジエは「新しい近代建築の五原則」の中で、いったんはファサードという概念を反古にしたが、第五のファサードを含めて屋上庭園という新しいコンセプトを提示したことにほかならない。「垂直《ファサード》」から「水平《ルーフ》」への転換である。ここでは「垂直」による「天空とのつながり」ではなく、「水平」による「天空の受容」である。「新しい建築の五原則」はすべて「反転の五原則」である。

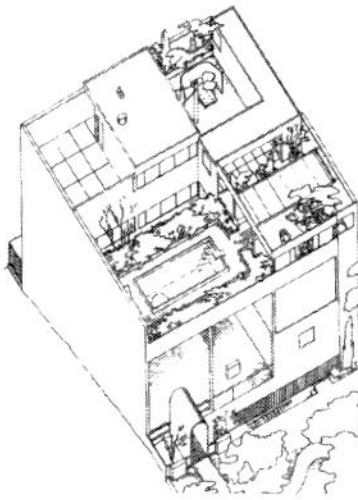

図2・25　プロジェクト・メイアー邸屋上、第五のファサードとしての屋上庭園

●「ドムイノ」と「シトロアン」

コルビュジエは、独自の「ドムイノ構造《フレーム》」と、みずから唱えた「近代建築の五原則」に基づき、二つの住居タイプとして「メゾン・ドムイノ（Maison Domino）」と「メゾン・シトロアン（Maison citrohan）」を生み出した。この二つは、その後コルビュジエの描くアーバニズムとどのように関わるのかという点において重要である。

前者の「メゾン・ドムイノ」は、その命名が住居や家庭を意味するラテン語のドムスに因んだことは想像がつく。また、柱の位置がちょうどドミノ・ゲームのドット・パターンに類似していることから、語呂合わせの言葉遊びとして名づけたともいわれ、ちょっとしたコルビュジエの遊び心を垣間見ることができる（図2・26）。

このタイプの特質は、ひと言でいえば純然たる「柱・床方式」である。しかし伝統的な「壁方式《ベアリングウォール・システム》」のように構造の仕組みから空間の属性をすぐにイメージできるものではない。「メ

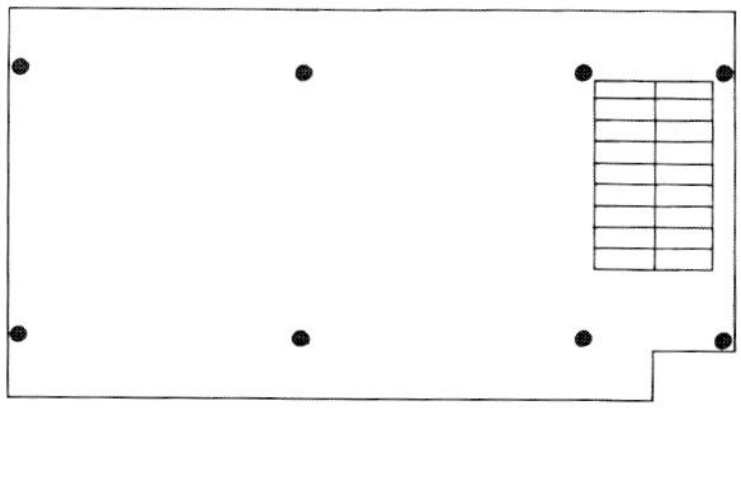

図2・26　メゾン・ドムイノの基本平面

ゾン・ドムイノ」は、当時の最新技術を駆使してロー・コストによる量産住宅を目指したもので、当然のことながらここにヴァナキュラーな要素を見つけることはできない。コルビュジエは、自分が一九二〇年代に設計した住宅を振り返って、「四つの構成」を例示した。ラ・ロッシュ-ジャンヌレ邸、ガルシェ邸、カルタージュ邸（Villa Carthage）、そして最後にサヴォア邸を挙げている。それぞれを「やや容易」「非常に困難」「非常に容易」、最後に「非常に贅沢」な形式として、その特質をみずから分析していることは、適確な「批評としての建築」の存在を感じる。その三番目の「カルタージュ邸」は、非常に容易な形式が「メゾン・ドムイノ」タイプの代表的な建物といってよいだろう（図2・27）。

一方、後者の「メゾン・シトロアン」タイプは、機械時代を代表する車の「シトロエン(citorohen)」に因んだシンボリックな命名であることはよく知られている。簡単にいえば車のように全体を覆うボディと、内部の器官からなる無駄のない合理的な住宅《リヴィングマシン》という意味であろう。車の「シトロエン」は、第一次大戦中に砲弾や特殊歯車の製造で財をなしたアンドレ・シトロエンが一九一九年にシトロエン社を創業し、最初に手掛けた自動車である。大衆化を目指した、ヨーロッパで初の量産方式による自動車でもあった。シトロエンの登場は、コルビュジエが「住むための機械」を思い描き、その量産につなげる道を模索していたちょうどその時期でもあり、彼に強烈なインパクトを与えるのに十分な出来事であったことは容易に想像できる。「メゾン・シトロアン」が公式に発表されたのは、一九二二年のサロン・ドートンヌ展に出

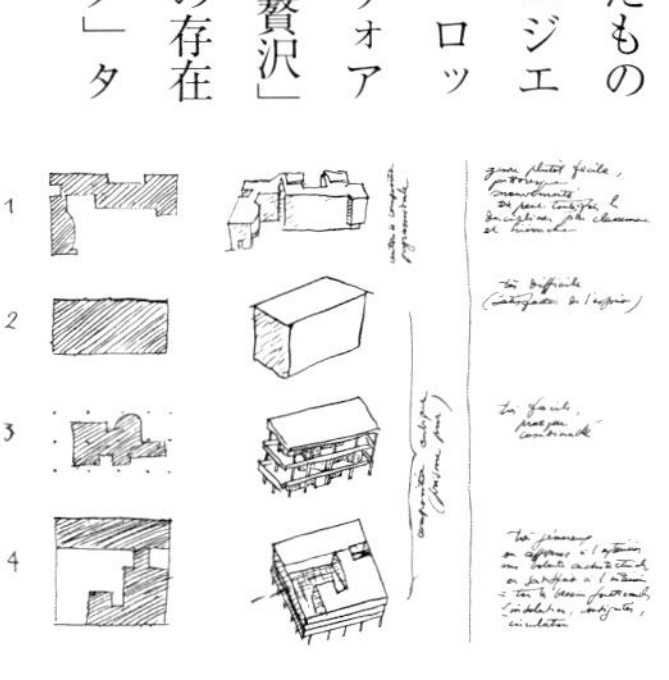

図2・27　コルビュジエの住宅に関する「四つの構成」のダイアグラム

品されたときであった。それは、どのような場所においても成立しうる「住むための機械」としてのプロトタイプであった。事実、コルビュジエのスケッチには、パリに建つものもあればコートダジュールの海辺に建つものもあり、敷地によって出入口に向かう階段のつけ方の違いを除けば基本は同じであった。住居タイプの普遍性を信じていたに違いない。

メゾン・シトロアンの特色は、ちょうど古代ギリシャのメガロン（megaron）住宅のような平行する二つの壁と方向性のある空間構成にある。一方向《ワンウェイ》システムの構造を活かして床の一部を省き、吹抜けのリヴィングルームと中二階が一対の組合せとなっている（図2・28）。したがって、ドムイノの水平性に対して、シトロアンは垂直性にその特徴があるともいえる。また建物の両端は開口を設けるうえで特別の制約はなく、大きなガラス窓によって開放性の高いファサードを構成することが多い。

メゾン・シトロアンの特質の一つである二層吹抜けの空間は、すでに一九〇〇年代にパトロンをもつ画家や彫刻家たちが好んで住んだといわれる芸術家のアトリエ住居を思わせるものがある。同時代の建築家アンリ・ソヴァージュが、パリのモンパルナス界隈に建てたものがそれである。また興味ある話として、コルビュジエが毎日ジャンヌレと一緒に昼食をとっていたパリのバビロン通りの労働者のよく集まるカフェの空間にそのヒントを得て、基本的な断面構成を思いついたとも伝えられている。たえず何かよいアイディアはないかと思いめぐらしている二人の建築家が、食事を終えて部屋を見回した瞬間、ひらめいたのかもしれない。

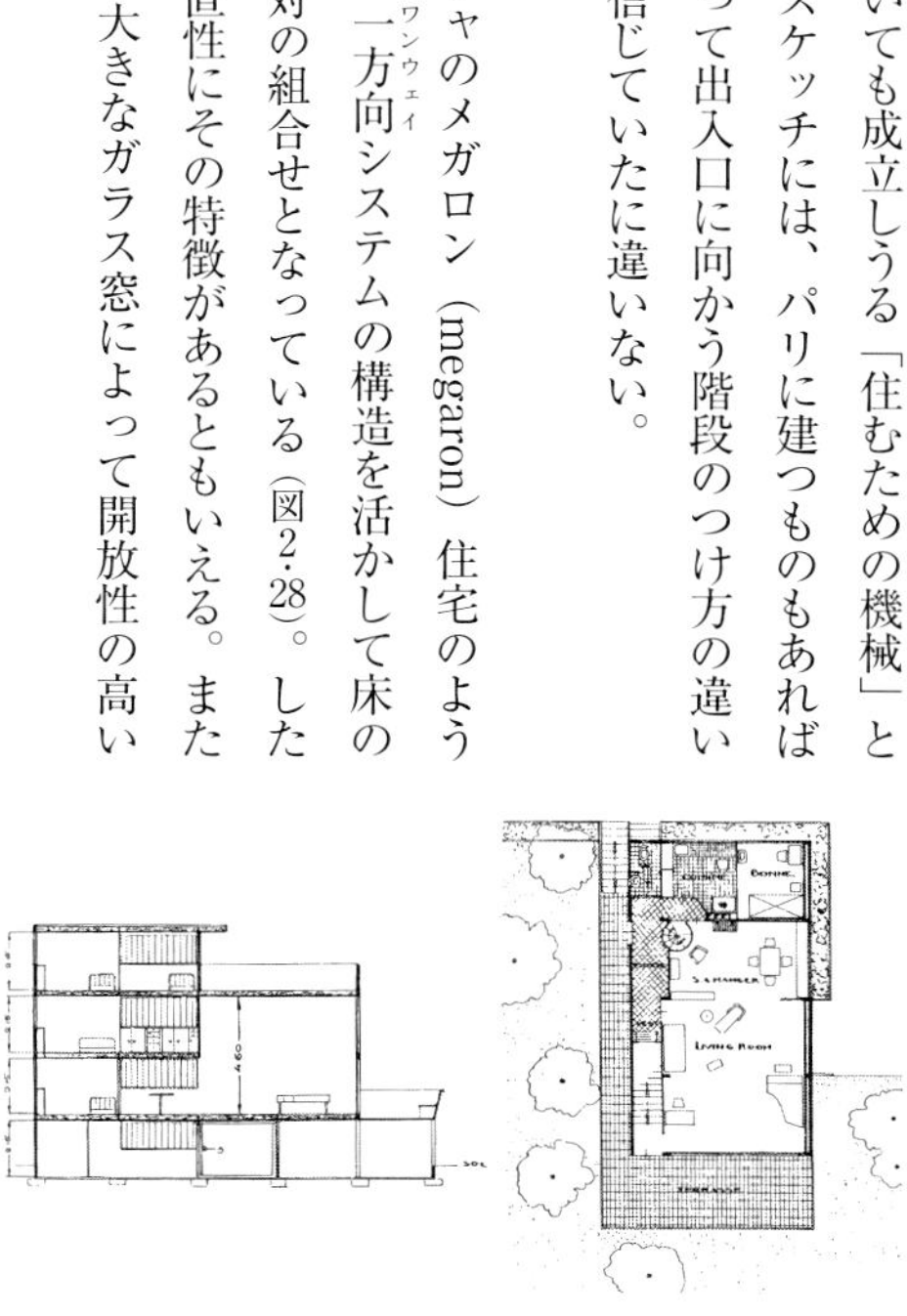

図2・28　代表的なシトロアン・タイプの住宅、コルビュジエ

「メゾン・シトロアン」が最初に実現したのは、前述の一九二五年にボルドー近郊のペザックの団地計画（写真2・10）においてであったが、その完成型といわれるものは一九二七年の国際住宅展のワイゼンホーフ・ジードルングまで待たなければならなかった。しかし、「メゾン・シトロアン」の最も重要な意義は、一つの住居タイプとして終るのではなく、のちにコルビュジエが「自由保有《フリー・ホールド》メゾネット」と呼んだ共同住宅イムーブル・ヴィラ（immeubles villas）に発展したことであった。それはのちに触れる新時代の立体化されたアーバン・ヴィラの提案であり、都市居住とアーバニズムの関係に新しい可能性を示したものである。

写真2・10　ワイゼンホーフ・ジードルングに実現したメゾン・シトロアン

近代ハウジングの始まり

コルビュジエの展開した「反転の五原則」は、平面や立面の問題だけでなく建物をもちあげ大地の連続性を現実のものとしたことによって、建築の長い間続いてきた土地の支配という通念を覆すこととなった。また前述の二つの住居《メゾン》タイプは、純然たる独立住居の基本形で終るものではなかった。いずれもキュービック・フォームを基本としており、当初より単体から集合体へと発展する可能性をもっていた。単純な二戸一住宅（semi-detached house）から連続住居（row-house）、さらには重層する街区住宅を経て「輝ける都市」にまで発展する。特にサロン・ドートンヌ展に出されたイムーブル・ヴィラは、コルビュジエの展開する新たなアーバニズムの有効な道具《ツール》として、その方向を決定するきわめて重要な意味をもつに至った。「自由な平面」から始まった新しい建築は、「自由な社会」という新しいアーバニズムの原理ともなり、それは社会そのものを開放することを意味した。

近代建築が都市計画、つまりアーバニズムの問題につながる直接のきっかけは、一九世紀後半の建築規制と公衆衛生に関する改善運動に端を発して生まれたものといわれる。それはイギリスをはじめとしてフランス、ドイツに見られた「労働者住宅法」であり「衛生法」の制定である。一九世紀半ばを過ぎたヨーロッパの主要都市は、産業革命後の工業化の進展によって急速な変化をとげると同時に、これまでに例を見ない無秩序な拡大が数々の都市問題を引き起こすことになった。中でも、都市人口の抑制と流入した人口に対する相応の住宅供給の問題が大きかった。問題の根は深く、一九世紀の工業都市が避けられなかった住環境の劣悪化、スラム化に対処することも急務であった。次には、住環境改善に関わる制度インフラの整備であった。一九世紀末のエヴェネツァー・ハワード（Ebenezer Howard、一八五〇～一九二八）[*34] の著した『明日の田園都市』の影響は大きい（図2・29）。

その構想で定義されたように、当時の社会問題、経済問題の難病に効く万能薬としてこの田園都市《ガーデン・シティ》が注目された。伝統都市の閉鎖モデルの対極をなすオープン・シティというモデルは、レイモンド・アンウィン（Raymond Unwin、一八六三～一九四〇）[*35] が語ったように、「人間にとって過剰な混み合いから得るものは何もないが、光や空気そして緑をふんだんに摂りすぎても何の害をもたらすことはない」という、純粋に近代の衛生思想に支えられていたもので

図2・29　エベネツァー・ハワードの「明日の田園都市」構想で示されたダイアグラム

＊34　近代都市計画の祖と呼ばれる。「明日の田園都市（Garden City of Tomorrow）」において自然との共生、都市の自律性を強調し、のちの近代都市計画に大きな影響を与えた。

＊35　イギリスの都市計画家。エヴェネツァー・ハワードの田園都市論に共鳴し、バリー・パーカー（Barry Parker 一八六七～一九四一）とともにハムスッテッド・ガーデン・サバーブを実現した。

あった。これはのちにコルビュジエが、「輝ける都市（La ville Radieuse）」において表明したステートメントそのものである。地上の限りない「緑」、屹立する建物の間を駆け抜ける「風」、差別のない「太陽」の恵み、これらは問題とされた伝統的なハウジングの病巣を根底から取り除くものと見なされ、建物の高層化は大地との曖昧な関係を断ちきるために必要であると正当化された。

「輝ける都市」は、都市そのものがパーク（擬似自然）であり、その中にすべての建物が可能な限り自由に独立して建つことであったが、この段階では否定的見解の立ち入る余地もないままに過ぎていった。そして多くの建築家や批評家は、この建築の自律性こそがオープンスペースに意味を与えると信じて疑うことはなかった。

アンウィンの目指した低層の「田園都市」、コルビュジエの描いた高層の「輝ける都市」、いずれも閉鎖系に対する開放系のアーバニズムのモデルとして多くの信奉者を生みだしたことは間違いない。一方、このモデルを無批判に受け入れた結果、無残な終焉をとげたものもある。やや結論を急ぐことが許されるならば、人々の記憶に残るシンボリックな出来事がある。

一九五〇年代の後半、アメリカ中西部の中堅都市セントルイスのプルーイット・アイゴー（Pruitt-Igoe）という住宅団地が、治安の悪化と加速する住民退去という悪循環によって荒廃し、居住放棄同然となって最後に建物全部が爆破処理された。その瞬間を写し取った写真は、「捨てられた街（abandoned town）」として近代ハウジングの終焉を告げる最も象徴的なものとなった（写真

写真2・11　アメリカ中西部の都市セントルイスのプルーイット・アイゴー住宅団地（一九五七）二七四〇戸が爆破処理された瞬間

2・11）。そもそも立地に問題のあった低所得者用のパブリック・ハウジングであったとはいえ、周りに理想の空地をもつ集合住居《ハウジング》という「単体建築」の集合は、コミュニティの生育につながることなく、居住者の然るべき相互扶助もなく、治安が保たれることもなく、人々から見放される居住地に終った。

この悲劇はアメリカだけではない。一九六〇年代から七〇年代にかけて盛んにつくられた「グラン・アンサンブル（Grands Ensembles）」という名の大規模高層住宅団地が、フランスのパリ、リオン、マルセイユの大都市を取り巻く周縁部につくられた。それは結果として移民労働者や白人以外のフランス人失業者の集まる居住地となって、高層化されたゲットウ（tower ghetto）といわれる状態となる。そしてリヨンのボー・アン・ブラン（Vaulx-en-velin）では、環境崩壊とともに都市社会から疎外された状況に対する強い不満から連続四日間もの暴動が発生し、それを契機に爆破処理される運命となった（写真2・12）。

のちに述べる広大な「ジードルング」という住宅団地に、機械的に並ぶザイレンバウと呼ばれた帯状住宅、墓石のように並ぶ高層住宅は、伝統的な都市住居が光と影をもつ「ピクチャレスク・スラム」といわれたのに対して、「メカニカル・スラム」と呼ばれる所以はこの人間疎外にあった。次に、このモデルに潜む「人間疎外」という問題は、どのような「反転」の中で形づくられたのかを検証する。

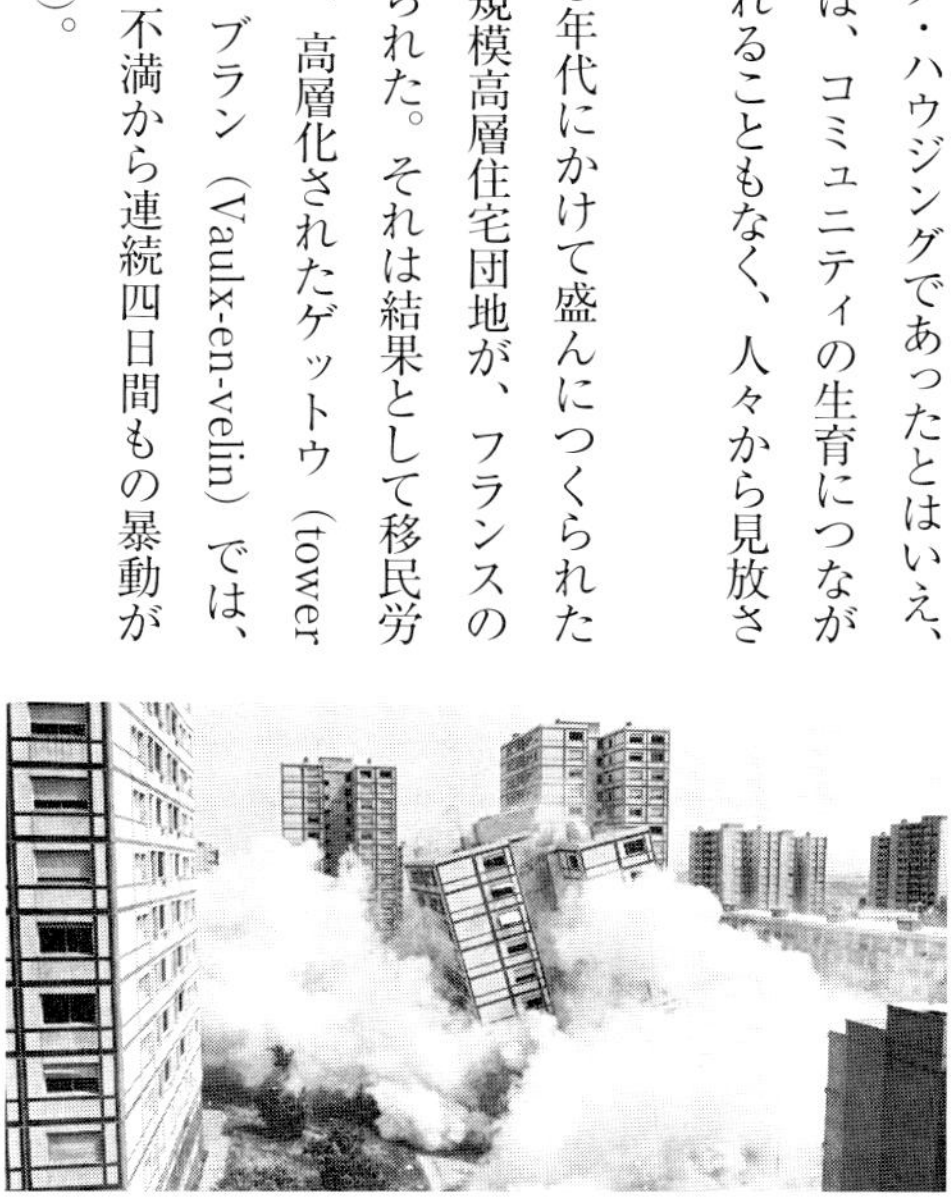

写真2・12　高層化されたゲットウといわれたリヨン郊外のボー・アン・ブラン住宅団地の爆破処理

●街路と反街路／ノン・セットバックとセットバック

第一次大戦以前に急速に発展したニューヨーク、パリそしてロンドン、またベルリンやウイーンの各都市では、新規住宅供給のほか住環境改善を目的とする街区計画の理論に新しい考え方が生まれつつあった。

コルビュジエは一九一四年から一五年に「メゾン・ドムイノ」という名称の住宅地計画を発表した。プロジェクトの目的は、あくまでもコンポーネント化された量産住宅の供給であることが強調されているが、注目すべきは配置計画における住棟の「街路《ストリート》」に対する「セットバック（後退）」の関係である（図2・30）。

この時代パリにおいては、すでにユージン・エナードが一九〇三年にセットバックによる凸角堡《とつかくほ》型集合住宅の計画を発表していた（図2・31）。エナードは、一九世紀半ばにオースマンによってつくられた直線的なブールバール（街路樹のある大通り）と沿道のハウジングの形態に対抗する新しい提案を試みた。そこにはブールバールに沿って一列に並んだ街路住宅の一部をセットバックさせて、環境改善と変化のあるピクチャレスな街路景観への転換を図る意図があった。彼は、それを凸角堡ブールバール（Boulvarda a Redans）と呼んだ。

一方、アンウィンとパーカー（Barry Parker）が、一九〇六年にハムステッド・ガーデン・サバーブ（Hampstead Garden Suburb）というロンドン郊外の住宅地開発で、セットバック型のテラスハウス方式を採用して、そのピクチャレスクな演出を試みた（図2・32）。二つの計画に見られるセットバックは、必ずしもタウンスケープの観点からだけではなく、むしろ建築の

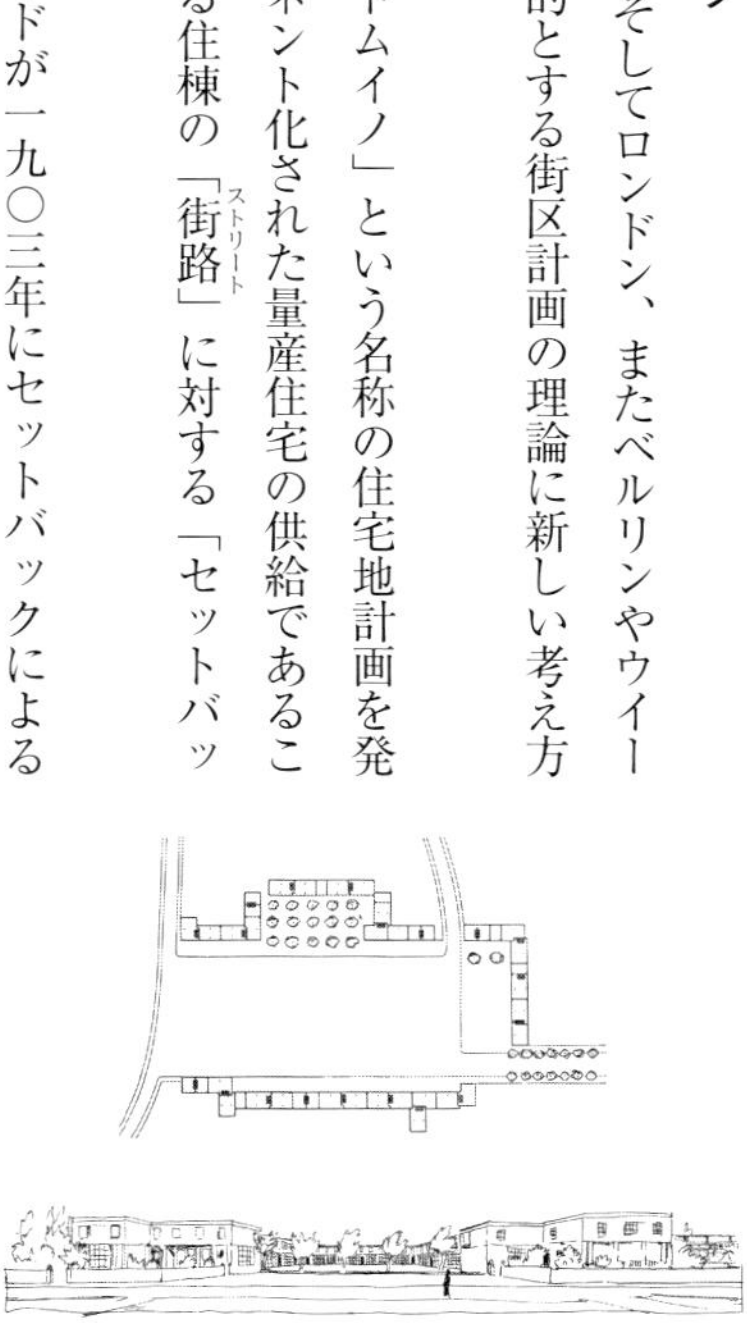

図2・30　コルビュジエの「メゾン・ドムイノ住宅地計画」。セットバックに特徴がある

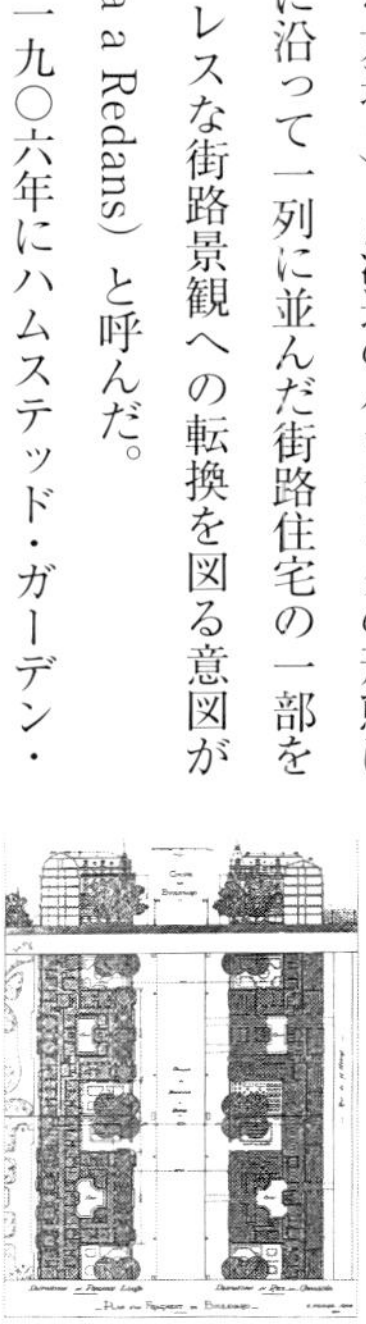

図2・31　ユージン・エナードの提案した凸角堡型ハウジングとブールバール計画（Boulevard a Redans）。歩道側にコートヤードが設けられた反街路型セットバック・ハウジングの始まり（Anti-street setback model）

沿道性、つまり「ノン・セットバック（非後退）」に対するアンチ・テーゼ（antithese）として意図的な変革の第一歩が始められたと考えるべきであろう。

特にエナードの提案の背景には、メゾン・ア・ロワイエの名で親しまれ、久しくパリの街並みの主役であった街路型賃貸共同住宅《リースホールド・ハウジング》にひそむ構造的な問題として、「前面」の華麗なファサードとは逆に、採光通風をわずかな空地に依存するという「背面」の居住環境の問題があった。初期の段階では中庭協定などによって空地の保全が図られていたが、最後は文字どおり深井戸のような光り庭《ライトウエル》が残るのみとなった。このような状況に対して、すでにコルビュジエは「人は通りに背を向け、光に向くべきだ」という強烈なメッセージを発していた。

ニューヨークにおいても、一九世紀半ばから線路型プラン（railroad plan）や亜鈴型プラン（dambelled plan）と呼ばれる低所得者向けの賃貸共同住宅《テネメント・ハウス》が多くつくられ、採光通風を犠牲にした点おいてパリのメゾンと同じような状況にあった（図2・33）。一八九六年、ニューヨーク市の住宅改良協会は住宅改善のためのコンペティションを行った。建築家アーネスト・フラッグ（Ernest Flag）の画期的な案が一等になったが、彼は共同住宅のすべての部屋に適切な採光と空気の流れが得られるように、建物が街路に対して部分後退（internal setback profile）する配置計画を提案した（図2・34）。それは、従来の亜鈴型プランと同数の住戸を同じ大きさの敷地に収めた、はるかに居住性の優れたハウジングであった。その改善の決定的な鍵となったのが、それまで試みられなかった「セットバック」という手法であった。このモデルは、その

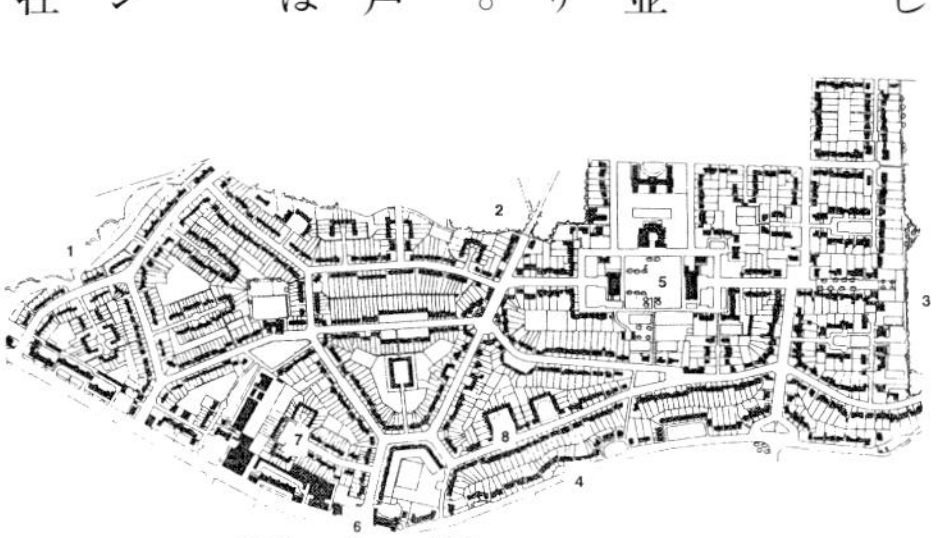

図2・32　アンウインとパーカーによるハムステッド・ガーデン・サバーブ計画。セットバックによるピクチャレスクな演出が見られる

後のニューヨークの賃貸共同住宅開発に大きな影響を与えたといわれる。そして一九二〇年代には、都市街路に対して建物の位置指定《アライメント》にこだわることのない開発計画が主流となった。このように一連のセットバックによる配置形態の変革は、新たな空地の確保とともに、住環境改善が急務となる中で避けられないものであったと考えられる。

「都市に住む」ための都市住居の歴史は古い。歴史的なアーバニズムとの関係を見れば、都市住居は街路との密接な関係において成立していたといってよい。さらにいえば、「建築は街路によって成立し、街路は建築によって完成する。そのとき街路は一つのアーバンフォームを獲得する」

このように建築と街路には、ある種普遍的な同一性がある。しかしこのゆるぎない同一性がくずれたのは、ファサードの背後に隠された不健康な環境という都市建築の仮面性と偽善性に対する非難からであった。すなわち「ピクチャレスク・スラム」という構造的な矛盾によるものである。それは、近代建築の自律性が正当化されるにつれて、「ゼロ・セットバック（非後退）の街路系」から「セットバック（後退）の反街路系《アンタイ・ストリート》」への「反転」というかたちで現れた。したがって、その形態には、伝統的な都市形態に対するアンチ・テーゼとしての必然性が認められる。一方このセットバックに関しては、もう一つ別の観点から注目すべき歴史的な蓋然性がある。それはハウジングにおけるヴェルサイユ宮殿の「シミュラークル（Simuracre）」としてのセットバックである。

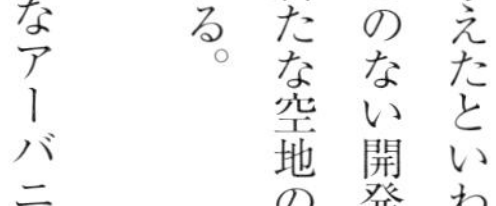

図2・33　一九世紀半ばから続いたニューヨークの低所得者向けの賃貸共同住宅。線路型プランまたは亜鈴型プランと呼ばれる

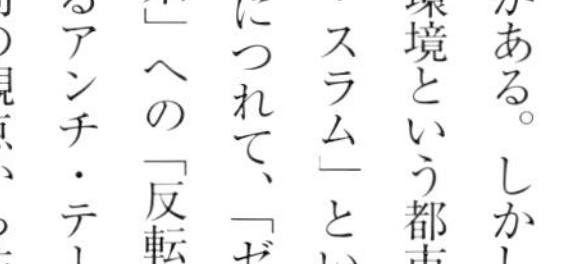
図2・34　設計競技で一等になったアーネスト・フラッグの提案したハウジング・タイプ（一八九六）。以後四〇年にわたりニューヨークの賃貸共同住宅のモデルとなった

二〇世紀はじめにその萌芽を見るセットバックの手法は、同じヨーロッパでも、パリ以外のベルリンやウイーンの都市ではあまり見られなかった。すでに触れたようにコルビュジエは、「メゾン・ドムイノ」の配置計画においてセットバック方式をとった。建物の規模は比較にならないほど小さなものであったが、全体配置は社会改良派のユートピアンといわれたシャルル・フーリエ（Charles Fourier 一七七二〜一八三七）[*36]が、一九世紀はじめに提案したファランステール（Phalanstere、救貧院）を小さくしたようなバロック宮殿の構えである。

コルビュジエが頭の片隅にイメージしたのかもしれないファランステールは、考えてみれば明らかにヴェルサイユ宮殿のシミュラークル（模像）であった。のちに「人民のためのヴェルサイユ（Versailles for People）」と呼ばれる所以である。また、「メゾン・ドムイノ」は、「低所得階層」のためのハウジングであったことを考えれば、時代を超えて両者に通底するものとして社会改良思想があったと見るのは必ずしも無理な解釈ではない。

二つの例に限らず、低所得階層や労働者のためにつくられたハウジングは、どこかパレスを思わせるモニュメンタルな構成のものが多い。のちに触れる一九二〇年代のヨーロッパ社会民主主義体制の中でつくられたウイーンのヴィエナ・スーパーブロック（Vienna Super-block）のハウジングもその例外ではない。また、記憶に新しいものでは、一九八〇年代に社会主義政策を掲げて登場したミッテラン大統領がパリを中心に推進した社会住宅がある。リカルド・ボフィル（Ricardo Bofill）がサンカンティン（Saint-Quentin-en-Yvelines）につくったハウジ

＊36　フランスの社会思想家。サン・シモン、ロバート・オーエンとともに、一九世紀の最も著名な空想的社会主義者といわれた。

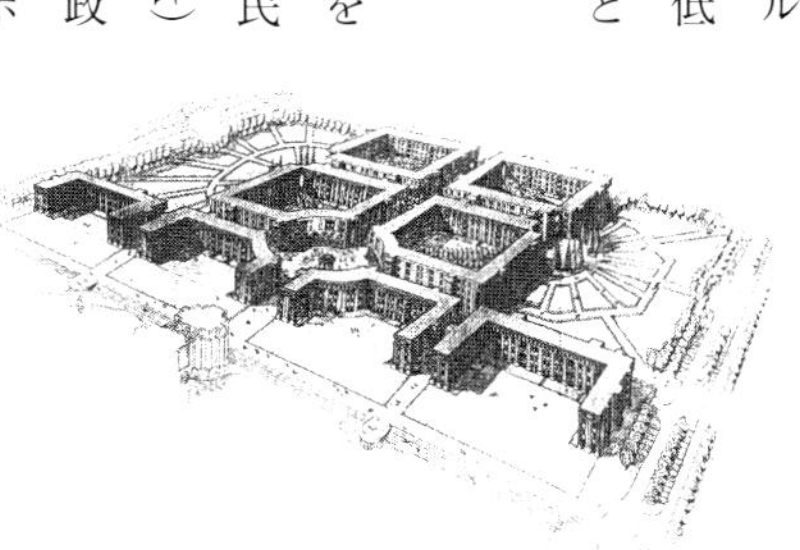

図2・35　フランスのサンカンティン・ニュータウンの中の住宅団地（一九八〇）

ングもその一つである。徹底したプレコンによるポストモダン・クラシックのデザインで話題をまいたが、「湖水に浮かぶ水道橋」の異名もつ住棟とともに、全体が広大な人工湖に対してセットバックしたハウジングの集合体であり、別称として「賃金労働者のためのヴェルサイユ(Wage-earners' Versailles)」と呼ばれている(図2・35)。

ルイXIV世(Louis XIV)のつくったヴェルサイユ・パレス(一六八二)は、誰もが知る壮麗な宮殿建築である(図2・36)。一方で広大なバロック庭園に正対し、他方で街全体を受け止めるかのようにモニュメンタルな広場をかまえる。王制を布くヨーロッパ諸国が競ってヴェルサイユ・パレスを自国の宮殿のモデルとした。この頂点に立つ建築の本質をひと言でいえば、「セットバックという都市形態《アーバンフォーム》をもつ限りない田園のパビリオン」である。都市性《アーバニティ》と田園性《サバーバニティ》の二つをあわせもつ、これ以上両性的なスーパー・アーキテクチャーはほかにない。コルビュジエがかつてルイXIV世の偉業を讃えたことがあるのは、この点においてであり、この話はその後の彼の建築の展開を知るうえで示唆に富む。

これまで述べてきた事例でわかるように、一八世紀から二〇世紀にかけて、社会改良主義の思想から生まれた低所得者あるいは労働者のためのハウジングには、ヴェルサイユ宮殿をその隠喩《メタファー》としているものが多いのに気づく。それはヴェルサイユの「シミュラークル」という模像的現実が、そのときの時代状況として人民のためのハウジングをつくるうえで必要であったと考えてもおかしくない。そこで展開されたセットバックという形態は、伝統的な閉鎖系の

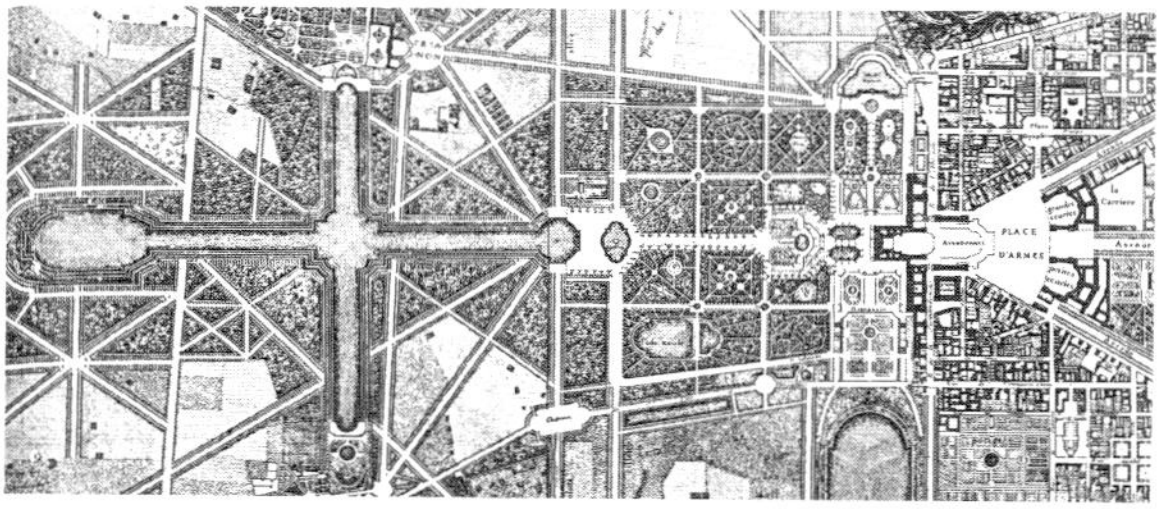

図2・36　ルイXIV世の築いたヴェルサイユ宮殿(一六八二)

都市街路に対するアンチ・テーゼといみじくも符合する。そしてコルビュジエの「三〇〇万人のための現代都市《ヴィーユ・コンテンポラリー》」に展開されたスーパースケールのハウジングに見られるセットバックともつながる。

しかし同時に見逃してはならないのは、一時表から退いたと思われたこの伝統的な都市建築の沿道性というゼロ・セットバックの適応形態が、くわしくはのちに述べるが、同じコルビュジエの「三〇〇万人のための現代都市」の中で、「イムーブル・ヴィラ」というハウジングに継承されるという事実である。コルビュジエの弁証法的な思考を垣間見ることができると同時に、「街路」と「建築」の相互規定の普遍性に気づく。

●ジードルングとスーパーブロック：住宅団地と超大街区

一九世紀末から二〇世紀はじめの中央ヨーロッパ全体を見ると、一八九七年にはドイツでテネメント・リフォーム法（賃貸住宅改善法）が施行され、本格的なホーフ（中庭）型の街区住宅の再生が始められていた。またベルラーヘ（H.P.Berlarge 一八五六～一九三四）[*37]によるアムステルダム南部の住宅地開発（一九一七、写真2·13）では、中庭空間をもつ街区住宅が、またロッテルダムではアウトの設計したトゥシェンディーケン・エステート（Tusschendijken Estate 一九一八）、ブリンクマン（Michiel Brinkman 一八七三～一九二五）[*38]の低所得者向集合住宅スパンゲン・クウォーター（Spangenn Quarter 一九二一、図2·37）が、標準的な都

＊37 二〇世紀初頭のオランダ・モダニズム建築の先駆者の一人。
＊38 オランダのロッテルダム派を代表する建築家。

市型賃貸住宅として広く一般に受け入れられていた。しかしその一方では、ベルリンを中心とする荒廃の進むバウブロック（Baublock 街区住宅）が、解決すべき不良住宅として存在した。ヨーロッパの住宅改善運動の端緒となったものは、まさにこの質の低下した賃貸共同住宅の問題からであった。

本来のバウブロックは、街区住宅《ペリメーター・ハウジング》という沿道性を原則とする街路との一体的な形をしており、内部にホーフと呼ばれる中庭を備えるものであった。しかしこの伝統的なモデルも、一九世紀中葉には投機事業として進められた結果、パリのメゾン・ア・ロワイエの場合と同様に過密化が進み、街区内に残った空地といえば深井戸のようなライトウエルだけになって光の届かない部屋が公然とつくられ、問題は深刻化した。通常ドイツでは、この形式のものをミーツカゼルネ（Mietskaserne）と呼び、質の悪い賃貸共同住宅の代名詞であると同時に、それは社会的に恵まれない人たちの住処を意味した（図2・38、2・39）。改善の手立てもなく、また決め手となる対応策が見つからぬまま、存続を余儀なくされるというジレンマに陥った。これには建築的な解決だけでなく、国の住宅政策としてどのような手を打つかという問題があった。

注目すべきことは、同じ文化圏にありながらベルリンとウイーンでは、その解決の仕方がまったく対照的であった点である。ベルリンは、長きにわたって都市の病巣ともいわれたミーツカゼルネ自体を否定し、まったく新しいモデルを導入するという革命的な方向に向かった。それに対してウイーンは、必ずしも全面否定ではなく、「街区」と「街路」の関係を維持しつ

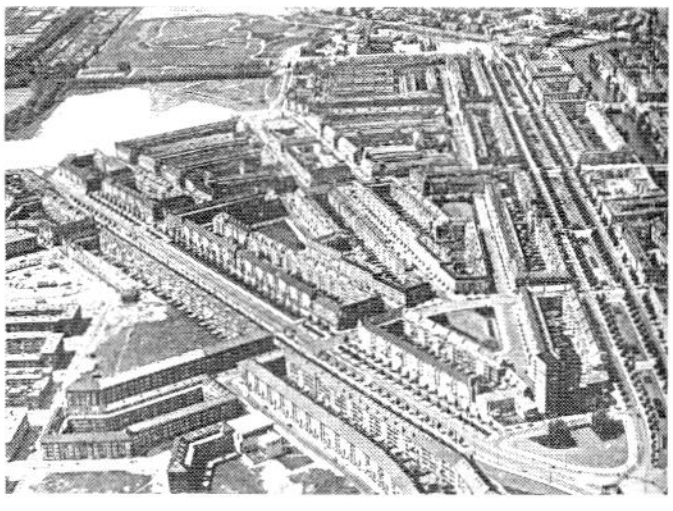

写真2・13　ベルラーヘ計画のアムステルダム南部地区住宅（一九一七）

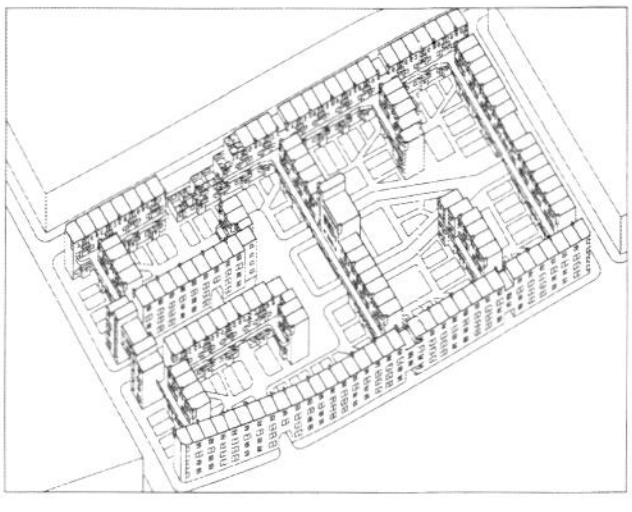

図2・37　ブリンクマンのスパンゲン・クウォーター

つ住環境の改善を図るという改革的《イヴォリューショナル》な修正の道を選んだ。この両者それぞれ異なる選択は、二〇世紀のハウジングの変革を占ううえで重要な出来事であった。

　ドイツにおいては、危機感をもったグロピュウスやエルンスト・メイやオットー・ヘスラー（Otto Haesler 一八九八〜一九六二）らは、住居問題の解決には根本的な「変革」が必要だと信じ、この悪名高いミーツカゼルネに対して徹底的な糾弾を行うとともに、新しい計画理念を示した。そこで登場したのが、「ジードルング」の名で知られる孤島性の強い「住宅団地」であり、まったく今までになかった新しい考え方である。それはもはや既成市街地の住宅改良という考え方ではなく、主として労働者階層を対象に、量的供給を目的として郊外に低層住宅を展開するものであった（図2・40）。

　ジードルングには、明らかに二つの目的があった。一つは、人々の住居に適正な「広さ」と「安全」、十分な「空気」と「光」を均等に与えることであり、二番目は、当時治療が困難とされ都市疫病の代名詞であった「肺病（tuberculosis）」の撲滅であった。そこではじめて、ジードルングは、旧来の賃貸共同住宅に起因する諸問題に対処する住宅政策として正当化され、公的な住宅供給機関の主導する施策となった。

　しかし忘れてならないことは、複雑な伝統都市の病を断ち切ることから生まれたジードルングは、旧来の都市居住のモデルを否定しただけでなく、同時に長い時間をかけてつくられてきた「都市街路」や「都市広場」のもつ「場所性」や「界隈性」という、伝統的な資産までも反

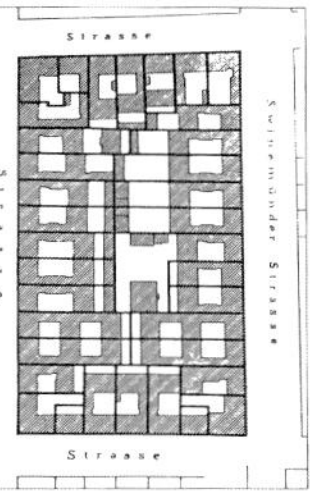

図2・38　ミーツカゼルネの集合した街区住宅（出典："Viennese Superblocks Sima Ingerberman Opposition" 1978）

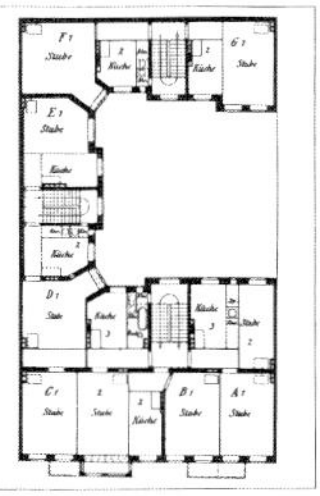

図2・39　二〇世紀初頭のベルリンのミーツカゼルネ。パリのメゾン・ア・ロワイエと違って、各階に六〜七世帯が住む高密度不良住宅である（出典："Viennese Superblocks Sima Ingerberman Opposition" 1978）

故にしてしまったことである。改革の激しい息吹によって、近代建築によるアーバニズムは、「汚れた洗い桶の水を換えようとして、中にいた大切な赤子まで一緒に掻い出してしまった」といわれる所以はここにある。この「反転」の功罪は、二つの住居タイプのところで触れたように、後々にまで影響を残すことになった。

エルンスト・メイは、この「反転」に至るまでの段階的な変革の経緯を、具体的なプロジェクト（Riederwald計画、一九二六～二七）に基づき、一つのダイアグラムで説明している（図2・41）。まずそれは、過密状態を示すミーツカゼルネで始まっている。二番目のものは、初期の改善策として過密状態の一街区がいくつかに分割され、すべての住戸が都市街路に面して配置され個別のコートヤードをもつ。それらが確実に燐棟間隔をつくりだすと同時に、ある大きさの閉鎖型あるいは半閉鎖型の空地となって、秩序ある小街区の複合体を構成する。このようにして、一九二〇年代までは、居住者に対して最大限のプライバシーと適正な緑のある空地をつくりだす努力がなされ、次の段階に移行していく。

三番目のものは、敷地は伝統的な街区に縛られることなく、南北に長いブロックに分割され東側と西側の道路に沿ってツァイレンバウ（zeilenbau 帯状平行配置）と呼ばれる帯状住宅が配置されるものである。残りの敷地はすべて住戸に属するコートヤードにあてられ、全体として連続した空地を構成する。帯状住棟の建物は、もはや都市街路に面するのではなく直角の位置関係にある。背面し合う二つの住棟は中央に庭をもち、プライベート・レーンをサブ・アク

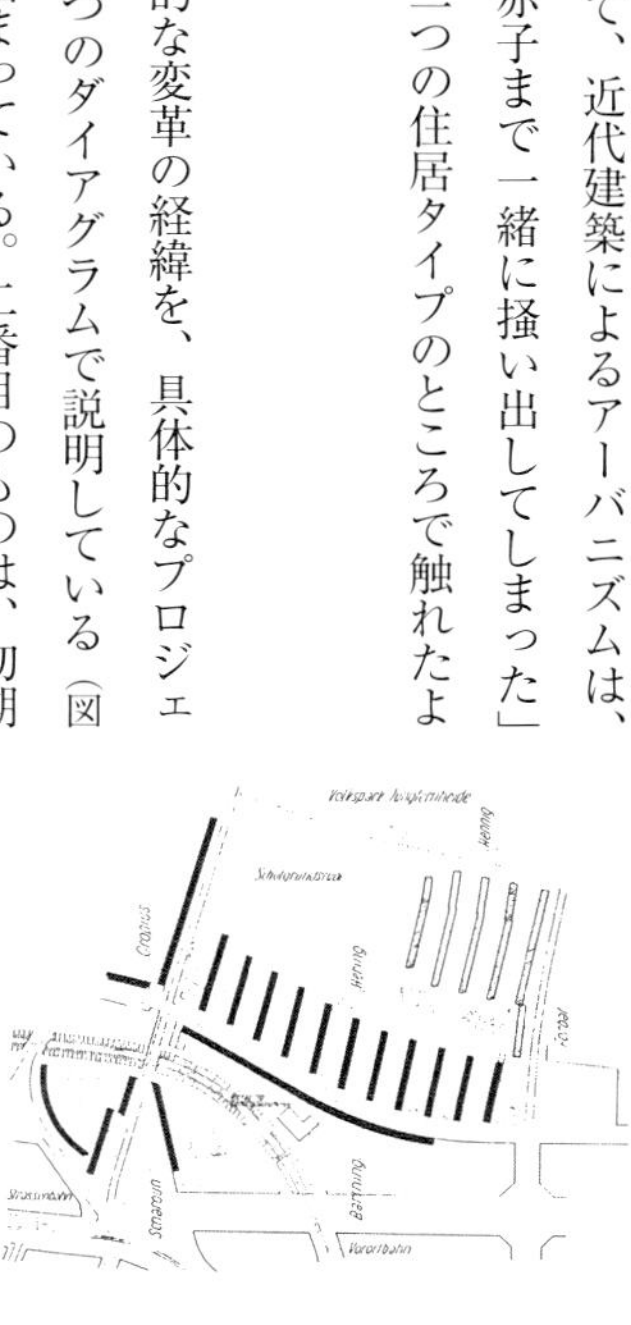

図2・40　ワルター・グロピュウス、ハンス・シャロウンの計画したジーメンスシュタット住宅団地（Siemensstadt Housing，1929-31）

セスとして共有する。しかしこの限定されたコミュニティの単位は、次の段階のものによってくずされていく。

エルンスト・メイの描く最終のダイアグラムは、さらにブロックが細分化され一列の帯状住宅専用のものとなり、わずかな専用庭と専用のアクセス・レーンが設けられた。基本的には、ローマ時代の守備隊駐屯都市《ギャリソン・タウン》の平行に配置された兵舎のレイアウトと変わりがない。この段階に至って、かつての過密な街区住宅からは想像もできない住居の平等性が現実のものとなり、そして「ハイジーア（健康の女神）」に守られたユートピアになった。この合理的な計画概念によって完全なオープン・ハウジングの道が開け、それは見事な閉鎖《クローズ》から開放《オープン》への「反転」であった。しかし結果としてそれは、伝統的な街区住宅が「ピクチャレスク・スラム」と呼ばれたのに対して、近代ハウジングが「メカニカル・スラム（mechanical slum）」と呼ばれるほど機械的で均分主義的な様相を帯び、「人間疎外」の風景に近づいていったことを意味する。

伝統的ハウジングの危機を乗り越える方策をめぐっては、ドイツの革命的な選択に対してオーストリア、特にウイーンの場合は変革的な選択であるといった。都市部の、特に低所得層の共同住宅については、ベルリンの場合と同様に、衛生基準、安全基準、家賃基準について適正な取決めもない状態にあったといわれる。にもかかわらず、革命的な計画概念が生まれなかったのは、すでに用意された不良住宅改良に関するガイドラインの施行が第一次大戦によって実行できなかっただけで、一九世紀の終りには市の住宅政策として、街区共同住宅の水準を高めるという修正主義の方向に方針転換が決まっていた。

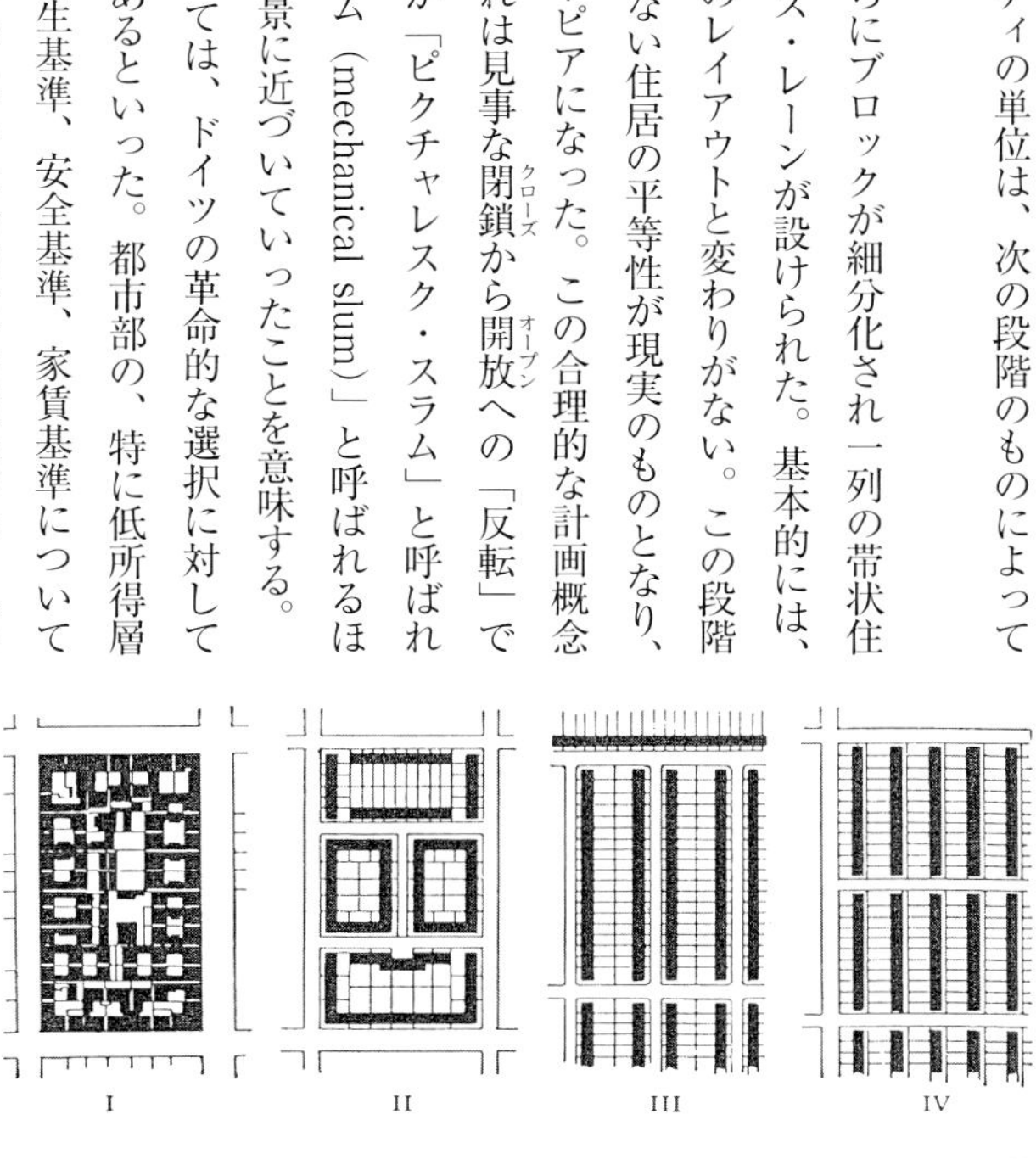

図2・41　エルンスト・メイが示したミーツカゼルネからジードルング・プランに至る変革のダイアグラム（一九二七）

＊39　オーストリアの建築家。アールヌーボーの作品とともに、「芸術は必要に従う」と主張して、機能性、合理性を重視する近代建築を目指した。

第一次大戦後のヴェルサイユ体制の確立と民族自決の原則によって、多くの東欧諸国が独立した。そして五世紀近く続いたオーストリア＝ハンガリー帝国の終焉とともに両国とも政治的には社会民主主義体制に変わった。特にオーストリアのウイーンでは戦後の住宅不足の解消に向けて、市自体が主導的に低所得者向けのハウジングを推進していった。中でも市建築局の建築家で、オットー・ワーグナー（Otto Wagner 一八四一～一九一八）[*39]の弟子でもあったカール・エーン（Karl Ehn 一八八四～一九五七）[*40]が設計したカール・マルクス・ホーフ（Karl Marx-Hof 一九二六～三〇）は、全長およそ一㎞に及ぶ巨大建築で、当時としては桁外れの一三八二戸を収容する巨大なハウジングであった（図2・42）。また建物に囲まれた巨大な中庭《ホーフ》が二つあって、そこには幼稚園、共同浴場、共同洗濯所、妊産婦ケアーセンター、歯科クリニック、薬局、郵便局、店舗などの共同施設が設けられていた。文字どおりスーパーブロックのスーパーハウジングであった。

今かりに一世帯当たり二・五人とすると居住人口は約三五〇〇人に及ぶ。フーリエのファランステールや、一九四五年につくられたコルビュジエのユニテ・ダビタシオンの倍の人口である。ユニテが垂直の田園都市といわれることがあるが、この一九二七年にできたカール・マルクス・ホーフは市街地に立ちはだかる水平の要塞のごときものであった。事実、のちの一九三四年には、当時のファシズムに対抗する共和国防衛同盟員がこの建物に立てこもり、三日にわたって銃撃戦を交わし死闘を演じたことでも有名である。のちに「赤の牙城」の異名をもつこととなった。この建築の評価をめぐっては毀誉褒貶相半ばするが、今なおウイーン市民

＊40　オーストリアの建築家。オットー・ワーグナーの弟子の一人。設計競技で選ばれカール・マルクス・ホーフを設計する。

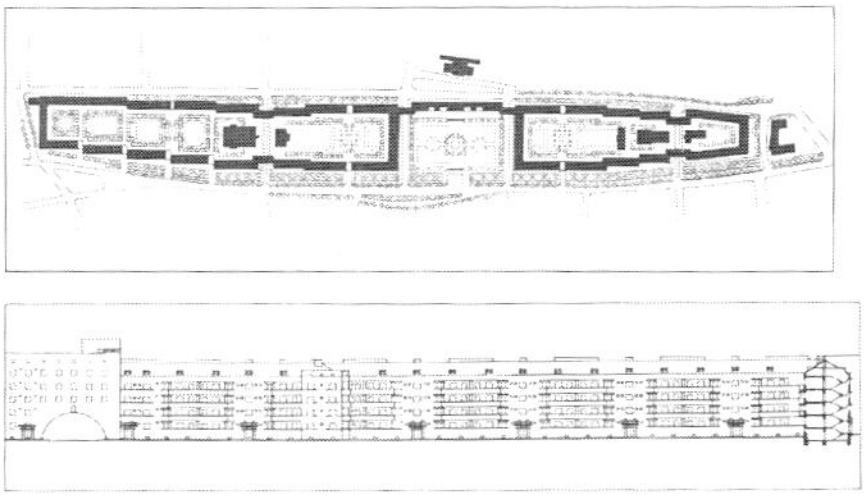

図2・42　ヴェニーズ・スーパーブロックの代表ともいわれるカール・マルクス・ホーフの全体配置

のソシアル・ハウジングとして使われており、歴史に名をとどめる建築であることに違いはない（写真2・14）。

このほかにも、多くの低所得者向けのソシアル・ハウジングが、一九三〇年にかけてつくられ、いずれも「ヴィエナ・スーパーブロック」の名で知られることとなった。中にはコンペで案を募るものもあり、モダニストの一人であったアドルフ・ロースの計画案もあった。多くはアールデコの名残と表現主義的な要素をとどめる建築が多かったが、いずれも大きな中庭をもつ囲み型の街区沿道型住宅《ペリメーター・ハウジング》（perimeter housing）であることが共通しており、ドイツで進められていたジードルングとは対照的に、伝統的な街路派《ストリート・タイプ》のアーバン・ハウジングであった。住戸はけっして広いものではなく、またプランも中廊下形式の居住性のよいものとはいいがたい。その問題を除けば、その雄姿は街を圧するほどのスケールがあり、やはりこれもフーリエのファランステールがそうであったように、記念碑的建築を指向した一種のシミュラークルと考えられないこともない。

以上の事例からわかることは、一九二〇年代ヨーロッパで展開されたハウジングの基本形態には、伝統的な「街区ハウジング」（図2・43）と、それに対して街区からも街路からも完全に解放された「ジードルング」という住宅団地に展開された「ツァイレンバウ」の二つに分けられる（図2・44）。特に後者についていえば、歴史都市のアーバニズムから見ればある種の大変動《カタストロフィー》であり、伝統的な街路型に対する反街路型《アンタイ・ストリート・タイプ》の出現である。それは同時に閉鎖系ハウジング形態

写真2・14　カール・マルクス・ホーフ外観

図2・43　ジョージ・ワシントン・ホーフ（George Washington Hof, 1927）、クリスト・オーレイ設計（出典："Viennese Superblocks Sima Ingerberman Opposition" 1978）

から開放系への「反転」以外のなにものでもない。住環境の質において平等性が貫かれ、きわめてデモクラティックな環境を目指した。しかし、伝統的なアーバン・ポシェ、つまり「構築されたソリッド」と「構築されたヴォイド」の中で生み出されてきたパブリックなオープンスペースとドメスティック・オープンスペースの関係が消滅し、全体として属性の定かでないフラットなオープンスペースだけが存在する。住む人にとって「人はどこにでも自由に行けるが、どこも同じだ」という場所性と風景性の喪失が際立つものとなった。

二人のユートピアン：フーリエとコルビュジエ―「ファランステール」と「輝ける都市」―

シャルル・フーリエ（一七七二～一八三二）とル・コルビュジエ（一八八七～一九六五）は同時代に生きた人物ではない。ちょうど一世紀の隔たりがある。しかし二人には時代を超えて共通したものが感ぜられる。一八世紀の合理主義と、一九世紀のフランス的伝統を受け継いだ空想的社会主義者フーリエ、一方、二〇世紀初頭の機械時代の新精神を讃え、合理主義と詩性を秘めたコルビュジエ、ともに時代の意志として新しい社会秩序を明らかにすることを目指して、理想の都市社会を追求したユートピアンである。しかし、人間を凝視し、ともに人間社会の集住《ハウジング》のあり方を具体的に描いた点において、単なる夢想家ではなかった。一〇〇年の隔たりの中では、事象の「反転」するものもあれば、繰り返されたものもある。まず、二人の生きた時代背景を振り返ることから始める。

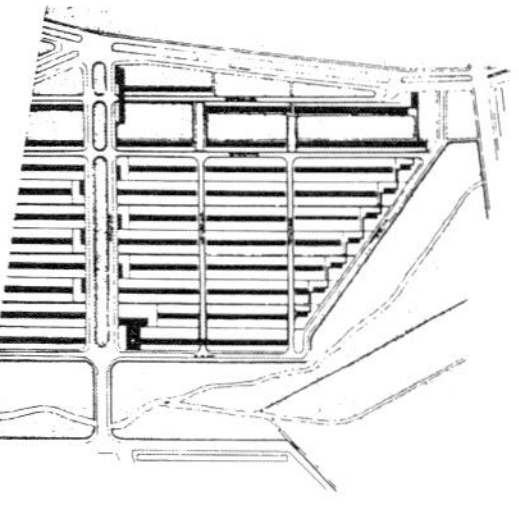

図2・44　ワルター・グロピュウスの計画したダマーストック住宅地計画（一九二九）。一九三〇年代の代表的なツァイレンバウ

自由主義《リベラリズム》を原則とする近代社会は、一八世紀末のフランス革命を経て確立されるに至った。この政治革命は、絶対主義に対する市民階級の最も大きな闘争であった。またイギリスでは、一六世紀以来のマニファクチャー（工場制手工業生産）が次第に成長し、一八世紀に入ると多くの機械が発明され、生産技術がいちだんと発展をとげるとともに、毛織物や木綿工業を中心に産業資本家が生まれた。農業においても、一連の囲い込み運動《エンクロージャー・ムーブメント》によって合理化が行われた。農業生産力が増大する一方、土地を失って無産貧農に陥った農民は、都市部に起きた機械制工業の労働者として吸収された。そして一九世紀の産業革命を経て、資本主義がいちだんと進展することになった。

フランスでは旧体制を打ち破って新たに台頭した市民階級《ブルジョアジー》は、民主政治の仕組みを徐々につくりあげて政治的にも経済的にも発言力を増し、それまでの貴族や商業資本家の勢力にとって代わる新しい支配階級となった。また、自由主義経済のもとに新技術をとりいれた産業資本家は、自由に利潤を追求することが可能となる一方で、逆に労働者の生活レベルは向上することなく、特にそれは都市における貧困階層の深刻な「居住の問題」となって顕在化し、資本家との対立が深まり社会問題として新たな局面を迎えた。

一九世紀に入って市民階級の自由と平等のための戦いがある一方、労働者の階級闘争は、全体として複雑な政治状況をつくりだすことになった。このような背景の中で、新しい社会秩序を樹立しようとする初期の近代社会主義思想が芽生え始めた。その先駆者として、フランスのサン＝シモン（Saint-Simon 一七六〇～一八二五）[*41]、シャルル・フーリエ、イギリスのロバート・

＊41　フランスの社会思想家。フーリエ、オーエンとともに一九世紀の最も著名な空想的社会主義者といわれた。

＊42　イギリスの社会改良家。アメリカに渡ってインディアナ州に共産主義的な共同体の実現を目指すが失敗する。マルクスから一九世紀の空想的社会主義者と呼ばれた一人。

オーウェン（Robert Owen 一七七一～一八五八）[*42]らは社会改良派の最も代表的な人物であり、彼らはのちにマルクス（Karl Heinrich Marx 一八一八～八三）によって「空想的社会主義者」あるいは空想的ユートピアンと命名され、特異な存在として知られることとなる。

●シミュラークルという名の「反転」

フーリエが一八二九年に提唱した「ファランステール」は、当時の混沌とした政治状況から近代の調和社会、つまり啓蒙化された正統社会の姿を明らかにするために、そのモデルとして労働者のための共同体聚落を描いたものである（図2・45）。ここでとりあげる最大の理由は、同時代のユートピアンが主として文学の手法を使いその理想社会を描いたのに対して、同じ文筆家であったフーリエは、協力者の助けがあったとはいえ理想社会のプログラムを想定し具体的なハウジングという建築を通して描き切ったという点にある。「ファランステール」それ自体は、結局現実のものとならなかったが、その影響力は多大なものがあってフーリエの死後においてもフランスは、もちろん、ロシア、アメリカ、アルジェリアの各国において、このモデルをもとに少なくとも五〇近い計画がつくられたといわれる。のちに述べるコルビュジエの「輝ける都市」の一連のプロジェクトが、一つも現実のものにならなかったにもかかわらず、フランスを越えて多くの国の都市計画家《プランナー》に多大な影響を与えたことにおいて共通するものがある。中でも一八四〇年から五〇年にかけて、フーリエ主義の運動はアメリカ合衆国で目覚ましい成功を収め、四一もの実験的コミュニティがつくられたとされる。また地元フランス

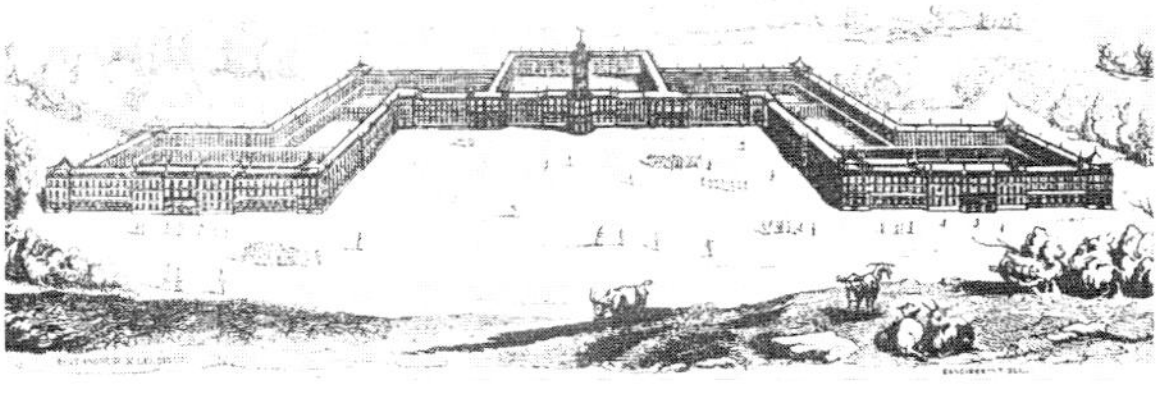

図2・45　フーリエの描いたファランステール全体像（一八二九）

では、第二帝政時代に、実業家であったバプティスト・ゴダン（Baptiste Godin 一八一七～一八八八）[*43]がギースに設けた冶金工場に働く労働者のための居住施設として、自分自身の経験に基づく修正を加えてファミリーステール（Familistere）を建てた。それはフーリエのファランステールのミニチュア版としても有名である（図2·46、2·47）。

フーリエの考える調和社会の基本単位は、ファランクス（phalanx 調和社会の基本単位）といわれる。それは二五〇ha（約一・六平方km）の中に、一六二〇人の出身の異なるさまざまな人たちが一つの建物に住み、すべての活動は個々人のためだけでなく、全体の利益につながるという理想の共同体を目指したものであった。因みに同時代のロバート・オーウェンの理想村落の人口が一二〇〇人であり、またこの一六二〇人は後述するコルビュジエのユニテ・ダビタシオンに想定された居住者数、一六〇〇人にほぼ等しいことは興味深い数字である。そのファランクスのための施設は、都市や田園に建設されるものとはまったく違って、これまでの曖昧なコミュニティにとって代わる合理的な機能集団《ファランジュ》として考えられた。そこでは人間の集住のあり方がその根底から見直された。

居住施設を主体とするファランステールにおいては、中央部に公共的な機能として食堂、集会室、図書館、研修室があり、さらにその中心部は神殿、秩序の塔、郵便局、儀式用の鐘楼、観測所などにあてられた。また翼棟には大工、鍛冶屋、騒がしい子供たちの集会室が集められる。具体的な平面図があるわけではないので詳細は不明であるが、全体として見ると社会改良

写真2·15 ヴェルサイユ宮殿の俯瞰。巨大な都市広場と巨大庭園に対峙する

＊43 フランスの実業家。フーリエの弟子としてファミリーステールを実現する。

派の福祉施設の充実だけではなく、知的で規律ある生活を行うためのプログラムの充実と見なせないわけでもない。またフーリエの理念によると、この施設の立地については、「美しい水流に恵まれ、丘陵をなしていてさまざまなものの栽培に適し、背後には森があって、大都市からはわずかしか離れていないが、それでいて十分、都市の煩わしさを避けうるところでなくてはならない」と述べられていて、ユートピアンの面目躍如たるものがある。

この二つの点に関していえば、コルビュジエのマルセイユに建てたユニテ・ダビタシオンが一六〇〇人の居住者を収容し、コミュニティ施設の完備された一つの近隣住区単位《ネイバーフッド・ユニット》の建築を目指してつくられたことを考えれば、フーリエのファランクスは、水平と垂直の違いがあるとはいえ一〇〇年前のユニテ・ダビタシオンといえる（図2・48）。

建物全体は、敷地の許す限り規則正しい建物を建設することを原則とした。描かれたものはヴェルサイユ宮殿（写真2・15）のようにオーム（Ω）型をしたきわめてモニュメンタルな形態であり、中央の大きなコートヤードと住棟に内包された小さなコートヤードからなる巨大なハウジング建築である。現存する簡単な平面図や断面図は、一八四一年にフーリエの思想を伝えるために残されたドキュメントに従って再現されたものであるが、それからわかることは、正面から見た建物の全長幅は驚くべきことに、およそ八五〇m近くある。紛れもない巨大建築《メガ・アーキテクチャー》である。この大きさは、後述するコルビュジエの三〇〇万人都市の六〇〇×四〇〇mのメガ・スーパーブロックにも収まりきれない巨大な施設であることがわかる（図2・49）。

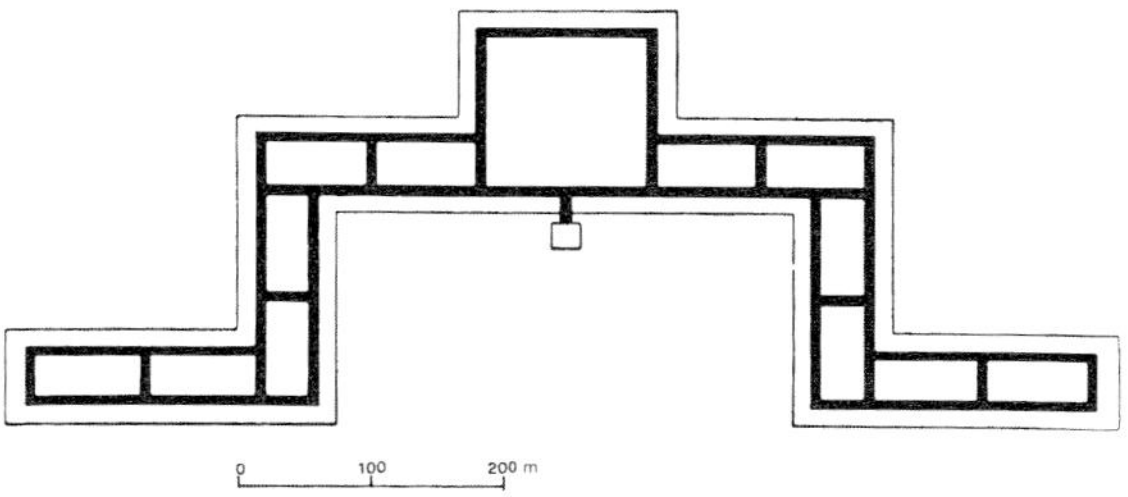

図2・46　ファランステールの全体平面図

巨大建築であることのほかに、もう一つの建築的な特徴は全体の空間構成にある。それは、上階に設けられた「屋内化された都市街路《ギャラリー》」ともいうべきギャラリーが、六ないしは八mの幅ですべての住棟と一体になってつくられている点である。建築全体が一つのムーヴメントとしてとらえられている。「動き」を建築化したという意味では、一九世紀の建築としてはきわめて稀であり、のちに現代都市に展開されるアーバンフォームのシーズと見ることも可能である。建物の主棟と翼棟は、それぞれ二つの住棟が幅三〇もしくは四〇mの中庭を挟んで向かい合う複合体の形態をとっているが、その中庭側にある都市街路がこの建築すべてをつないでいる。

住み手の日常の動きは相互に視覚化され、風景化される。一方、外周《ペリメーター》はすべて住居部分からなり、ファサードに多少の分節は見られるものの、全体の佇まいは労働者階級《プロレタリアート》の住むパレスといってもおかしくない。立地は別として、ハウジングとしてのファランステールは、「前面」と「背面」をもつ伝統的な都市建築の構成をしている。理想社会を目指した一六二〇人もが生活する共同体であるとすれば、この空間構成と形態は管理社会の一面を示していると考えられないこともない。平行する二つの住棟は特に分節化されることなく、二五mおきに長方形の中庭を横切るガラス・ブリッジによって結ばれており、それは今日でいうピロティによって支えられている。

この手法は、コルビュジエの「三〇〇万人のための現代都市」に登場する「イムーブル・ヴィラ」が街区を越えてガラス・ブリッジで均等に結ばれ、街区のネットワークを形成するアイディアと重なり、大変興味ある事実である。一方、平行する住棟の地上階は、ルーブルの

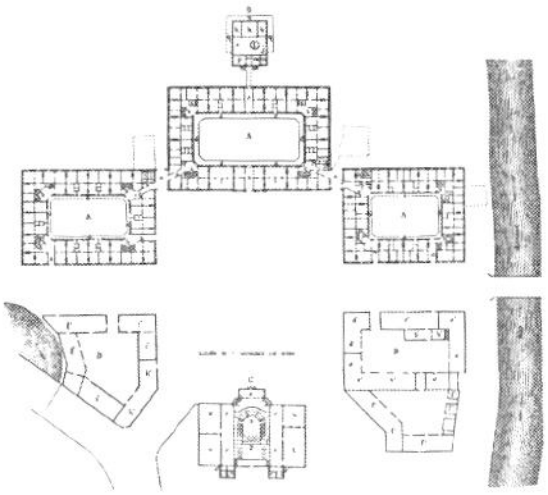

図2・47　バプティスト・ゴダンの設立したファミリーステール（一八七一）

図2・48　フランス、マルセイユに建てられたコルビュジエのユニテ・ダビタシオン（一九四七）

ギャラリーのように随所で馬車用の道路が貫通しており、建物への入口が設けられている。おそらく住棟の間の中庭は、完全に閉鎖されたものではなく外部に開放されたものであるとすれば、大きさこそ違えイムーブル・ヴィラの中庭コモンと本質的に変わりはない（図2・50）。

この都市的な構成をもつファランステールは、全体を通じて部屋は二列につくられており、一方は外部から光をとりいれ、もう一方は三層分の吹抜けをもつ屋内化された都市街路（遊歩廊）から採光する。そして、二階から四階までの住戸の入口はすべてこの都市街路に向かって開いており、各住戸につながる階段が随所に設けられている。ヴェルサイユと同じように、最上階にはアティック（屋根裏部屋）がつくられていたが、使用人の存在しないファランステールではゲストルームとして利用されるものであった。関連して思い起こされるのは、ヴェルサイユをモデルとしてつくられ、今日世界歴史遺産の一つであるウイーンのシェーンブルン宮殿のアティックが、現在では低家賃のソシアル・ハウジングとして市民に提供されている事実である。これは、一九二〇年代の社会民主主義体制下の福祉政策の一端をうかがわせるが、歴史的建造物の保全と管理を居住者の義務として一般市民に開放していることに、一種の歴史的「反転」の因果を感じる。

断面における一つの特徴として、屋内化された都市街路が地上レベルではなく二階に設けられていることはすでに触れたが、その下階の中二階に子供と老人のための住戸と集会室がある

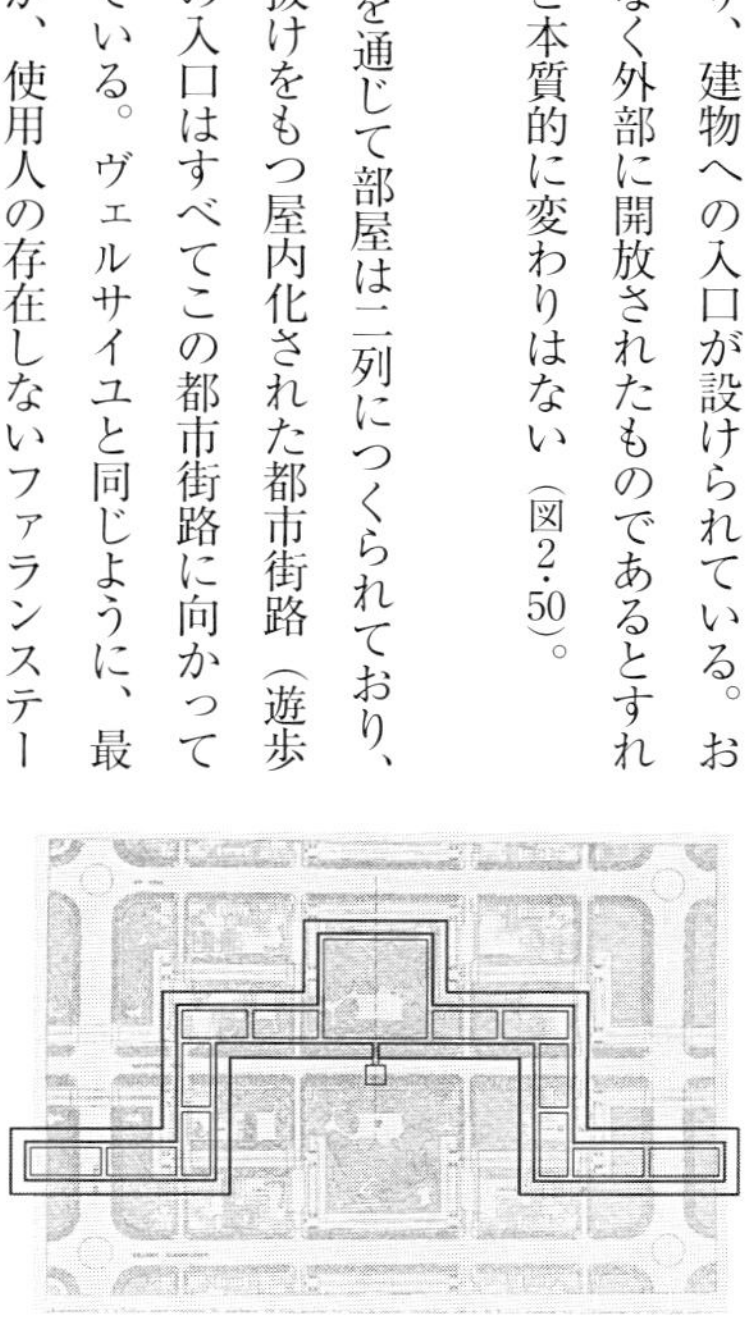

図2・49　コルビュジエの「三〇〇万人のための現代都市」のスーパーブロック（四〇〇m×六〇〇m）にフーリエのファランステールを重ねあわせた図。いかにメガスケールであるかがわかる

ことも特色の一つである。一六二〇人が住む住戸があって、共用施設の整備がなされたファランクスは、フーリエの考える理想的な調和社会を小さな都市モデルとして提示したものに違いない。しかし、彼の意欲と情熱にもかかわらず、実現に至らなかったファランステールは、同時代のマルクスによって命名された社会主義ユートピアンの代表的なプロジェクトであり、コーリン・ロウは、「それはユートピアでしかなく、凡庸で啓発するものをもたない。革新の息吹と民主主義への急激な盛り上がりに共振する時代には、説得力を欠いていた」と評した。

それは歴史的評価として頷けないことではない。しかしここで論ずべきは、フーリエというユートピアンの描いた建築に一つのアーバン・フォームとしての片鱗を見ることである。そして、いつの時代にも新しい建築を生みだす起爆力となった集住の問題とその形態の選択についてである。これまでほとんど見過ごされてきたフーリエのファランクスは、ヴェルサイユ・パレスというルイXIV世の居城の模像《シュミラークル》とはいえ、建築のスケールを超えたアーバンフォームの提唱でもあり、一方、近代社会主義から生まれたソシアル・ハウジングの嚆矢ともいうべき存在である。

歴史上、時代を支配した権力者の居城の属性にスーパースケールがあるとすれば、その典型はヴェルサイユ・パレスをおいて右に出るものはない。究極の宮殿といわれるヴェルサイユのイメージが、ファランステールのような近代社会の底辺にあった労働者のためのソシアル・ハウジングの形態に、ゴーストのように表れたのはなぜなのか。一義的にとらえれば、もはや主《あるじ》を失ったヴェルサイユというパレスの、こだわりのない単なる記号としての借用である。しか

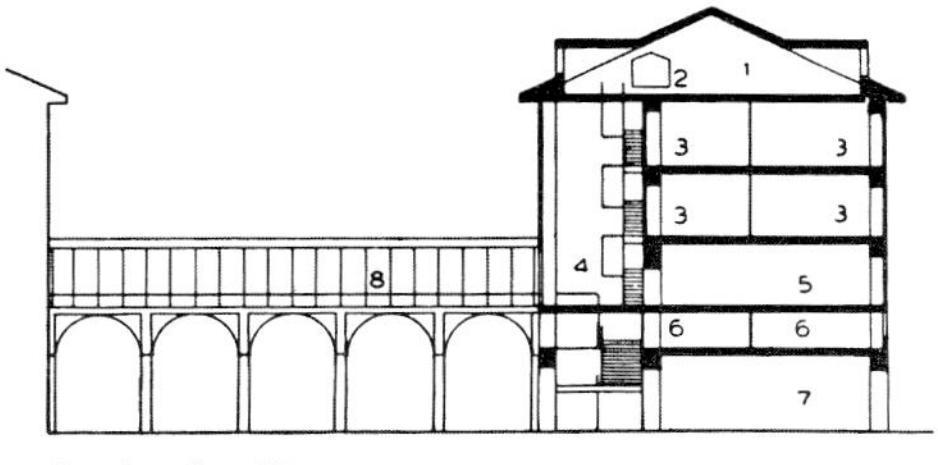

図2・50　ファランステールの断面図

し、このファランステールにおいては、かつての支配者と被支配者の「反転」という観念操作を通して、調和社会のイメージをつくりあげようとした典型的なシミュラークルと考えられないこともない。

●反転都市イムーブル・ヴィラ

コルビュジエは、一九二二年にパリのサロン・ドートンヌ展に都市計画を主題とする作品の出典依頼を受けて「イムーブル・ヴィラ」と「三〇〇万人ための現代都市」の構想を発表した。大きさにして、およそ一〇m四方の模型《ディオラマ》は、会場を圧倒するに十分な大きさであったが、それだけではなくその内容が主催者の予想もしない衝撃的なものであった。コルビュジエは、計画案の目的を「現状の克服ではなく、理論的に完璧な一定則《フォーミュラ》を打ち立てて、現代都市計画の基本原理にまで到達することである」と主張した（図2・51）。

すでに先人として、一八九八年にエヴェネツァー・ハワードが田園都市論を示し、一九〇四年には建築家トニー・ガルニエが工業都市計画（図2・52）を発表した。そして一九一四年に、イタリア未来派の建築家アントニオ・サンテリア（Antonio Sant'Elia 一八八八〜一九一六）＊44が未来都市の構想を描いた（図2・53）。それに続くコルビュジエの構想は、歴史都市の伝統的な空間構造や価値観を超越し、新しい時代精神の表明として「三〇〇万人のための現代都市」が描かれた。それは、信念に貫かれたユートピアンのヴィジョンでもある。

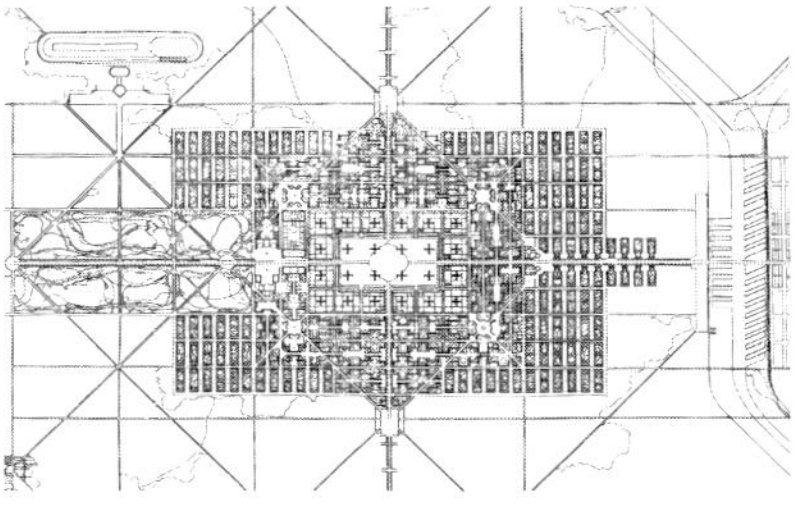

図2・51　コルビュジエの「三〇〇万人のための現代都市」全体図。一九二二年のサロン・ドートンヌ展にはじめて発表

＊44　イタリア「未来派建築」の中心的建築家。サンテリアの「新都市」のドローイングは、近代建築・都市の到来を予告した。

構想は、限りない「緑」と「オープンスペース」を提唱した田園都市の性格と、未来派を代表するスピード、動き、機械化のイメージを融合したものであり、人工の秩序と擬似自然を統合するコルビュジエの信念と美学に基づく都市であった。純然たる人間の居住《ハビテーション》を構想するものとしては、シャルル・フーリエの「ファランステール」や第二帝政期の労働者都市《シティ・ウーヴェリエール》が提唱されてからおよそ一〇〇年後のことであった。

　コルビュジエは、「三〇〇万人のための現代都市」の構想を機会あるごとに繰り返し発表し説明をした。第四回近代建築国際会議（CIAM 一九三〇）において近代都市のあるべき姿としてアテネ憲章がまとめられたが、その中に彼の機能論の多くが盛り込まれた。これは、二〇世紀前半を通して最もラディカルにして包括的な都市への提言となったが、街区を越えた地域的なスケールで描かれた都市計画は、ヨーロッパにおけるハウジング・モデルをたどるうえで一つのメルクマールであることは間違いない。

　ケネス・フランプトンは、『ハウジングの変革（The evolution of Housing Concept）』の中で、「一八七〇年代エッセンにつくられたクルップのハウジングから、ワイマール共和国につくられたジードルングの帯状住宅《ツァイレンバウ》の形式に至るまで、その変革の過程にあってコルビュジエの構想は強力なインパクトを与えたことは間違いない」と指摘する。

　計画は、広さにしてマンハッタンのおよそ四倍に及ぶ壮大なスケールをもち、都市全体は二つの主軸道路が十字に交叉する長方形の形をとる。全体平面は二重のスクエアーの中に黄金比

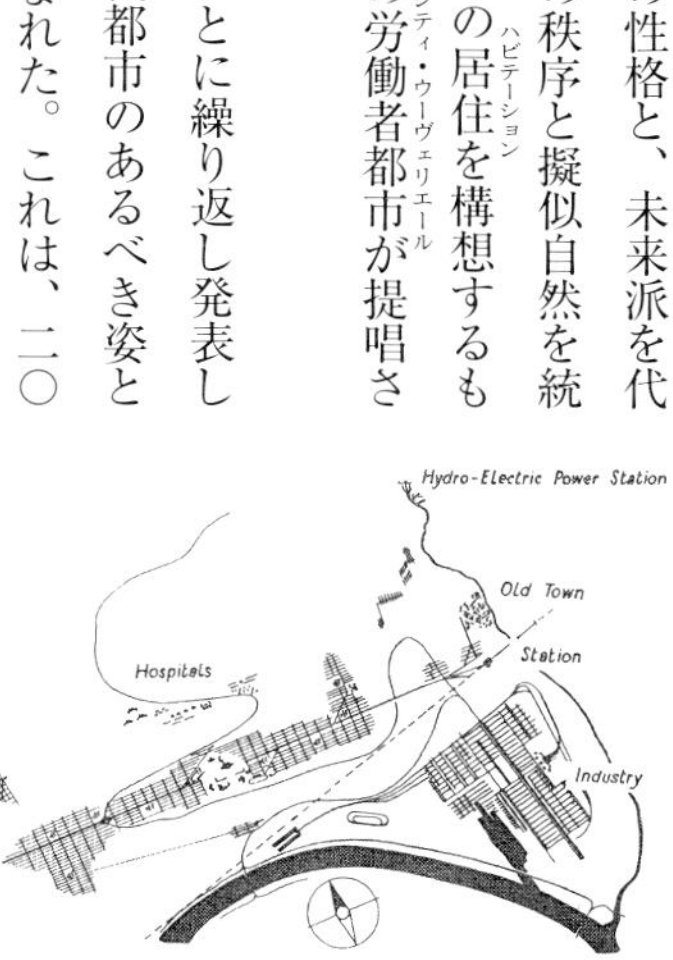

図2・52　トニー・ガルニエの「工業都市計画」のスケッチ

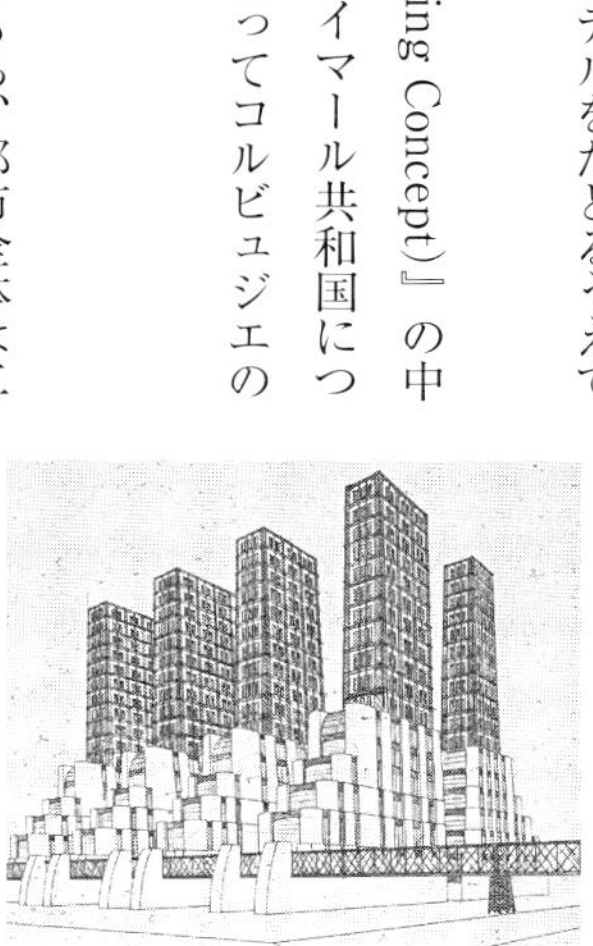
図2・53　アントニオ・サンテリアの未来都市構想に描かれた高層ビル（一九一四）

分割が組み込まれ、徹底した幾何学に貫かれている。人類の最も古いシンボルの一つ「十字」は空間把握の直感的な表現方法であるとされ、また古代エジプトの象形文字の一つ「円の中の十字」は、最古の都市の表象と考えられている（図2・54）。この計画に見られる幾何学的な形式性には、コルビュジエの合理主義や美学が反映されているだけではなく、図像学的なシンボリズムが秘められている。キリスト教の楽園思想から生まれたといわれる中世庭園の代表的な形式は、エデンの園の図像と同様に、水路（川）によって分けられた四つの部分と聖なる中心としての泉と樹木がある。人類が水と植物のある場所にのみ生きることのシンボリズムである。

ゴシック時代の修道院を訪れると、この形式で構成された閑静な中庭に遭遇することがあるが、コルビュジエが一九〇七年にイタリアのトスカーナ地方を旅して、最も感銘を受けたといわれるエマのカルトジオ会修道院のクロイスターは、まさにこの構成をしている。「三〇〇万人のための現代都市」は、二つの「川」にあたる二つの直交する道路によって四つの部分に分けられており、中心には「樹木」に代わるスカイスクレーパーが建つ。都市の図像学として見たとき、時間・空間を超越して存在するこれほど面白い普遍的なシンボリズムはない。

都市全体は、中心部の業務地区とそれを囲むように配置された一二階建ての集合住宅の並ぶ住居地区とから構成されている。業務地区には、通称カルテジアン・スカイスクレーパーと呼ばれる十字形の六〇階建てのオフィスが二四棟屹立する（図2・55）。一気に計画されたものに共通することだが、この現代都市は見方によっては古代ローマ時代の整然とした守備隊駐屯都

図2・54　古代エジプトの象形文字の一つ、円の中の十字は都市を表す

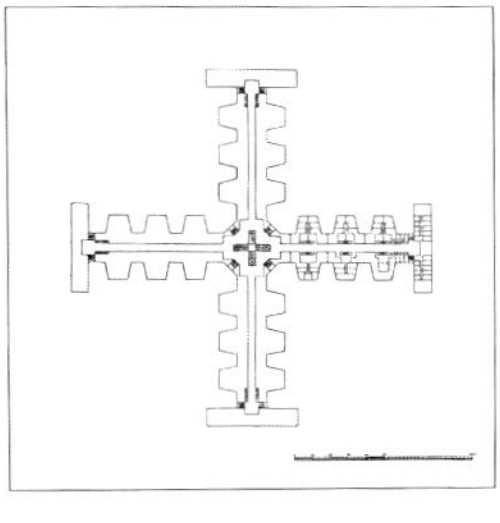

図2・55　「三〇〇万人のための現代都市」の中心業務街に建つカルテジアン・スカイスクレーパー

市がそうであったように不思議な等質性と異質性を感じるのはなぜだろうか。中でも目を引くのは、特異な形をした一群のスカイスクレーパー全体の配置構成がクメールやインドの寺院のそれのように一種独特の古代信仰の聖域を思わせる（図2・56）。一方、住居地区は二つのハウジング・タイプの繰返しによる等質性が特徴的である。

一つは、三〇〇×一二〇mのスーパーブロックの外周部に集合住居がくまなく配置され、中央のコモンともいうべき大きなレクリエーショナル・パークを囲む典型的なペリメーター・ハウジング（街区周縁住宅）である。通常このタイプが、イムーブル・ヴィラ（ヴィラ集合体）と呼ばれ、中流クラスの住宅を提供したと説明されている。それまでにない新しいアーバン・ヴィラであるとしても、住居ユニットの床面積が三六〇㎡もあり、当時のスタンダードからすれば桁外れに大きく贅沢なものであった。もう一つのタイプは高級ハウジングとして計画され、街路に同調することなく街区に対して前に後ろにセットバックしながら連結する凸角堡型のハウジング（Boulevard a redans）である（図2・57、2・58）。

前者は、囲み型を基本とする街区住宅《ブロック・ハウジング》の伝統に属するものである。あえてその歴史的系譜をたどれば、広場とパークの違いはあるが一七世紀につくられたプラース・ヴォージュ（Place Vosges）とそれを囲む貴族たちのハウジングがその祖形といえないこともない。それに対して、後者の街区を越えて展開するセットバック型のものは、典型的なオープン・ハウジングである。これは、エナードの凸角堡型ハウジングに、さらにいえばすでに論じたフーリエのファランス

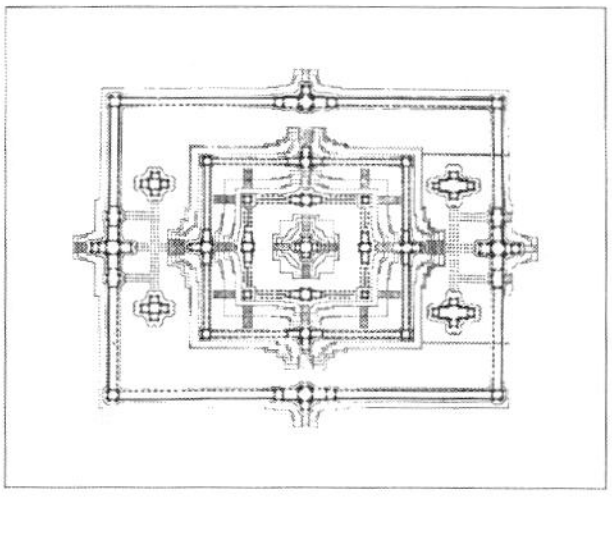
図2・56 クメール朝のアンコール（一〇世紀後半）の全体平面図

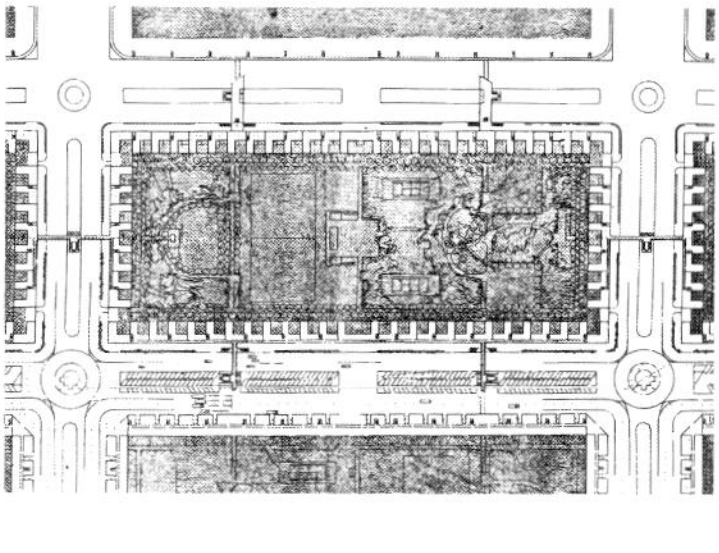
図2・57 「三〇〇万人のための現代都市」の街区型イムーブル・ヴィラ

テールにその原型を見る。注目すべきは、「非後退《ノン・セットバック》」の囲み型と「後退《セットバック》」の凸角堡型の二つは、それぞれ出自の異なる形態でありながら、「三〇〇万人のための現代都市」では、ダブル・スタンダードとして成立していることだ。いいかえれば、コルビュジエの描く「現代都市」自体は、「閉鎖系のハウジング」と、その「反転」としての「開放系のハウジング」の共存する両義的な思想に支えられているといってよい。

コルビュジエは、同時代の建築家グロピュウスやミース・ファン・デル・ローエと違って、閉鎖系の「街区・街路」の伝統に対しては必ずしも否定も肯定もしない二面性をもっていた。これをどのように理解するかは、ケネス・フランプトンが一九七九年の『オポジションズ(oppositions)』に書いた「コルビュジエとエスプリ・ヌーボー論」の冒頭で述べている次のような分析が参考になる。

「何といっても、二〇世紀建築の発展についていえば、コルビュジエの胚子的《セミナル》かつ中核的な役割は重要である。我々が彼の初期の作品をくわしく調べる理由はそこにある。一九〇五年、彼が若干一八歳のときラ・ショードフォン[*45]で建てた最初の住宅（ファレ邸、Villa Fallet La Chaux-de-Fonds）と、パリに向かうことを決心する一年前の一九一六年に完成した最後の作品（シュウォブ邸、Villa Shwob La Chaux-de-Fonds）を対照してみると、それは明らかになる。中でも、カルヴィン派の家庭に育ったコルビュジエのアルビ派的な思考について触れることは必要なことであろう。コルビュジエの弁証法的な考え方の源となったマニ教の世界観（善悪二元論）と、彼の全作品に行き渡っている正反合の弁証法的な考え方、つまり彼の思考

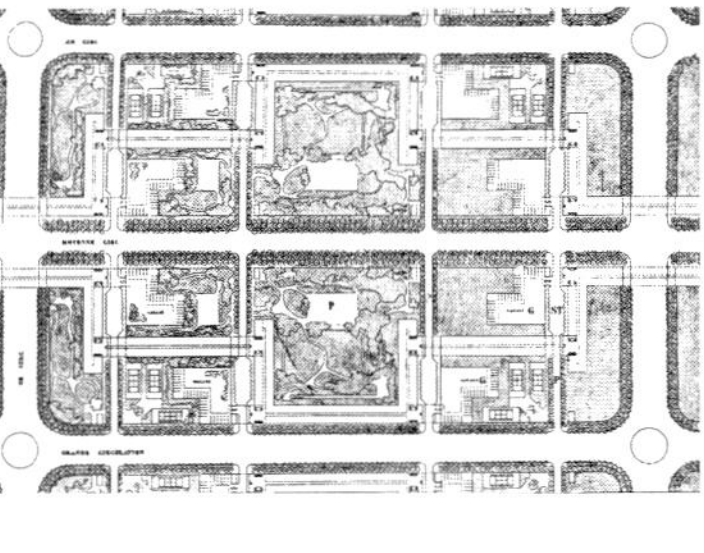

図2・58　「三〇〇万人のための現代都市」の凸角堡型のハウジング

*45　スイスに残る伝統的な時計製造の都市、「時計の帝都」と呼ばれる。コルビュジエ生誕の地。パリに向かうまでの二〇代にこの地で多くの住宅をつくった。

のすべてに明白な「アポロ」と「メデゥーサ」の対立性に関するものである」（写真2・16、2・17）。

このことは、囲いもなく自然の中に自立するファレ邸を一方のモデルとするならば、前面の街路に沿って手を広げるように、謝絶の表意をもって佇むシュウォブ邸がもう一方のモデルであることを示唆したものと考えられる。つまりこの二つを「囲いをもたない建築（Wall-less Villa）」に対する「囲いをもつ建築（Walled Villa）」の対比として見ることができるとすれば、コルビュジエは二〇代において、早くもフランプトンの指摘する弁証法的思考の二面性《デュアリティ》をのぞかせていた。


長い歴史の中にあっては、ルネッサンス期の理想都市は権力を象徴し防御を最大の目的としてつくられた要塞都市であったが、外部からの一度の攻撃もなく、またその性能を確かめることもないままであった。コルビュジエの「三〇〇万人のための現代都市」「輝ける都市」や「ヴォアサン計画」は、近代の都市革命のシンボルとなったが、現実化されなかったため、誰一人としてその都市を実際に体験しどのように優れたものであるか、どのように住みにくいものであったかを知る機会をもちえなかった。しかし、「三〇〇万人のための現代都市」計画の最も長く続いた功績の一つは、「イムーブル・ヴィラ」という新しい住居形態の提案にある。

それは「自由保有メゾネット」という今日でいえば「所有権付き分譲メゾネット住居」の共同住宅である。二層吹抜けのリヴィングルームとグリーンテラスのあるシトロアン・タイプの住居が、集住体を構成する基本ユニットとして登場した。「ヴィラ」の名に劣ることなく、

写真2・16　コルビュジエのファレ邸（一九〇五）

写真2・17　コルビュジエのシュウォブ邸（一九一六）

当時の基準で見れば、ユートピアン・スタンダードとしか思えない画期的なものであった。その模型は一九二二年のサロン・ドートンヌに展示されたが、一九二五年にはパリで開かれた芸術装飾《アールデコ》博覧会で「エスプリ・ヌーボー館」（写真2・18）というパビリオンとしてつくられ、実際にその空間を体験することができたことの意義は大きい。

このイムーブル・ヴィラの発想の起点となったのは、すでに触れたコルビュジエがイタリアのトスカーナ地方を旅したときに訪れたエマ（Ema）にあるカルトジオ会修道院であったといわれている。修道院の回廊《クロイスター》をめぐって配置された僧房は、二層の居住部分とL字型の庭によって構成されていた。彼ははじめて接した修道僧たちの共同体を、個の共同幻想*46という一つの理想社会のモデルとして受けとめ、そのメタファーとして都市ハウジングの可能性を追求したに違いない。また、回廊に囲まれた中庭の存在に、都市街区に取り込むべき「パーク」の共同幻想を感じたのかもしれない。このように考えると、イムーブル・ヴィラは一つの寓意的な変容を経て生まれた最初の集住体といえる（図2・59、2・60）。

コルビュジエは、この新しい住居をアーバン・ヴィラとして都市に導入することを最も重要な提案として考えていた。イムーブル・ヴィラは単純な「集合ヴィラ」ではなく、上下に積み重ねられて街路からいろいろな高さに存在する「ヴィラ集合」であることが、この住居の最も重要なコンセプトである。街区中央の庭園公園《ガーデン・パーク》、各住戸の緑のテラス、さらには建物屋上の空中庭園、水平と垂直の両方に緑のマトリックスが成立する。ヴィラの立体化は画期的な出来

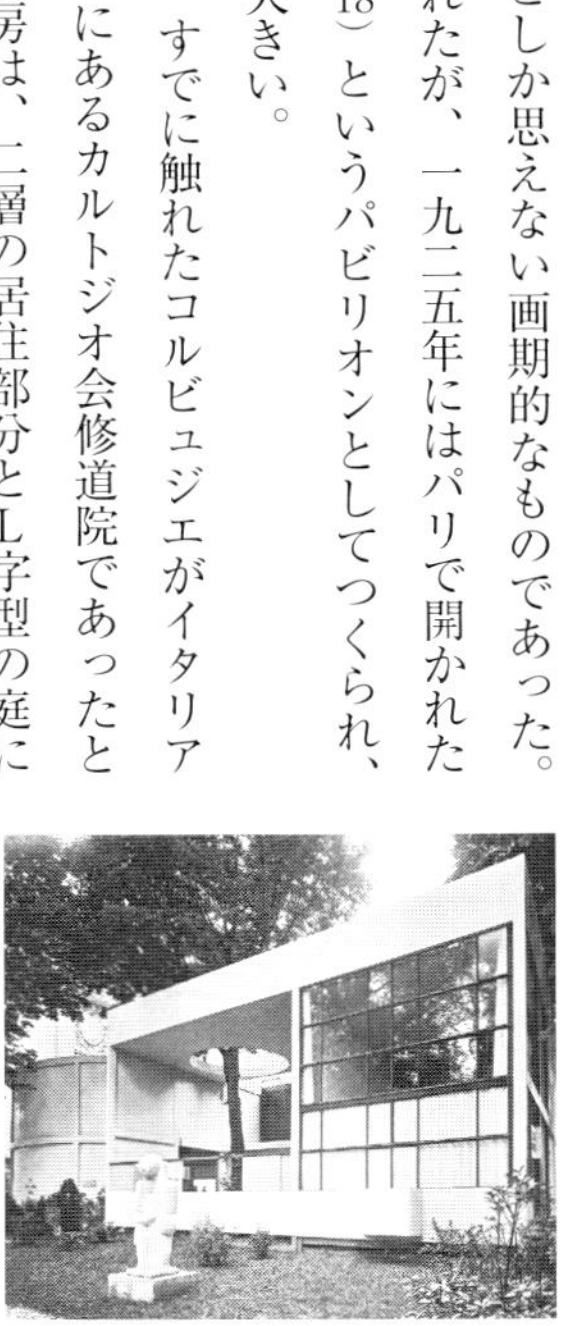
写真2・18　パリで開かれた芸術装飾博覧会に展示されたエスプリ・ヌーボー館（一九二五）

＊46　思想家、吉本隆明によって有名になった言葉。自己と他者との関係において共有される幻想。

事であった（図2・61）。

一方、ハウジングと密接な関係にあるコルビュジエの都市街路に関する考え方を検証しておかなければならない。コルビュジエは、一九二五年に発表したパリの「ヴォアサン計画」の構想にあわせて、「街路（Ra Rue）」と題する記事を『ラントランジャン』紙に載せている。彼はこの記事の中で、たどれば中世以来続いてきたパリの都市街路を「廊下状道路《コリドール・ストリート》」と呼び、その狭窄性を批判している。

「道路とは今日までの定義では、大部分は車道のことで、それに狭いまた広い歩道がある。それに垂直に家の壁が立ち、空を見上げた輪郭は、屋根の天窓や煙突下の特殊瓦、トタンの樋など突飛なものでギザギザになっている。道路はこの凹凸の深みにある。…青空は遠く高い望みだ。道路は排水渠、深い溝、狭い廊下だ。その両側に心の肘がぶつかる。心はいつも押しつぶされている。もう何千年も前からだ」

パリを訪れ、シテ島に今なお残る古い町を歩いたことのある人であれば、コルビュジエが八五年も前に書いた記述であっても、容易にこの「廊下状道路」の風景を想像できるだろう。彼の発言はかなり絶望的だ。しかし続く次の記述は、街路のもつ本質的な意味を見失っていない。そして最後はきっぱりと明日の街路のあり方を示唆している。

「道路は人生劇場を背負ってもよい。それが新しい光の輝きの下で明滅してもよい。雑多な広告に微笑んでもよい。それは歩行者の一〇〇〇年来の道だ。それは世紀の残滓だ。それは機

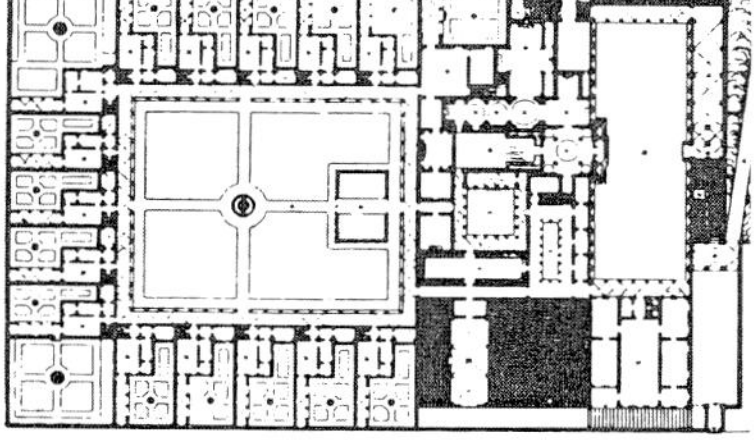
図2・59　イタリア、トスカーナ地方にあるエマのカルトジオ修道院の平面図

図2・60　修道僧の生活する居住部分の断面、コルビュジエのスケッチ

能を果たさぬ屑ものだ。道路は私たちを疲れさせる。最終的に嫌悪の情を唆す。でもなぜまだ存続しているのか？　この二〇年間で自動車が、私たちを決心のときへ追い込んだ。……私はここに現代の「道路」の姿を描いてみせよう」

コルビュジエの構想には、「擬似自然＝緑地・公園」を都市の居住環境に付加するという思想はない。むしろ都市は、擬似自然というトポロジーで始まり、街区という単位に分割され、同時に街路が形成されるという概念である。この「擬似自然化された街区」あるいは「街区化された擬似自然」という場所に、イムーブル・ヴィラが配置されている。すでに触れたが、一つは街区の外周に配置されるものと、街区を越えて前に後ろにセットバックしながら連続して配置されるものである。通常、前者が完結した形式として認識しやすいので、通常、これをイムーブル・ヴィラと呼ぶことが普通である。

この「イムーブル・ヴィラ」には、コルビュジエの残したドキュメントから判断すると、規模・形状の異なる二種類のものがある。サロン・ドートンヌには、一二〇戸収容の単独のものが、「三〇〇万人のための現代都市」のスキームのものとあわせて展示されたと考えられる。どちらが時系列的に先行した計画であるのか、これまで明確に峻別することはされていない。しかし、単純に二種類あるということで終らせるわけにはいかない理由がある。それは、コルビュジエが問題とした都市街路との関係において、一方は他方に対して完全に「反転」の関係にあり、相互に背反している事実をどのように理解すればよいのかということに関わる。

図2･61　積み重ねられたイムーブル・ヴィラのスケッチ、コルビュジエ

今かりに二つのイムーブル・ヴィラを「タイプA」と「タイプB」に分けたとする。
「タイプA」は、コルビュジエ自身の説明によると「二層ごとの五階建て、公園に面し、空中庭園付き、共同施設付きの新しい共同住宅《フリーホールド》」である。そして、二層吹抜けのリヴィングとキュービック・ヴォイドのテラスが街路側に面し、全体をつなぐ通路は中庭側にある。この「タイプA」は厳密にいうと平行配置のストリート型であり、完全な囲み型ではない。街区の短辺側にはヴィラはなく、二層ごとの通路とエレベータ・階段だけがある。長辺側は、コルビュジエのパースペクティブ・スケッチ（透視図）で明らかなように、壁面線を維持しながら緑の垣間見えるテラスとリヴィングが都市の表層をつくっている（図2・62、2・63）。

それに対して「タイプB」は、「三〇〇万人のための現代都市」の住居地域を構成するイムーブル・ヴィラである。関係が完全に反転して、リヴィングとテラスは囲まれた「街区内公園」に面しており、逆に共用廊下が都市街路側にある。また住戸数、「街区内公園」の大きさが「タイプA」の四倍近くあり、厳密にいえばスーパーブロック・ハウジングである（図2・64）。

コルビュジエは過去の歴史都市の街路と建物の関係について、「前面」と「背面」の不条理を批判して、「人は通りに背を向け、光に向きを変えるべきだ」と主張してきた。「タイプB」は、「主」たる生活空間は完全に街路に背を向け、それに対して「従」たる部分の共用廊下とサーヴィスエリアが街路側に表出する。都市街路はもはや「表」ではなく、人・車を含め都市全体のサーキュレーション・マシンを構成するものとしてとらえられている。断面図は「街区内公

図2・62　イムーブル・ヴィラ−タイプA（ストリート型）の透視図

園」を中心に対向する住棟を一つの環境単位として描くのではなく、ダブル・デッキの自動車道路を挟んで対面する住棟と空中連結通路を描いている（図2・64）。これまで「正面」であった街路側が「背面」となり、ドメスティックな領域であった内庭側が「街区化された公園」として「正面」となった。

ジョン・サマーソン（John Summerson）が、かつて著書『ジョージアン・ロンドン』の中で、一八世紀の典型的な都市住居であるテラスハウスの街区断面を紹介している（図2・65）。スケールは大きく違うが、そこで読み取れることは、道を挟んで出入口（Stoop）の対面するパブリック・サイド（表）と、内庭空間やサーヴィス空間の対向するドメスティック・サイド（裏）の関係である。都市街路を中心に見た環境単位と、背面のインターナルな環境単位の二重《デュアリティ》の構造を前提とした街区が読み取れる。オランダのベルラーエのホーフ形式のハウジングでも、またブールバールを介して建ち並ぶパリのメゾン・ア・ロワイエや、庭園緑地《スクエアー》を囲むロンドンのテラスハウスの基本構造も同じである。このように伝統的な都市住居に共通していえることは、都市のアメニティ（amenity）は前面（街路側）にあり、共同性（communality）は背面にある。

この基本構造から見れば、コルビュジエの「三〇〇万人のための現代都市」のイムーブル・ヴィラの「タイプB」は「反転」の関係にある。ハウジングが享受すべきアメニティは内側のコモンにあり、ハウジングが便益とする都市サーヴィスが外側にある都市細胞《アーバン・セル》として街区が存

図2・63 イムーブル・ヴィラ－タイプA（ストリート型）の平面図

在している。ここでは伝統的な「親・街路《プロ・ストリート》」に対する「反・街路」思想に貫かれているといってよい。

簡潔にとらえれば、「タイプB」で構成された「三〇〇万人のための現代都市」は、すべてインサイド・アウト（inside-out）」、アウトサイド・イン（outside-in）の関係にある「反転」の都市である。伝統的なストリート・ファサードという概念も、街路と住戸の交歓というアメニティの概念も、ともに消滅し継承されていない。環境単位のとらえ方が伝統的なものと完全に「反転」している。

コルビュジエの「三〇〇万人のための現代都市」計画にしても、ヴォアサン計画にしてもその基本的な考え方は、「都市への人口集中を抑制するという犠牲を払わずに、土地の高度利用を図ることによって、高層住居であっても戸外生活の利点を享受できる」ということと、「人々は環境の詩的な美しさを断念しないでも秩序、効率、機械化を掌中にできる」という考え方である。これは間違いなく時代精神の極限から描かれたユートピアであり、「内在的な思索の対象としてのユートピア」ではなく「外在的な社会変革の手段としてのユートピア」である。そしてあえて対比するならば、フーリエの描いたものは啓蒙主義にたつユートピアであり、コルビュジエのそれはエネルギッシュな行動主義にたつユートピアである。そして、コルビュジエの描いた都市住居と近代のアーバニズムは、以後のヨーロッパに限らず、わが国

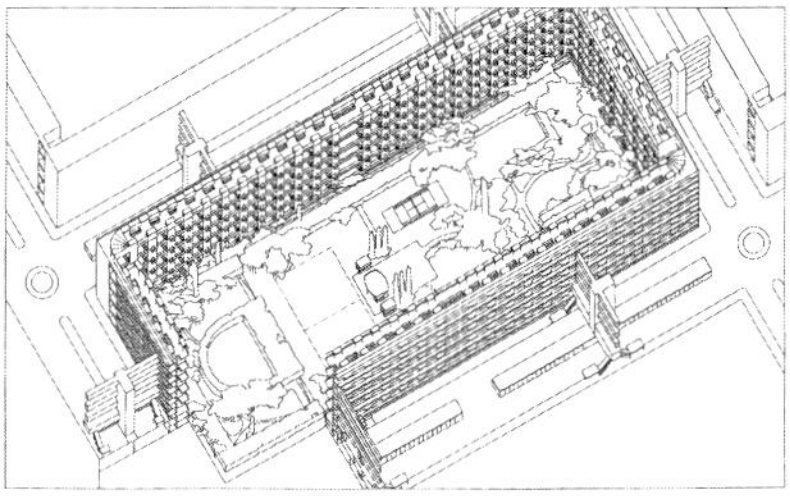
図2・64　イムーブル・ヴィラ−タイプB（街区型）のアイソメトリック

のハウジングをたどるうえでも一つのメルクマールとして語らないわけにはいかないもので
あった。

二つのハウジング・モデルの系譜

一九二〇年代のヨーロッパで展開されたハウジングの基本形態は、ほぼ一世紀を経た今日においてもその原形をとどめているといってよい。世界的に見て大規模住宅開発《マスハウジング・デヴェロップメント》という時代は遠のいたものの、今日のハウジングとアーバニズムとの関係で見たとき、次に述べる二つのモデルは、それぞれ伝統と近代の「反転」の系譜としてとらえることができる。

二つのモデルとは、街区を基本単位とする囲み型の「街区《ブロック》ハウジング」と、それに対して街区からも街路からも解放された「ジードルング」に展開されたハウジングである。いいかえれば、近代建築によるアーバニズムに一種の大変動があったとすれば、伝統的な街路型に対する反・街路型の出現であり、同時に閉鎖系のハウジングから開放系への「反転」そのものである。

近代の開放系のハウジングは、伝統的な閉鎖系ハウジングの避けられなかった「光と影」の矛盾を取り除くことから始まったといってよい。その結果、目指したものは「均一性」と「平等性」を基本とするきわめてデモクラティックな世界であった。しかし、救済に立ち上がったはずの新たなハウジングは、それが置き替えようとした伝統的なものとはまったく異質な問題

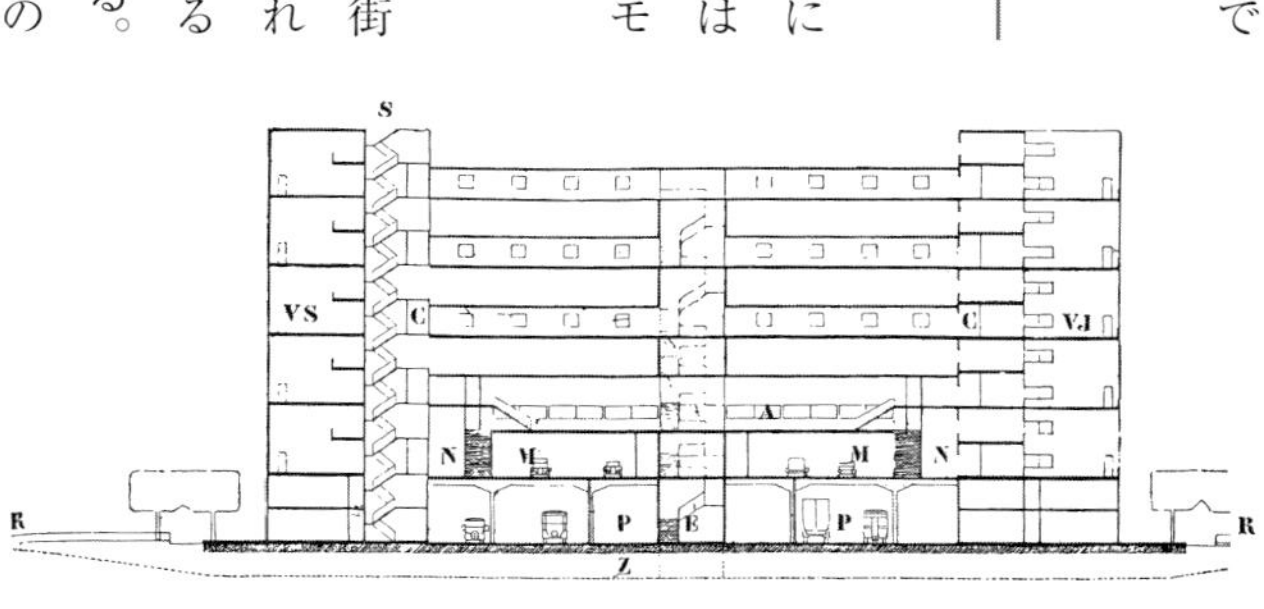

図2・65 イムーブル・ヴィラータイプB（街区型）の断面

を抱えることとなった。それは、伝統的な「地」と「図」のアーバン・ポシェ、いいかえれば公領域と私領域の相互規定の秩序が消滅し、限りない「公《パブリック》」という名のオープンスペースに囲まれた「独立した単体建築」の集合に終ったことであった。

「都市は住まいによってつくられる」という基本原理は、普遍的なものとして存在する。これまでの近代建築とアーバニズムの歴史の中で、ソシアル・ハウジングあるいはパブリック・ハウジングが生まれる背景には、いくつかの共通する歴史状況があった。産業革命のような大きな産業構造の変化や経済成長による都市人口の急激な増加と住宅の不足、あるいは第一次、第二次大戦に見られたような戦禍による住宅損失とその復旧の緊急性ということが、新たな住宅供給の変革を必要とした。長い間続いた伝統的な投機事業による住宅供給が、システムの構造的欠陥として居住環境の劣悪化と、それに伴う外部不経済という負の資産を生みだし、そのことに対する批判が強まることとなった。

一九二〇年代に入って、特にドイツのワイマール共和国に代表されるように、ヨーロッパ全体として社会民主主義の政治体制の進行する中で、公的な法規制や公的機関による住宅供給の必要性が正面から議論されることとなった。この段階において、ワルター・グロピュウス、ルードウィヒ・ヒルベルザイマー、エルンスト・メイらが、建築家としてあるいはプランナーとして、ジードルングという計画概念の有効性を証明するために、既成都市と切り離された郊外の新天地にツァイレンバウ形式のハウジングを展開した。新しい人間聚落《ハビテーション》は、はたしてコミュニティという豊かさをつくりだしえたのか。

今ここに、わが国の代表的な二つのハウジングがある。一つは一九六九年に完成し、都市近郊の「陸の孤島」ともいわれた日本住宅公団の「花見川団地」と、一九九〇年代はじめに開始され二〇一二年に完成予定の「幕張ベイタウン」である。両者は距離にして八㎞と離れていない同じ千葉県内のハウジングである（図2・66）。

いずれもわが国の代表的な大規模ハウジングであるが、両者の事業開始年度におよそ二〇年の隔たりがある。一方は「団地」と呼ばれ、他方は「タウン」である。呼び名の違いは、時代の違いを意味するだけでなく、最初に述べた「都市は住まいによってつくられる」というハウジングとアーバニズムの本質的な関係に深く関わる。

前者は、かつての住宅公団の単独事業によるハウジングであり、後者は公的住宅供給機関（公団と公社）と民間事業者の複合する住宅事業として進められた。計画規模、供給住戸数において際立った違いはないが、特に注目すべきは「花見川団地」がきわめて短期間に建設が完了した点で、それは当時の逼迫した住宅需要に対する供給の緊急性を如実に反映している。ここには、時間をかけて「住まいで都市をつくる」というアーバニズム本来の発想の生まれる余地はまったくなかった。

今この二つのハウジングを正しく読み解くうえで、その歴史的系譜として一九二〇年代

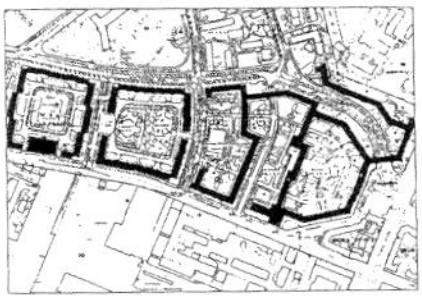

George Washington-Hof, Viena 1927
Krist Oerley
number of apartments: 1085

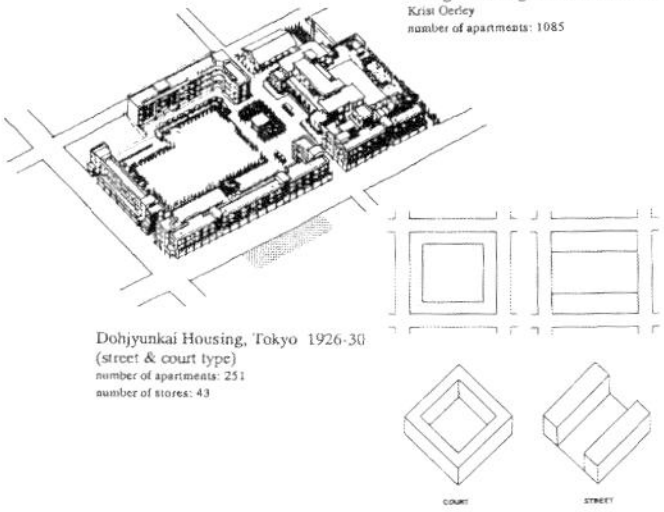

Dohjyunkai Housing, Tokyo 1926-30
(street & court type)
number of apartments: 251
number of stores: 43

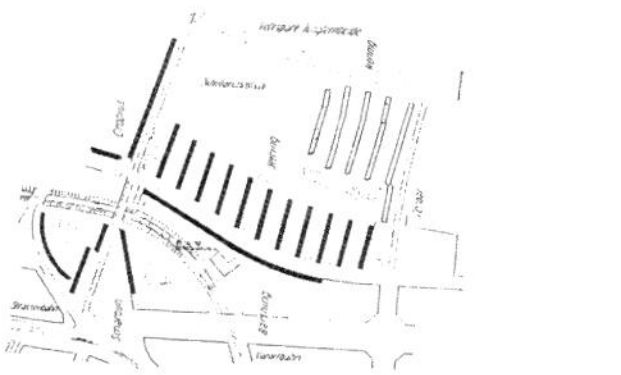

Siemensstadt Housing, Berlin 1929-31
Walter Gropius, Hans Scharoun
number of apartments: 1800

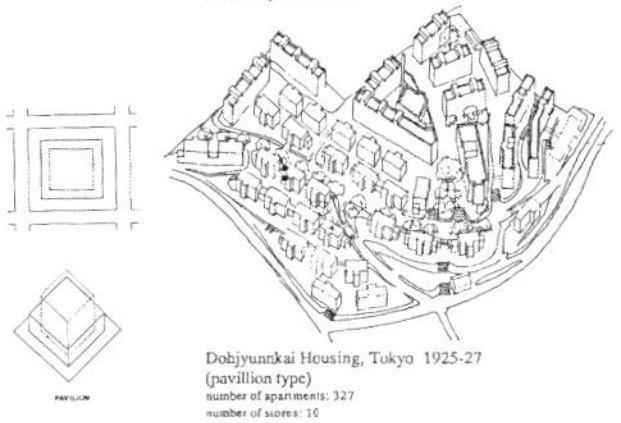

Dohjyunnkai Housing, Tokyo 1925-27
(pavillion type)
number of apartments: 327
number of stores: 10

MAKUHARI housing, Chiba 1993-
Number of Apartments: 8500
Site Area: approx. 84ha

HANAMIGAWA housing, Chiba 1968-69
number of apartments: 7081
site area: approx. 73ha

幕張ベイタウン
（1993−2011）

花見川団地
（1968−69）

にまでさかのぼることがその包括的な理解のために必要である。まず図に示されたものは、一九二七年にウイーン市につくられた、ヴィエニーズ・スーパーブロック（Viennese Super-block）と呼ばれた典型的な「大街区ハウジング」と、一九二九年にグロピュウスとハンス・シャロウンによって計画されたジーメンスシュタットの住宅団地の「ツァイレンバウ」である。注目すべきは、両者は一九二〇年代後半の同時期に、まったく出自の異なるハウジングとしてつくられていたという事実である。

前者はすでに触れてきたが、ドイツ、オーストリア、オランダなどヨーロッパの伝統的な中庭囲み型の住形式が大規模化したものであり、第一次大戦後の住宅問題の解消としてウイーンの既成市街地に低所得者用のソシアル・ハウジングとしてつくられた。後者は、ベルリン郊外に計画された真新しいジードルング・ハウジングである。このすぐ近くには、ブルーノ・タウトの有名なベルリン・ブリッツ住宅団地があり、その中の馬蹄形のハウジングは保存修復されて世界文化遺産となっている（写真2·19）。近代ハウジングは一方で遺産となる時代を迎えたが、他方では今なお発展途上国の住宅供給の形態として引き継がれているのを見ると、依然としてその計画原理は消え失せたわけではない。

同じ一九二〇年代後半から三〇年代にかけて、わが国にも近代ハウジングの萌芽が見られ、その事実は共時的現象として大変興味深い。その代表が、わが国の住宅史の中で特記すべき「同潤会」の一連のハウジングといえる。今回事例として示すものは、東京江東区猿江町にあっ

図2·66　近代ハウジングの系譜、閉鎖系街区型ハウジングと開放系ツァイレンバウ型ハウジングの比較（作成：小沢明建築研究室）

写真2·19　ベルリン、ブリッツ住宅団地のブルーノ・タウトの設計した馬蹄型のハウジング（世界遺産）

た住利共同住宅（一九二七、図2・67）と東京目黒区にあった代官山アパート（一九二九、図2・68）である。いずれも現在は存在しない。

「同潤会」についていえば、一九二三年（大正一二）に起きた関東大震災の未曾有の災害に対して、世界から寄せられた義捐金の一部を基金として翌年設立された財団法人であり、帝都復興と不良住宅改良を目的とする先導的な住宅供給機関であった。東京に一三カ所、横浜に二カ所、合計一五カ所、同潤会アパートの名で親しまれたハウジングがつくられた。

一九二六年、最初につくられた中之郷アパート（一九二六、写真2・20）は、当時東京帝国大学教授であった内田祥三が岸田日出刀の監修のもとで設計したといわれ、思い切った配置計画と洗練されたデザインからは、新時代のハウジングに対する意気込みが感じられる。一連の同潤会アパートは、震災被害の大きかった木造建築の不燃耐震化対策として鉄筋コンクリート造によってつくられたが、社会的意義はそれだけにとどまらず、大正期の都市中間層のほか社会進出を図る単身の職業婦人層に、集合住宅居住という新しいライフスタイルをもたらしたことにおいても先進的なものであった。

現在では残存する建物はほとんどないが、その存廃をめぐってはつねに議論の起きたことは多くの人の記憶に新しい。当時設計にあたった同潤会建築部長の川元良一をはじめ、中心となって活躍した東京帝国大学建築学科出身者たちは、おそらくヨーロッパのハウジング事情視察のために、進んでウイーン、ドイツ、アムステルダムに出かけたことは想像にかたくない。設計に関しては、中でも内田祥三研究室の積極的な支援と協力があり、当時の研究室にはヨー

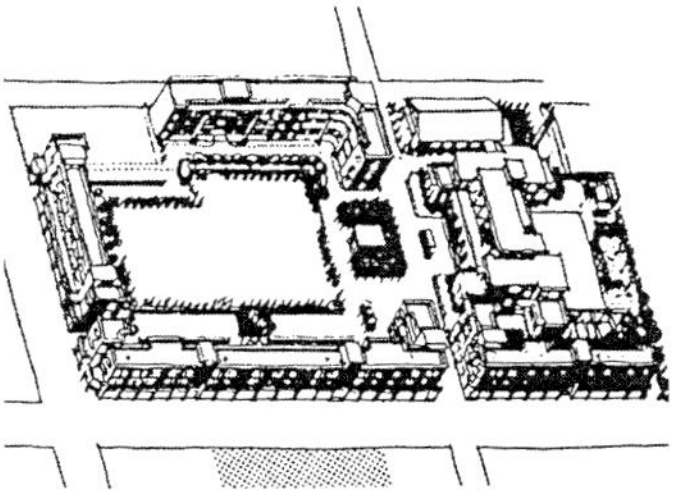

図2・67　住利共同住宅、同潤会猿江町アパート（一九二七–三〇）、東京（出典：『東京人』特集「同潤会アパート」）

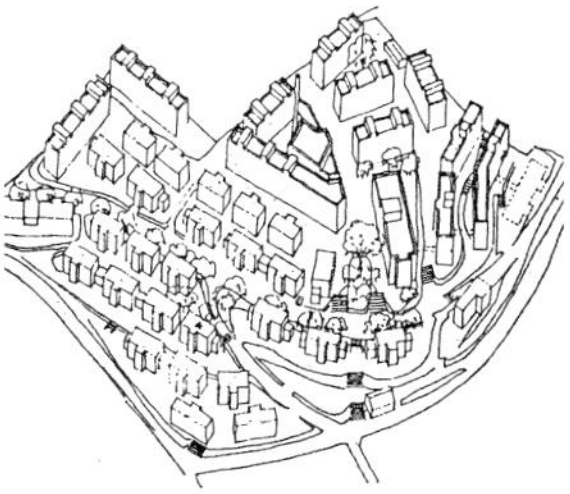

図2・68　住利共同住宅、同潤会代官山アパート（一九二九）、東京（出典：『東京人』特集「同潤会アパート」）

ロッパの最新情報が集まっていたとも伝えられている。同潤会自体は一九四一年に解散するが、一五年に満たない短期間につくられたハウジングには、ヨーロッパも含め一九二〇年代の時代背景とその同時代性が色濃く映し出されていることがよくわかる。

その一つが、一九二七年から三〇年につくられた「住利共同住宅」である。街区を忠実に活かした沿道型ペリメーター・ハウジングの計画で、隣接街区には善隣館、授産所、診療所などの医療福祉施設が併設されていた。同じ年代につくられたウイーンのソシアル・ハウジングの施設プログラムと類似していることに気づく。また、同潤会最後の作品となった東京新宿区にあった江戸川アパート（一九三四）は、単身世帯から一般世帯までライフステージに応じて住替え《リロケーション》可能な仕組みのあったことでもユニークな存在であった。建物の配置形態が、カール・エーンが設計したベーベルホーフ（Bebelhol 一九二五）を思わせる街区型のハウジングであったことも興味深い。

一方の「代官山アパート」は、当時の同潤会アパートの中では唯一郊外型の集合住宅であった。全体の配置計画を見ると、場所が緩やかな傾斜地であり一九二七年のワイゼンホーフ・ジードルングのそれを思わせる。微妙な高低差を考慮に入れた南向きの住棟配置は明らかにツァイレンバウの形式に属し、当時郊外であった代官山の微地形（micro-topography）を巧みに利用した代表的な開放系のハウジングである。

歴史的な背景として、変革のきっかけが「戦災」と「震災」の違いはあるものの、不良住宅改善運動を契機として一九二〇年から三〇年代のほぼ同じ時期に、ウイーン、ベルリン、東京

写真2・20　同潤会中之郷アパート（一九二六）、東京（出典：『東京人』特集「同潤会アパート」）

で、近代ハウジングがいずれも二つの型となって現れた。居住者のための福祉施設の整えられた街路・街区型のハウジングがつくられる一方で、郊外には開放的なツァイレンバウによるジードルングがつくられていた。この事実は、明らかに計画概念の違う二つの居住地計画が同時進行していたことを意味する。

この歴史認識を共有したうえで、一九九〇年から二〇一〇年代にかけてつくられたわが国の二つのハウジングを見たとき、それは依然として出自の異なる二つのタイプの歴史的系譜の中にあることを認めざるをえない（図2・66）。しかし、「都市は住まいでつくられる」というアーバニズムの原点に立ち返って考えたとき、あらためてアーバン・デザインの観点からハウジングを組み立て直す時代に入っている。

「花見川団地」のレイアウトは、すべての住棟が均一な列状平行配置《ザイレンバウ》の原則に従っており、隣棟間隔の絶対性は住戸のロジックと日照環境の合理性とによって決められている。その結果生みだされたオープンスペースはきわめて平等であり、健康的で衛生的でありまた均質である。しかし見方を変えれば、この建物の周りのオープンスペースは、「誰にも属する」が実は「誰にも属さない」という帰属不明な空地でしかない。またその開放性についても、「どこにでも自由に行ける」が「どこも同じである」ということでしかない。この一見デモクラティックに見える場面《シーン》に少しでも疑問を感じたとき、自分に「帰属する風景」として記憶に刻み込まれるものがないことに気づく。
英語には「a sense of proprietary（専有感）」という言葉があって、「公」あるいは「他者」に属するものであっても、「自分のもの」のように思えたり感じられたりする、心地よさから生まれる一種の擬制感覚を表すときに使われるが、この感覚が近代のハウジングには欠落している。このことが「帰属の風景」の不在を生む。花見川団地にしても同じである。急を要してつくられた人間聚落には、はじめから風景が存在しない。

また、少し観点を変えて見ると、住棟の機械的な平行配置による「風景の不在」は、すでに触れた日照環境の絶対性から生まれたものであるとしても、その均一な反復性が正当化される理由がほかにあった。それは、想定される入居世帯に対応するN・LDK型に類型化された「住戸の標準設計」と、「施工難度の平準化」による建物の品質確保が、結果として供給の迅速性、経済性、平等性に応えるものであった。このことは、市場原理による投機の対象として供給されるに至った過去一世紀の世界的に共通する住宅の問題とはまったく質の違う、近代のハウジングのたどるべき道であったといえる。

団地には道路はあっても、「街路」はない。なぜなら、道路はあるが建物はすべてそれに面するのではなく直角に向きを変えている。団地に街路が成立しないのは、建物と道との間に生まれるべき都市的な関係が計画のテーマとして最初から存在しないからである。ドイツの

「ジードルング」にしても、一九五〇年代以降つくり続けられてきたわが国の「団地」にしても、機械的に配置された住棟《ハウジング・ユニット》と、居住者の日常生活に必要な最小限の中心施設、近隣住区に対応した学校施設と緑地公園の用意された孤島性の強い居住地であって、巨大な聚落という名のマシンであるといっても差し支えない。そして、ここに存在するすべての原理は、間違いなく「近代建築の教義」に従ったものである。

CIAM（Congrès Internationaux d'Architecture Moderne シアム）[*47]のアテネ憲章（The Athens Charter 一九三三）[*48]に盛り込まれ、新しいアーバニズムの行動様式として指し示された「近代建築の教義」では、まず都市機能を明確に住居、労働、余暇、交通の四つに分けた。そして都市には「太陽、光、緑、空気、衛生」が必要であり、それを前庭とした「平等性」「均一性」、その結果として「開放性」が正当化され、さらに「外部空間はすべて公共のものである」という教条主義的な側面があった。教条的であるということは、「誰もが認め、誰もが否定できないものでありながら、誰もが心から好きになれない」という不条理から逃れられないことを意味する。

「幕張ベイタウン」は、「住まいで都市をつくる」という基本理念で出発した住宅地である。また見方を変えれば、それ以前の住宅供給システムとして支配的であった「住宅団地」方式からの脱却を目指して生まれたハウジングである。しかし、形態として今までにまったく類例のないものではなく、いうまでもなくヨーロッパの都市では馴染み深い街区を中心とした中庭囲

＊47　近代建築国際会議の略称。一九二八年、コルビュジエ、ギーディオンらが中心となってスイスのラサで発足した近代建築家の会議。一九五六年まで続く。

＊48　CIAMにおいて近代の都市計画の行動様式として示された理念。都市の機能を住居・労働・余暇・交通とし、都市は「太陽・緑・空間」をもつべきとした。

み型ハウジングの再生・復活と見るのが正しい。

タウン全体は、既成市街内の再開発ではなく、海浜埋立て地の新たな住宅地開発である。先行して整備された内陸側の幕張海浜公園、花見川沿いの緑地、JR京葉線、海浜大通り（地域幹線道）の、「緑地」「海」「河川」「鉄道」によって領域が画定されており、アイデンティティの明確な立地であることが特徴的である。全体が一見均質に見える格子状平面（modular grid-plan）の幕張ベイタウンに微妙な「場所性」の違いを読み取れるのは、周辺部にそれぞれ属性の異なる大街区が設けられ、それらがレギュラーな街区を包んでいることである。それは忽然と現れ、周辺に何もない「陸の孤島」といわれた「花見川団地」との大きな違いといえる。このことに関連してBC五〇〇年頃新たに復活した一つの古代都市が思い出される。

古代ギリシャの植民地の一つにミレトス（Miletus）という都市がある（図2・69）。一度はペルシャによって制圧され壊滅したが、ミレトス出身のヒポダモス（Hippodamos BC五〇〇年頃）による新たなマスタープランによって復興したといわれる。それは、完全な格子状都市（modular grid-city）として歴史都市研究の文献にしばしば登場する。彼のことを「都市計画の父」と呼ぶことがあるが、むしろこの古代都市の特質は一度見たら忘れることのない特異な形をした半島が、天然の要害としてアプリオリに存在していることだ。彼は再建にあたって、自然地形に順応する無理のない構成ではなく、徹底して格子状のパターンを選択している。その意味で、復興をとげた都市というよりは、すべてが計画された新しい都市であると考えても

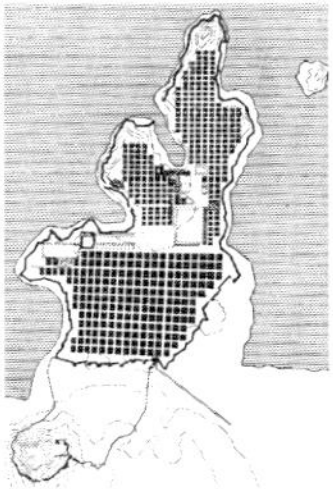

図2・69　古代ギリシャの格子状都市・ミレトス（BC五世紀）、ヒポダモス

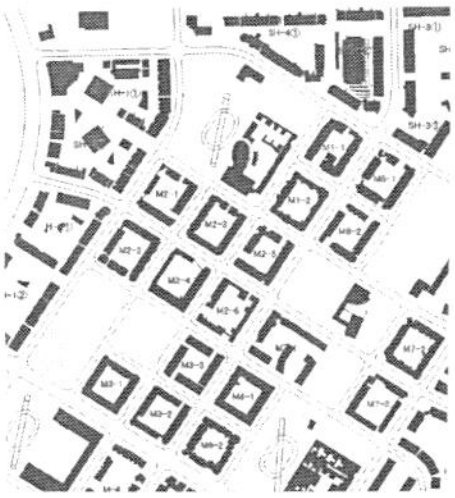

図2・70　幕張ベイタウン中心部の格子状街区

おかしくない。この自然地形とモデュラーグリッドという幾何学の衝突あるいは重畳性は、巧まずして地区や場所の多様性をつくりだした古代のニュータウンといえる。

"Man of Matrix（人間と都市の歴史）" を書いたモホリ＝ナギ（Laszlo Moholy-Nagy 一八九五～一九四六）[*49]は、人間の居住地の基本型を要約して、「地形対応パターン(geomorphic)」「同心円対応パターン(concentric)」、そして「直角パターン(orthogonal)」の三つに分けている。そして「直角パターンの概念は、プラグマティック（ギリシャ語のpragma［成しとげられる物］［完成される仕事］という意味）であり、コミュニケーションの拡大を可能とし、変化に都市を正しく適合させるものである」と定義した。さらに「居住地のモデュラーグリッドプランは、課せられた秩序に適応しフレキシブルに発展する多様性を代表するもの」としてとらえた。オーダーの自律性と自在性のダイナミズムを語っている。

「幕張ベイタウン」は、「住まいで都市をつくる」という基本理念を実現する手段として直交する格子状平面を基本としてできあがっている。この選択は、これまでの「団地主義」と私権の絶対性に基づく「敷地主義」から脱却し、人の集まって住む場所が一つの「街《タウン》」となり「都市《シティ》」となるために、関わる計画者、事業者、建設者、そして居住者にあらかじめ定められた「同一の尺度」を課すということを意味している。この「同一の尺度」は共通の尺度といいかえてもよいが、それはアプリオリに決められた都市形態の基本構造に従ってものを考え、合意を図るという共通の価値観を指すものである。そのために、「幕張ベイタウン」では最初に都

＊49　ハンガリー生まれのアメリカの美術家。抽象絵画・彫刻・工芸・建築・写真・映画と多方面にわたる新芸術運動を指導。

市デザインを律するガイドラインがつくられた。それは、この都市形態の特性を最大限活かすアーバン・デザインを明らかにし、それによって街がつくられていくことの合意を前提としたものである。それは単なる憲章《チャーター》のようなものではなく、具体的なデザイン・ガイドラインであった。

ベイタウンのアーバン・デザインの根幹をなすものは、「直交する街路」と「街区」の概念である。そして、すでに触れた「建築は街路によって成立し、街路は建築によって完成する。そのとき街路は道路以上の都市空間という名誉あるアーバンフォームとなる」という概念である。この二つが、タウン全体の都市組織を構成する重要な原理と考えられていることはいうまでもない。ベイタウンは、直交する格子状平面を基本とし、「スクエアー」と呼ばれる中心街区と、それを囲む周辺の大街区（super-block）によって構成されている。この「スクエアー」に集約された中層ハウジングが、周辺大街区の高層・超高層ハウジングによって囲まれており、中心と周縁の関係が通常とは逆になっている。

特に街区は、「住まいで都市をつくる」ための基本単位であり、それが事業者によって任意に分割されたり道路が通されたりすることはない。街区ごとにつくられるハウジングの形態は、住棟が街区周縁に配置されるペリメーター・ハウジングを共通のルールとしており、街区中央に中庭をもつ。街路がパブリックなオープンスペースであるとすれば、中庭は居住者に帰属するドメスティック（内庭的）なオープンスペースであり、これによってタウン全体の外部空間の秩序体系が明確化されている。沿道性を原則とするハウジングは、建物位置指定ライン（建築線）に対してノン・セットバックの関係にある。特に住棟の一階では街路に沿って住宅以外の店舗やコミュニティ施設が顔を出す。これは、「反・街路」型の近代ハウジングによっていったんは消滅した都市街路のアメニティの復活を意図したものであり、伝統的な「親・街路」の再生である。

中庭は、通常英語ではコート（court）、フランス語ではクール（cour）、ドイツ語ではホーフ（hof）と呼ばれ、いずれも建物によって囲まれる外部空間を指す。その他、大学のキャンパスの中で四方を囲まれた場所をクワドラングル（quadrangle）、囲む建物のことをクワッド（quad）と呼ぶ。

大学の原点となる空間は、教師と学生が知的時間を共有するときだけそこに立ち現れるものであり、大学は固有の空間をもつことがなかった。しかし、中世的な大学の空間として最初に現れたのは、貧困学生のための学寮、つまりカレッジというクワドラングルであり、それは大学の起源といわれる修道院の建築形式を受け継いだものといわれている。このように、同じ目的をもつ人間にとって「まとまり」の根源的な形式が「中庭」であることを考えれば、人の「集まって住む」ハウジングの形式が中庭囲み型であることは何の構造的矛盾もない。むしろ中庭は、二次領域であるだけでなく、「まとまり」という「共同幻想」を通して居住者の「自我の拡大」を図ることのできる場所なのである。

歴史的にいえば、コルビュジエがハウジングの原点と仰いだ「エマの修道院」の中庭、中世の大学発祥のクワドラングル、アンリⅣ世の命によってつくられた貴族たちのハウジングのヴォージュ広場というアーバン・コート、アムステルダム・サウスに展開するホーフ、コルビュジエのイムーブル・ヴィラのインナー・パークは、すべて同じ共同幻想に基づく閉鎖系囲み型の集住形式にほかならない。街区型ハウジングにおいては、人は中庭を通して「街区に住む」ことを自覚し、そしてその街区を通して「都市に住む」ことを認識するという多義的な世界に生きている。

ドイツには、伝統的に実際のハウジングを建設し展示する国際建築展の歴史がある。古くは一九世紀にもさかのぼるといわれる。ある特定の場所や地域を決め、招聘した国内外の建築家に時代のテーマに従ってモデル住宅の設計を委嘱する。終了後は分譲もしくは賃貸住宅として実際に使用し、住居地区を形成するやり方である。有名なものでいえば、一九二六年にドイツ工作連盟によって開かれたシュトゥットガルトの「ワイゼンホーフ・ジードルング」がある。ミース・ファン・デル・ローエの配置計画に従って、コルビュジエをはじめとして多くの建築家が参加したことはすでに触れた。同じく、一九五〇年代に行われた「IBAインターバウ」においても同じ考え方であった。

今ここで見逃すことができないのは、一九八七年の「IBA ベルリン国際建築展」である。

それは集合住宅を基本に、都市再開発を進めるという大々的なプロジェクトであった。テーマは、「住む場所としてのインナー・シティ」である。ベルリンの壁が崩壊（一九八九）する二年前に始まったこのプロジェクトは、西ベルリンの荒廃市街地の再生と中心部の活性化を、「住む場所」の復活として開発と再開発によって行おうとするものであった。そして、このテーマを進める具体的な手法として選ばれたのは、街区を単位とする中庭型ハウジングであった。その意味でいえば、幕張プロジェクトの「住まいで都市をつくる」というコンセプトの先駆的な事例といってもよい（図2・71）。

一九二〇年代から長い間、近代ハウジングとして孤島性の強いジードルングが続いてきたドイツにおいて、伝統的なブロック・ハウジングが再び復活した意義は大きい。そしてわが国においても、幕張ベイタウンが「住まいで都市をつくる」ことをテーマとして同じく街区を単位とする中庭型ハウジングを戦略として選んだ意味は何か。両者の根底には明らかに共通するものがある。それは、近代ハウジングの教条的な機能主義・均分主義の地平に見えた「人間疎外」の風景の払拭である（写真2・21、2・22）。

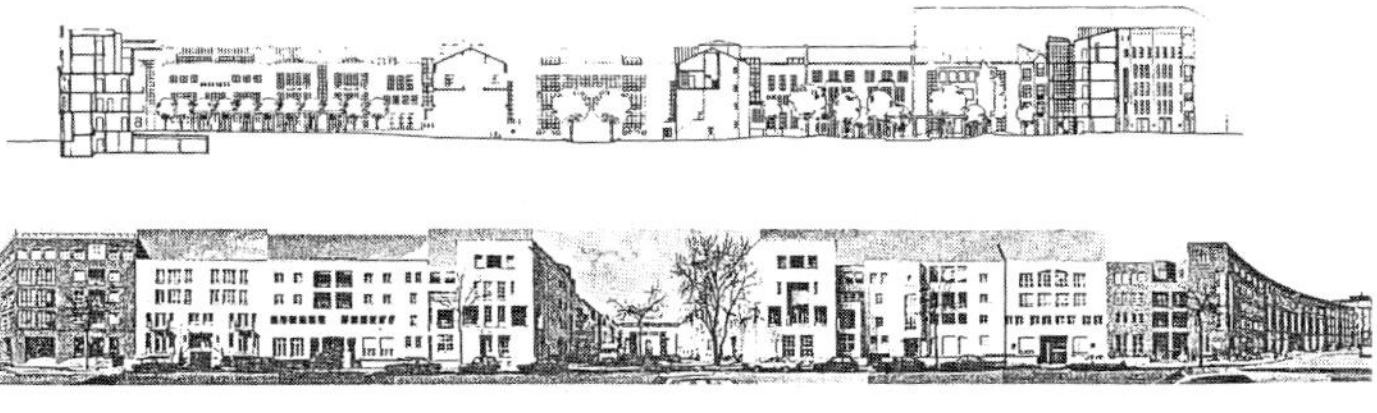

図2・71　IBAベルリン国際建築展で実現した中庭型ハウジングの街並み風景（一九八七）

写真2・22　幕張ベイタウン（千葉県企業庁提供）

写真2・21　幕張ベイタウン街区風景

モダニズム批判か? ミニ・ハウジング

わが国の近代ハウジングが、公的住宅供給機関の団地主義に代表されるものであったとすれば、それからの離脱を図って、幕張ベイタウンだけでなく既成市街地内の個別街区においても、新しい中庭囲み型のハウジングが見られるようになった。その端緒を開いたのは、一九九一年に山本理顕の設計した熊本県営保田窪団地である（図2・72）。名称が団地になっているが、本来の団地の概念が集団住宅地（ジードルング）であるとすれば、厳密にいうとこの計画の場合は「保田窪街区住宅」とすべきであっただろう。

このハウジングの特質は、住戸平面の工夫にあるだけでなく、敷地の三辺を沿道型の住棟で囲み、中央に「広場」をもつことである。その広場という名称からはパブリックなものをイメージするが、そこへのアクセスは各住戸からのものに限られていて、明らかに居住者専用の空間としてつくられている。近代都市の教義からすれば、外部空間はすべてパブリックなもので、それは街路からのセットバックによって建物周辺に生まれるものであった。結果は一見デモクラティックに見えても、建築との関係が希薄で帰属性の乏しい外部空間に終ることが多い。建築家山本はそれを見事に反転した。外部空間の真の意味を問うたものと思われる。このプロジェクトには、近代建築批判が含まれている。いいかえれば、意味不明なパブリックな領域の、明確な「共領域《コモン》」への「反転」である。保田窪プロジェクトは、普通の集合住宅の配置に見えるが、これまでの「公」領域に対する批判と正統な「共」領域の復活の意味が含まれている。

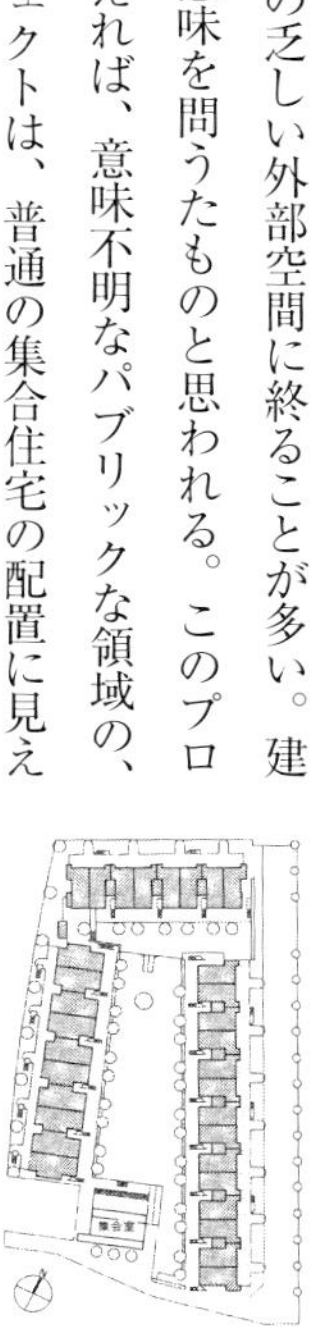

図2・72　熊本県営保田窪団地、山本理顕設計

一九九四年にできた元倉眞琴設計の熊本県営竜蛇平団地もまた、団地ではない。むしろ団地のイメージを払拭したユニークな中庭囲み型ハウジングである。敷地は一辺だけ都市街路に接する三角の変則的な形をしている。第一に敷地の読取りが優れており、それがすべてこのプロジェクトの本質につながっている。沿道性の明確な街路型の住棟が既成市街地との連続性を確かなものにして、背後の三角形の敷地には中庭を介してテラス・バックの住棟が配置されている。特徴的なのは、長くつづく街路型住棟の一階がピロティになっており、都市街路という公領域《パブリック・レルム》と中庭の共領域《コモン・レルム》とが視覚的にも空間的にも緩やかな関係にあることだ。これによって、すべての住戸へのアクセスが中庭を介して行われることを可能にしているだけでなく、違和感のないセミ・オープンな都市風景をつくりだしている（図2・73）。

山本のハウジングの場合は、すべての住戸へのアクセスは街路側にある。各住戸の都市との絆《ボンド》を個別化する伝統的街区型ハウジングの原則でもある。元倉のハウジングでは、都市街路に面して住棟があり、奥に中庭を介して別タイプのハウジングがかまえる。この土地利用も伝統的な都市建築の「表」と「奥」の文脈構成に忠実であり、アーバン・デザインの観点からも高く評価されてよい。

一九九二年に完成した茨城県営松代団地は大野秀敏の設計である。このハウジングは、形式としては中庭囲み型であるが、きわめて都市的な解決がなされており、基本的には街区型のアーバン・ハウジングである。三層の住棟がデッキを介して重層している。デッキを「上の道」と

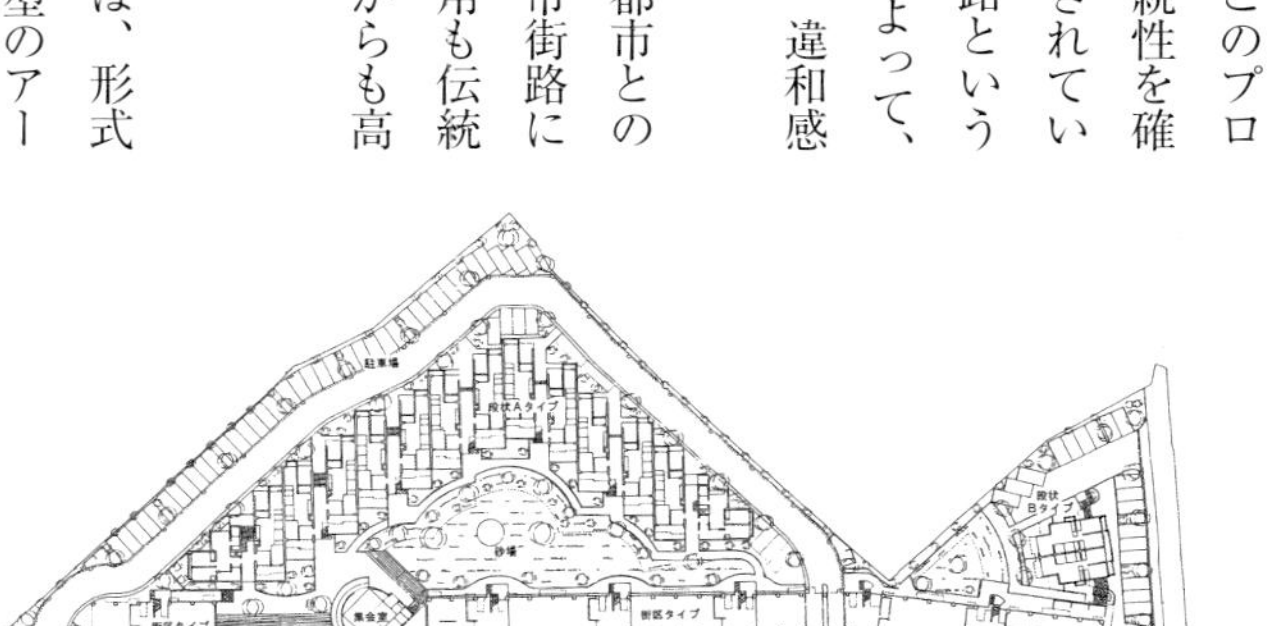

図2・73　熊本県営竜蛇平団地、元倉眞琴設計

「下の道」と呼ぶコンセプトからわかるように、このハウジングは、単に住戸が重層してできた中高層の集合住宅ではない。「低層の街」を重ねるというコンセプトが基本にあって、「下の街」と上の「街」」を街区型ハウジングとしてつくりあげていることが、このプロジェクトの本質である（図2・74）。

かつてミヒール・ブリンクマン（Michiel Brinkman 一八七三〜一九二五）が、一九二〇年にロッテルダムの市街地にスパンゲン・クオーター（spangen quarter）を建てた。「空中廊下」というデッキを介してダブルメゾネットの構成をハウジングに取り入れた。近代ハウジングの歴史に一つのメルクマールを残したが、大野のハウジングもそのよき伝統の中にある。ブリンクマンは、スーパーブロックをコルビュジエのイムーブル・ヴィラのように公園として扱うのではなく、住棟自体で分節する手法をとった。街路側は周辺のハウジングと変わりない抑制の利いた控えめなファサードであるが、街区内部は別の街に出合うような関係がつくりだされている。スパンゲン・クオーターは一つのスーパーブロックの外周部の住棟と中央部の拡張部《インターナル・エクステンション》が、都市に対して二つの役割を果たしているとすれば、大野のプロジェクトは積み重ねられた二つの集住の「街」が、中央に一つのコモンを共有するという意味において新しいタイプである。

幕張ベイタウンにおいて、「住まいで都市をつくる」という都市本来の原点に戻って、伝統的な格子状グリッドを基本とする街区中庭型ハウジングをつくり続けてきた。また、同時代性を示すものとして、ドイツのベルリン国際建築展においては、「住まいの場所としてのインナー・

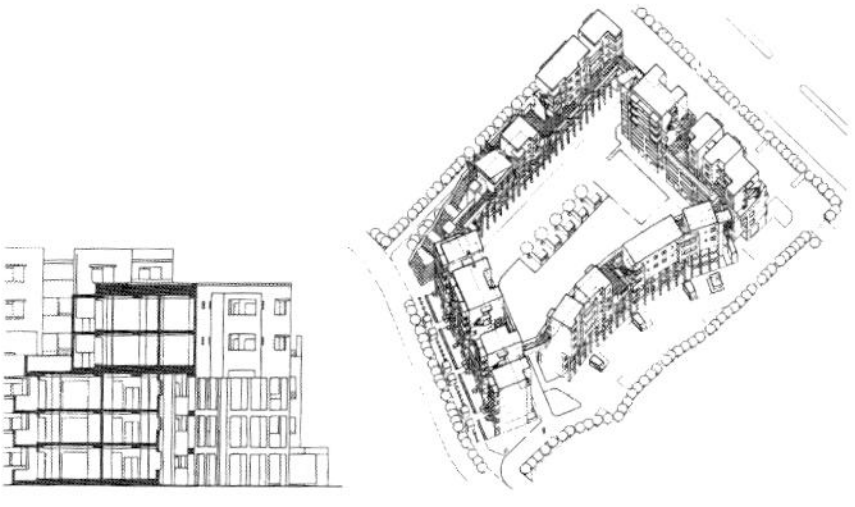

図2・74　茨城県営松代団地、大野秀敏設計

シティ」をテーマに都市再開発を推進してきた。両者に共通することは、もはやモダニズムの「独立した単体建築」としての高層建築ではなく、伝統的な街区中庭型の中層ハウジングの選択であった。そして最後に、小規模ではあるがわが国の新しいパブリック・ハウジングとしてとりあげた三つの例においては、団地の呼び名が残っているものの、明らかに「団地主義」からの離脱が意図され、ハウジングをアーバン・デザインの観点からとらえ直す設計思想の芽生えが見られる。このことは、共通して伝統的なコモンを内包する「都市建築としてのハウジング」が着実に復活していることを示したものである。

コラージュ・タウンとハウジング

都市居住とアーバニズムの諸相を追って、最後に触れておかなければならないものに、二〇世紀の後半に生まれた小さなコラージュ・タウン（Collage Town）と、そのハウジングがある。南フランスのローヌ川の近くに、バニョール・シュル・セズ（Bagnols-sur-Ceze）という小都市がある。それは帝政ローマ時代に、リヨンとニームを結ぶ軍事戦略上の要衝として形づくられたのが始まりといわれる。一三世紀には、地域交易の中心地となり城郭を備える中世都市となった。今日もなお、その形態をとどめたままローヌ川流域の農政をつかさどる中心都市である。周辺にはオリーブ園や葡萄園の広がる長閑かな風景が見られ、隠れた南仏の観光地としても知られる。

一九五二年、原子力開発の先進国であったフランスは、このバニョールの近郊にマルクール原子力開発地区を定め、核エネルギー施設並びに関連施設の建設を決めた。現在では初期につくられたプラントの多くが、寿命とともに稼働停止となって廃止措置《デコミッショニング》がとられているが、半世紀前の一九五六年に第一号発電用原子炉の建設が始まり、引き続き施設の整備拡張が進められてきた。それに伴い、地区で働く公務員、技術者、関連企業従業員らの家族を含む大勢の新規移住者を受け入れる新市街地《ニュー・クウォーター》の計画が本格化し、この中世都市バニョール・シュル・セズに隣接するかたちでつくられることになった。

中世の面影を色濃く残す歴史都市と、突如必要となったコロニーのようなニュータウンをどのように併置させるのか、あるいは組み合わせるのか、当時としては伝統とモダニズムの「衝突」か「和合」かという意味において、この話題のプロジェクトに人々の関心が集まった（図2・75、写真2・23）。

そのような背景の中で、当時パリでパートナーシップを組む三人の建築家グループ、キャンディリス／ジョジック／ウッズ（Candilis/Josic/Woods）が全体計画とハウジング計画を行うことになった。彼らは互いに国籍を異にするが、コルビュジエやグロピュウスが近代建築の第一世代であるとすれば、第二世代にあたる建築家たちであった。三人はCIAMのメンバーであったが、アテネ憲章以来の硬直した機能主義には批判的であり、むしろそれに代わる新しい

図2・75　コラージュ・タウンとなったバニョール・シュル・セズ全体図
写真2・23　ニュータウンから中世都市バニョール・シュル・セズを見る

考え方として、人間社会の柔軟な「交流《アソシエーション》」から生まれるコミュニティの多様性を主張するようになった。やがて同世代のオランダのバケマ（Jacob B. Bakema 一九一四～八一）、アルド・ヴァン・アイク、イギリスのアリソン&ピーター・スミッソン（Alison & Peter Smithon 一九二八～九三、一九二三～二〇〇三）、イタリアのジャンカルロ・デ・カルロ（Giancarlo De Carlo）らとともにチームX《テン》（TeamX）をつくった。

中でもスミッソン夫妻は、アーバニズムの基本概念として、アソシエーション（Association）、アイデンティティ（Identity）、クラスター（Cluster）、モビリティ（Mobility）を挙げて、グループの主張を明らかにした。この一連の動きは、一九五九年のオッテルロー（Otterlo）会議を最後に、CIAMの組織解体の引き金ともなった身内の分離でもあった。奇しくも翌年の六〇年に、このバニョール・シュル・セズの地でチームXの正式な最初の会議が開かれたのである。

バニョール・シュル・セズのニュータウン計画は、相応の公的資本と民間資本の投ぜられた国家プロジェクトであった。想定された移住人口に対応する二〇〇〇戸のハウジングの供給のほか、旧都市《オールド・シティ》と新都市《ニュータウン》の双方を視野に入れた学校教育施設の再編、文化・商業・スポーツ施設の新設、新たな医療施設のネットワーク化などがプログラムとして用意されたことは当然であった。

計画にあたったキャンディリスたちは、ニュータウンが共存という名の隔離に終るのではなく、都市社会の融合《インテグレーション》を最大の計画目標とした。特に人の交流による新しいコミュニティのあり方がこの計画の成否を決める鍵であることを認識していた。ニュータウンによるオールドタウンの都市機能の補完、インフラの整備といった投資効果だけではなく、用意されるハウジングがオールドタウンの住民にも開放され、それによって今までにはなかった新しいソシアル・ミックスが実現されることも重要なテーマであった。背景には、都市居住とアーバニズムに関わるチームXの新しい考え方があり、このような観点からハウジングをとらえることは以前にはほとんどなかったといってよい。

キャンディリスは、違いの避けられない二つの都市を一つの連続体として形づくるデザイン戦略として、最初に新旧をつなぐリエゾン（liaison）機能が何であるかを決めることから始めた。この発想自体、住宅供給を主目的とするこれまでのジードルングの計画では見ることのないものであった。実際にはオールドタウンの城壁の一部を開放するかたちで二つの街の出会う接合点《ジャンクション》と定め、旧市街の由緒ある市場（Mallet Place）とは別の新しい型のショッピングセンターを計画した。特にオープンエアーのマーケットは新旧いずれを問わず文字どおり人々の「邂逅の広場」であり、そこで人々は互いにエトランジェ（異邦人）となりうるのであった。

新住民の住むハウジングは、ニュータウンの中心に配置された文化センターとスポーツセンターを囲むように周縁に配置されている（図2・76）。それはちょうどオールドタウンを囲む中世の城壁のメタファーと考えられないこともない。このことは二つ目のデザイン戦略に深く関係している。

図2・76　ハウジングがニュータウンの堡塁のように外周を囲んでいる

それは、中世都市と二〇世紀後半に突如として生まれた現代都市の二つが、時空を超えて「わが街」であると感ぜられるためのイメージ戦略に関することであった。その鍵要素《キー・エレメント》として「塔」と「高層住棟」の高さに着目した（図2・77）。ニュータウンからは、つねにオールドタウンのシンボルであるローマ時代の物見塔と二つの中世ゴシックの教会が見え、人は歴史を身近な日常の風景として眺めていることに気づく。一方、オールドタウンからは、ニュータウンの全体は見えなくとも周縁に建つ高層のハウジングのスカイラインを眺め、実はパリやマルセイユの都会人がすぐ近くに住む隣人であることを知る。

両者は、つねに見るものが見られるという相互観察者（mutual-spectator）の関係にある。人は異文化や異なる社会を身近にすると、これまでの常識を疑ってみなければならない場面に遭遇することがある。それは自己の再発見と他者の再認識ということであり、それによって新しいコミュニティが生まれる。

三番目の戦略は、オールドタウンの目立たない環境資産をニュータウンのアーバン・デザインにつなげることであった。かつての城壁跡に生まれたブールバールをニュータウンに向かうプロムナードにする。一方、オールドタウンに向かうひと筋の緑地をニュータウンの公園にする。オープンエアーのアンフィシアター（野外円形演技場）をローヌ川流域のパノラマ・ビューのスポットにする。そのほか由緒ある廃墟、特色ある古民家聚落といった歴史遺産を、ニュータウンの景観要素として取り込むなど、演出されたアーバン・デザインが見てとれる。

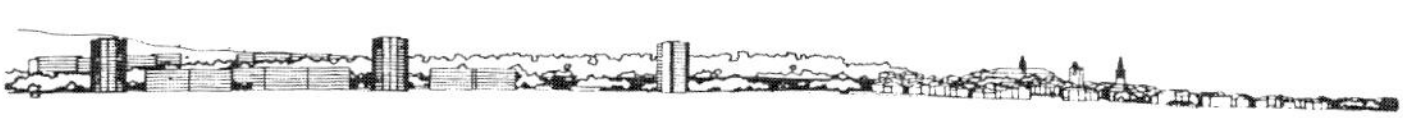

図2・77　現在のバニョール・シュル・セズを代表する新旧二つのタウンのスカイライン

キャンディリスは、チームXのメンバーの一人として機能主義批判の立場にたっていたが、いわゆるアテネ憲章の居住、生産（労働）、消費、余暇に対応する明確な空間配分と自動車主体の移動という概念においては、このバニョール・シュル・セズの計画を見る限り、必ずしもそこからの脱却には至っていない。

一方、ニュータウンの主体であるハウジングそのものについていえば、努めて形態の等質性を避け、分節によるスケール感に配慮しつつ、高層、中層、低層の住棟の組合せによるクラスターを構成し、同時に「場所性」をつくりだすことにおいて、同時代のバケマの計画した反復性の強いハウジング（図2・78）とは違ってオーガニックである。にもかかわらず、全体として開放系のジードルングの印象を払拭しえないのはなぜなのか。それは建築においてその均質性を避けることができたとしても、その周辺のオープンスペースの均質性から生まれる外部空間の匿名性と抽象性に、依然として「人間疎外」の風景を残しているからであろう（写真2・24）。

できあがった都市は、たしかにこれまでの第一世代のモダニストの推し進めた孤島性の強いジードルングとは異なる。従来の計画論に加えて、都市社会学《アーバン・ソシオロジー》、都市生態学《アーバン・エコロジー》という新しい分野の知見を交えたアーバン・デザインの戦略が組み立てられている。さらにモダニズムが見落としてきたコミュニティ・ミックスやアメニティといった「都市の豊かさ」や「質」に関わる要素への配慮が見られる。

時間をかけてつくられたオーガニックな中世の歴史都市と、短期間に計画され即時に建設された二〇世紀の現代都市との偶発的な衝突が、それぞれ形質を残したまま一つの対立的共存関

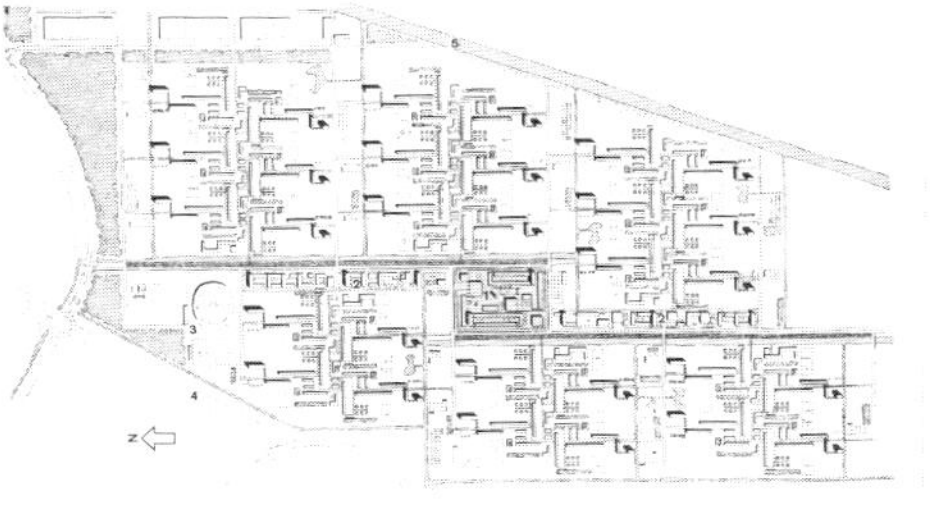

図2・78　バケマによるケネルマーランド（Kennemerland）住宅地計画

係をつくり出している。

いいかえれば、資産としての「過去」と可能性としての「未来」が、形態としてともにアイデンティティを失うことなく「場」を共有することが、コラージュ・シティ（Collage City）といえるのであれば、バニョール・シュル・セズは、その先駆けといえるものであった。

伝統都市と近代都市との相克は、一九世紀末から二〇世紀初頭にかけて始まった。産業革命の進行とともに明らかになった伝統都市の構造的な矛盾は、人間の居住の問題、特に都市居住を中心に露呈したことは歴史が証明するものであった。近代の自由平等主義がもたらした初期資本主義の成長は、都市住居の蓄積を生む一方で人間の住まいが投機の対象となり、都市の病巣をつくり出した。都市・建築に関わるモダニストたちは危機感とともに新たな都市居住の行方を探した。

このようにして伝統都市を救うために生まれた近代ハウジングは、歴史的必然としてソシアリズムの側面をもち、同時にその論理は、徹底した合理主義と効率主義に支えられた。近代建築によるアーバニズムの行動様式はCIAMのアテネ憲章に盛り込まれ、その象徴としてコルビュジエの「輝ける都市」が生まれた。その後、ヨーロッパを中心とする近代ハウジングの展開は、閉鎖システムから開放システムへと「反転」し、既成都市との関係性を断つ孤島性の強いものになるだけでなく、最終的には「住むための聚落マシン」の様相を帯び、「人間疎外」の危険をはらむこととなった。

写真2・24　モダニズム・ジードルングの面影を残すニュータウン

これまで見てきたように、伝統都市の住まいの危機を乗り越えるための近代ハウジングは、ほぼその量的目標をとげ居住水準を高めることができたとしても、成果の隙間から新たな問題が現れた。その解決のために、今再び「住まいで都市をつくる」ことの原点に立ち返って、「都市建築としてのハウジング」の復活が必要となっている。

第3章　都市の余白とその諸相

「余白」とは

「［urbs《ウルブス》］そして［polis《ポリス》］の明確な定義は、本当のところ大砲のコミカルな定義とよく似ている。まず孔のあるものを手にして、その周りを鉄線でしっかりと巻き付ける。そうするとそれが大砲になるのだ。ポリス（polis 古代ギリシャの都市国家）は、何もない空間《エンプティ・スペース》から始まった。すなわち、フォーラムあるいはアゴラから始まったのである。他のすべての場所は、その何もない空間を固定しその外郭《アウトライン》を決めるために存在している。都市は、まず一義的にいうと、人の住む居住空間が単に集合したものではなくて、市民の集まる場所として存在し、公的な機能のために保たれた空間である。都市は、自然から身を守り子孫を残すために必要とされる住まい《ドムス》、――これらは人間個人のそして家族の関心事であって――、そのようなものとは違って公共のこと《パブリック・アフェアー》を議論するためにつくられるものである。このことは、今までにはない新しい空間の発明にほかならないと同時に、アインシュタイン（Alberd Einstein 一八七九～一九五五）の空間以上の空間をつくりだすことを意味している……。

……人間は自然の原っぱ《ゲオ・ボタニックフィールド》の一部分を壁によって、それまで曖昧で境界のなかった空間を明確に囲むことで有限の空間とした。ここで人間は公《パブリック》の場所を手に入れたのである。それは、家のようなものではない。フィールドの中にある「洞穴」のようにただ覆われた内部《インテリア》とも違う。壁の存在で四角に囲われた場所は、田園《カントリーサイド》の一画となって、それ以外のものには背を向けるように、あるいは排除するように対抗するかたちをとる。この境界のないフィールドから決別し、謀反の姿勢をとって確定した場所は、これまでにない最も新種の空間であり、人間が植物や動物と共存していた世界から自由になった瞬間である。それは、純粋に人間中心の公民の空間《シヴィル・スペース》の獲得を意味する」（ホセ・オルテガ・イ・ガセット［Jose Ortega y Gasset 一八八三〜一九五五］＊1 "The Revolt of the Masses"）

これは、哲学者オルテガ・イ・ガセットが、人はいかに「場」を獲得し、その意味するものは何かについて語った一文である。明らかに西洋的な認識であるが、一方において、これから述べる「余白」を考えるうえで大変深い意味をもつ。彼のいう公民の空間は、結果として崇高な「余白」ではないかと思う。

日常思い起こす「余白」とは、「紙面の余白《マージン》に書き込みをする」という偶発的なことを通して、その余白の存在を理解することがある。この何気ない余白の体験とは別に、人が白紙に物を描くとき、「余白」をどのように残すかという意識の中で、描いたものと同等の意味を込めることがある。逆にいえば、余白のために描くということであろうか。もちろん、余白をいっさい残さないという逆もあるが、この余白の認識は物と物との「合間」に、あるいは音と音との間の「静寂《しじま》」に、独自の深い意味を見つけようとする日本人の美意識と無関係ではない。これは二つの関係を純粋に「空白《ブランク》」と「無音《サイレンス》」と認識する絶対的なとらえ方と大きく違う。

このことは、都市を俯瞰した都市図の西洋と日本の描き方の違いでもわかる。たとえば、ミシェル＝エティエンヌ・チュルゴー（Michel-Etienne Turgot）の描く一八世紀のパリの都市

＊1　スペインの哲学者・文筆家。有名な著書に『大衆の反逆』がある。

図（図3・1）は、画面の端から端まで一分の隙間もなく街が実体どおり建物の連続として描かれているのに対して、一七世紀の京都洛中洛外の図（図3・2）は、街の賑わいまで描かれているにもかかわらず、際立って示されている主要な公家や武士の家屋敷の周りは雲や霞に被われる「雲煙の技法」によって隠されている。見る者の知恵と想像力によって補うしかない。しかし、逆に読取りの楽しさを生むのは、明らかにこの不明の「余白」にある。

この都市図の描き方でもわかるように、西洋の都市は建築がどこまでも連担して全体ができあがっている。その意味では、建築は都市を前提とした構築物であって、建物以外が街路であり広場として存在する。このように西洋の都市は、第一章で述べた「地」と「図」に基づく「アーバン・ポシェ」という概念でとらえることができる。それに対してわが国の都市は、平安京の条坊制（図3・3）のように、はじめに敷地が存在し、そこに自立する建築単体の集合として成立する。

わが国の古くからある「屋敷」という言葉は、家屋を意味するものではなく、あくまでも敷地を指す。したがって、「家屋敷」と呼ばれたときにはじめて一つの環境単位を意味する。見方を変えれば、家はあってもはっきりと描かれていない部分は建物に対する「余白」と考えられないこともない。このことが二つの都市図の違いに深く関係している。この基本形態は、今日のわが国の現代都市においても変わることがない。連綿と広がる分割された「敷地」と、「限りない思い思いの家屋の集合」という風景として残っている。

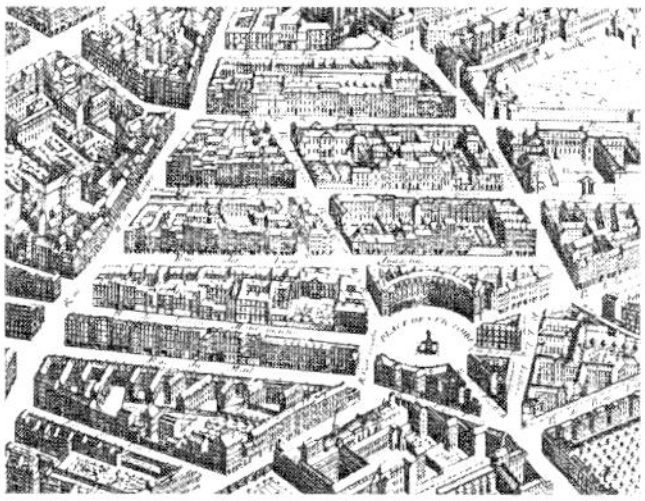
図3・1　チュルゴーの一八世紀パリの都市図

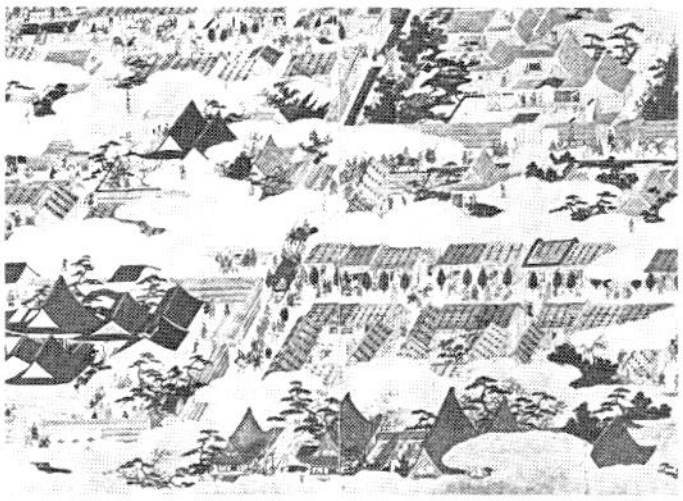
図3・2　一七世紀京都、洛中洛外の都市図

余白の「余」は、「あまる」「あます」の意味があり、「白」は何もない無を意味する。二つの結語を字義どおり解釈すれば、「余白」とは「無をあます」「無をつくる」となる。今「余白」を日本人の美意識や文化との関わりを離れて図像学的にとらえると、「余白」はどこまでも「余白」であって、「地」と「図」のようにものの相互反転として認識されるものとは違う。「空白（blank）」や「空き（vacancy）」という語には、その逆の言葉として「充足（fill-up）」や「占居（occupancy）」が思い浮かぶが、余白にはその反対語《アントニム》がない。いいかえれば、「余白」には対立概念がない。また、「余白」は前述の日本人の「間《ま》」の概念とも厳密には同義ではない。むしろ「場」や「場所」の概念に関わるものとして扱うほうが考えやすい。そしてすでに論じた建築・都市を読み解く「アーバン・ポシェ」は、どこまでも「地」と「図」を基本とする実体概念であるのに対して、「余白」は地でもなければ図でもない。空間と時間の二つに関わる状況概念としてとらえられる位相空間である。

中世ヨーロッパで行われていたという三圃式農業《スリー・フィールド・システム》は、冬穀・夏穀・放牧地のローテーションによって耕作する循環的な農法であったとされ、必ず「余白」となる休耕地が存在していた。休閑期を設けて生産力の回復を図る混合農業の一つであったが、この場合の「余白」地は、一つの循環の中に存在するもので、まさに今日の持続可能性《サステナビリティ》の思想に通ずるものがある。

わが国の古来より続けられてきた伊勢の「式年遷宮」は、二〇年ごとにまったく同一同形の「社殿」がつくりかえられる伝統的な行事として知られているが、そのために瑞垣《みずがき》に囲まれた同形の敷地が隣り合わせに二つあって、つねにどちらかが「余白」として存在する。したがっ

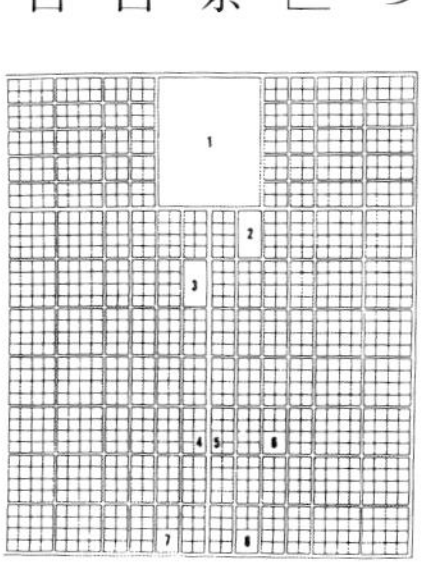

図3・3　日本の条坊制（古代の都城の土地区画）

て、遷宮年のときだけは「古殿」と「新殿」が同時に併存し、二〇年に一度しか見ることのできない光景となる（写真3・1）。

　式年遷宮の定期的な造替えについては、神が「常若《ことわか》を保ち、「弥栄《いやさか》」を目指すため」とされ、神宮が生まれ変わり古代をよみがえらせる「再生の祭事」と理解されている。しかし一方では、二〇年ごととはいえ大量のヒノキ材を使うことで、明治の頃から「神様の浪費」ではないかという批判があったといわれている。

　式年遷宮の意味は、伝統に則った建物の建替えの儀式に終るだけのものではない。古来より「社殿」に伝わる木造建築の技術そのものの保存と継承のために、長くも短くもない二〇年を適正周期として造り替えるという「新営」の工事である。見方を変えれば、ハードウエアーとして「神の家の更新」とソフトウエアーとしての「技の伝承」の共時的なイベントである。また、そのために必要な木材については、二〇年前に伐採量とともに伐採地も指定される。「森は木を切って守る」のが林業の鉄則であり、そのことによって日本は世界に誇れる森林国であり続けた。式年遷宮は、人間が「森の復元力」を信じ「社《やしろ》」の更新を儀式として飛鳥の太古から続けてきた国家プロジェクトであるとすれば、それこそこれは持続可能性の象徴ともいえる。その一連のサイクルの中で、「待機」し続ける空地ほどシンボリックな「余白」はほかにない（図3・4）。

　かつて東京のような都会には必ず「原っぱ」があった。その場所が誰のものであるかわからなくとも、子供たちにとっては神社や寺の境内と同じように遊びに熱中できる不思議な空間で

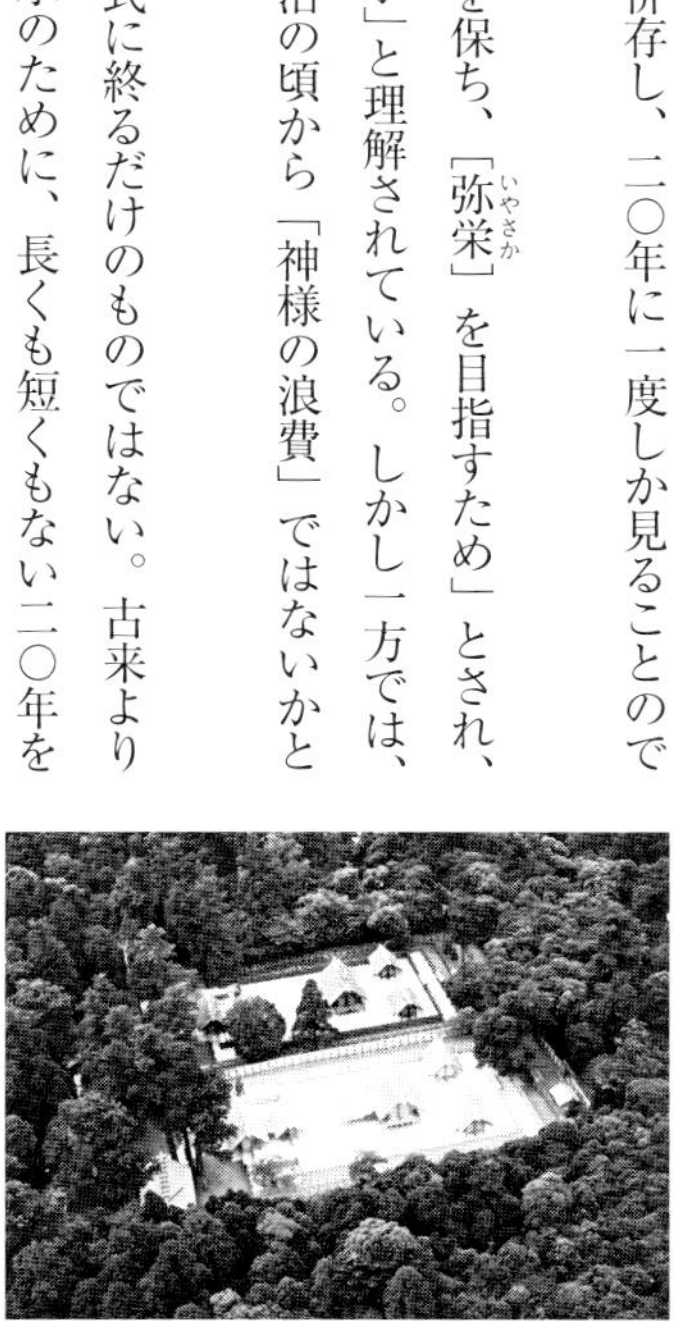

写真3・1　伊勢神宮（朝日新聞社撮影）

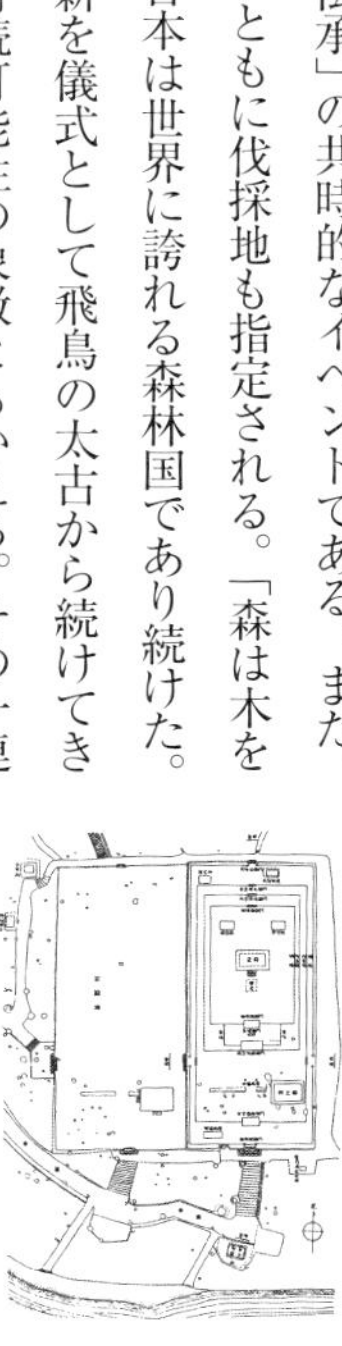

図3・4　伊勢神宮の平面図

あった。この没我的共同性に満ちた場所こそ、子供の人格形成に深く関わる都会の大切な「余白」であったのかもしれない。

かつて文学者の奥野健男が、『文学における原風景』と題して「原っぱ」と「洞窟」をとりあげたことがあった。およそ三〇年近く前に出されたこの著作は、純然たる評論的見地からの文学論であったが、当時の建築家の心を揺さぶるのに十分な都市環境論でもあった。人には、幼年期に焼き付けられた原風景が必ず存在する。都会育ちの奥野にとって、それは東京山の手の「原っぱ」であり、自分の故郷の断片であるという。

そして、「原っぱ」は、都市の中の単なる空地ではなく、昔からの禁忌空間、あるいは禁忌空間の跡ではなかったか」と語る。したがって、読み人知らずの古歌に深い意味を見出すのと同じように、「原っぱ」は人の記憶を埋蔵した都市の「余白」である。「地」と「図」のような関係のものではない。不思議な風景を漂わせるのが「余白」である。冒頭のオルテガ・イ・ガセットの語る「人間は自然の原っぱの一部分を切り取って有限の空間」にしたのに対して「連綿たる都会の一部が間引かれた空間」が「原っぱ」となったのかもしれない。

「原っぱ」が、奥野の追想の中にある東京の「余白」の風景の一つであるとすれば、山の手の「坂道」と下町の「橋」もまた、江戸東京の都市風景を語るうえで忘れてならない要素である。江戸の昔から街路には名前がなくとも、台地の微地形に刻まれる坂道と、下町の縦横に走る濠や水路にかかる橋には必ず名前がついていた。江戸時代の駕篭かきは、そのすべての名前を知っていたという。それほど坂と橋は場所の結節点であり、道しるべとして重要であったと考えられる。その結節点ということでいえば、特に橋には、「橋詰」といって橋のたもとに残された「余白」空間がある。人を待つのも人と別れるのも橋のたもとであり、高札が立ち人が足を止めるのも、荷揚げするのもこの橋詰であり、時代小説によく登場する場所である。これは橋をつくる技術が未熟な時代に自然に生まれた「余り地」と説明されたり、橋の付替えに必要な「脇地」といわれたりするが、橋の一部でありながら通行には使われないことが、「余白」としての橋詰の本質である。都市の余白とは、人知れず存在するものである。

いくつか余白の諸相を垣間見た。伝統的な混合農法における休閑地は「循環する余白」であり、古来より伝わる式年遷宮に必要な土地は「待機する余白」であり、今は姿を消した都会の原っぱは「秘匿の余白」である。江戸東京の名残をとどめる橋のたもとの橋詰めは、人知れず都市に残る「町の余白」である。いずれの「余白」も、それぞれ「場所の永続性」を表象するとともに、不思議な風景となって残っている。

人間の聚落《ハビテーション》（habitation）は、自然の土地を生産地（農地）に変え、共同性を生活の基盤とすることから始まった。ここに「集まって住む」ことの始原がある。同時に、人はその場所との絆を印すために、土地の守護神（genius loci）を祀る鎮守の「森」や、ある種の「聖域」を共同体成立の証として形づくった。また共同体維持のため、入会権をもつ共有地（あるいは総有地）をつくることによって連帯性を担保する仕組みを考えだした。そこにコモン（common）が生まれた。農業社会から近代産業社会に移行したのちも、このコモンは形態を変えて継承されている。たとえばヨーロッパの都市に見られるスクエアー（square、庭園広場）、クワドラングル（quadrangle）のような緑地系空間は、ちょうど碇泊する船舶が最初に投錨のポイントを定めるのと同じように、それを核として住宅地が形成されることがあった。いずれも一種の空地であるが、人間の聚落形成の基本に共同性の確保と維持のための社会的なシステムとして、先行するコモンという「余白」を必要としていたことは間違いない（図3・5、3・6）。

そして今、人口減少時代に向かう中、都市の低密度化とそれによる活力の低下が問題となる。対する持続可能な都市のあり方として、コンパクトシティが選択肢の一つとして挙げられる。しかし、都市機能の集約や土地の高度利用が、持続可能性つまりサステナビリティを担保することと必ずしも同義ではない。むしろその前提として、いかに都市に次世代型の「余白」を創出するかが、今後の都市の有効性と質に深く関わると考えられる。今人口減少に向かう中、「持続性のある都市居住」とそのアーバニズムを考えるとき、かつてのコモンに相当する現代都市の「余白」とは、どのように生成されるのかを考える必要がある。また同時に、ここでいう「余白」は、必ずしも絶対的な空間概念ではない。

「余白」がコミュニティの安定と持続の機能をもつためには、時間による変質と変化を許容するものでなければならない。それは、歴史とともに付加価値を増す共生資産として、二一世紀型の環境維持に必要なスタビライザー（stabilizer）でもある。伝統的な「コモン」が計画に先行するものであるとすれば、成熟に向かうこれからの時代の都市・建築を考えるうえでは、

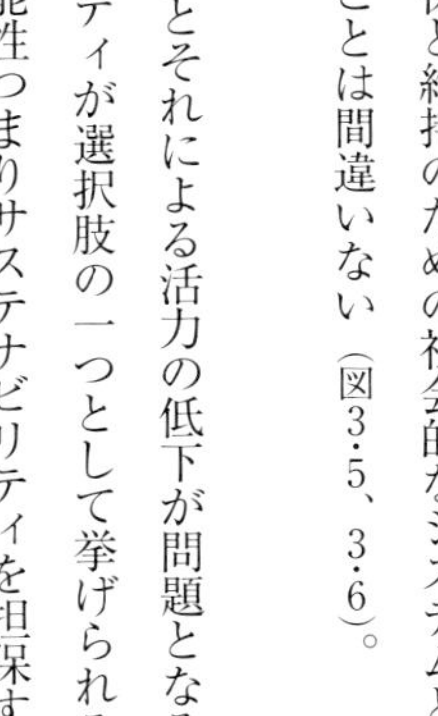

図3・5　イギリス農村聚落におけるコモン

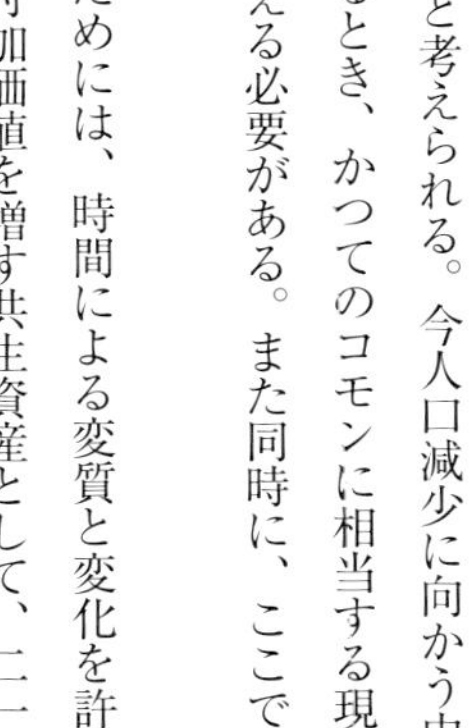

図3・6　コモンとしてつくられた住宅地のスクエアー（出典：Leonardo Benevolo "The Origin of modern town planning"）

「余白」とは私領域《プライベート・レルム》か公領域《パブリック・レルム》のどちらかに属するというものではなく、むしろ前者から生まれて後者に移行するものととらえる必要がある。

人口減少社会と「余白」

「世界人口デー」は、世界の人口が五〇億人を超えた一九八七年に国連人口基金により制定されたという。制定の理由は、人口問題はもはや国家単位の問題ではなく、地球規模でとらえなくてはならないという問題の緊急性のアピールであった。国連の推計によると 二〇〇七年の六六億七〇〇〇万人の人口が二〇五〇年には九〇億人を超えるとされる。一方わが国の人口は、二〇〇七年において一億二八〇〇万人であったものが、二〇五〇年には九五〇〇万人に減少することが推計値として出されている。明らかに世界の人口動態とは逆に、、人口減少の推移をたどる先進国の一つであることは間違いない。人口減少時代を迎えるわが国において、現実の問題として都市のアーバニズムにはどのような形態の変化が起きるのか、近年議論が活発である。

『成熟のための都市再生—人口減少時代の街づくり』(二〇〇三)を著した都市プランナーの蓑原敬は、「変わる計画の尺度」の大前提として、冒頭次のように述べている。

「人口減少時代には都市は成長を止める。都市への人口集中、市街地の拡大、経済規模の拡大、その区域からの輸出の拡大などを指標として、都市の発展の段階を規定し、それを都市の成長の時代と呼べば、一九五〇年代から始まって、一九九〇年代に終る日本の高度経済成長期は都市の成長期であったといえる。しかし、一九九〇年代から始まる経済の停滞期を経て、二一世紀の初頭には総人口のピークを迎え、年齢構造の高齢化、ライフスタイルの変化等によって日本の都市は大きく変わる。この変容の開始時期を何時と考えるかは、もう少し時間がたって歴史的なパースペクティブの中で見定めることになろうが、二〇〇三年の現在、私たちは明らかに都市の成長時代は終り、すでに成熟時代に入っていることを実感し始めている」

　つまり、人口が増加する時代には、どの地域でも人口増と経済成長を前提として都市はつねに成長し拡大すると考えられ、技術革新とともに「開発」という概念がすべてを支配していたが、その時代はすでに終ったことを指摘する。しかし同時に、人口減少は都市の成長を止める大きな要因であることに違いないが、けっして停滞社会を意味するのではなく、むしろ成長に代わる新しい尺度、つまり新しい公共概念が生まれ、社会の変質とともに成熟時代に向かうことを論じたものである。

　人口減少の問題を具体的に考えれば、それはただちに都市における土地利用の変動を通して、密度と空間形態に大きな変化が起きることが予想される。この密度論の観点から、「低層・コンパクトな都市像を探る（都市計画２５５）」と題して都市デザイナーの長島孝一が明解な分析を行っている。

　それによると、「今世紀の中葉に日本の人口が半分になるとすれば、多くの都市で市街地の人口密度は半分に薄まる可能性があり、現在の人口密度のままだと市街化区域の面積は現在の半分の三％（総面積に対する比率）で足りることになる」としたうえで、今後四〇〜五〇年のうちに日本の平均的都市には四つの選択があるとしている。

一．市街地の個々の宅地規模が倍の大きさになっていく。これはある意味好ましいことであろう。人口密度は半分になる。

二．市街地の面積も宅地規模も変わらないで、市街地の中に大量・無数の管理されない空地・空家ができる。市街地の崩壊状態が徐々に出現するのを受け入れる。人口密度は半分になる。

三．空地・空家の多い市街地を環境や治安の面からも嫌って、現在と同程度の密度と宅地規模の市街地を維持するために、逆線引きをして市街地面積を半分にし、市街化調整地域を拡大して農地に戻していく。人口密度は現在と同程度。

四．この状況を積極的に受け止めて、市街地の住環境を改善する見地と、都市経営の効率化を図るため、市街地面積を大幅に減らす一方で、現在不足している緑地・公園を市街地に導入する。そのために市街地のグロスの人口密度は現在と同じ程度としつつも、街区そのものの密度を上げる。

以上の選択は、人口が減少して人の住む居住地の形態がどのように変わるかを予測するとき、

「密度」「宅地規模」「市街地面積」の三つを変数として考え、そこから見えてくる土地利用と市街地の様態を示したものである。一.と二.は、積極的対策をとらない自然変容の様態であるのに対して、特に三.と四.は、「逆都市化」という今までとは逆の考え方にたった土地利用と、その結果の様態を予測したものである。当然、人口減によって土地の需要は下がり地価は下がる。したがって、社会全体の経済力が維持されれば宅地規模は大きくなる。しかし逆に経済力が弱まれば、税収の確保が難しくなって都市経営に影響を与えるだけでなく、農業の耕作放棄地のように居住放棄地の増加となって環境崩壊の状態になる。

前述の蓑原は、「都市再生の理念の拡張」の中で、逆都市化に関連する計画概念を「間戻《かんれい》」という新しいキーワードによって説明している。これは蓑原独自の語彙であるが、開発の概念の逆概念と理解すればよい。つまり「開く代わりに間引く、発生させる代わりに戻す」という意味である。長島が分析する逆線引きによって拡大する市街化調整地域の農地化や、一方で市街地の中で予見される「不良放棄地」の発生とその緑地化というカウンター・コンセプトは、この「間戻」の考え方と一致する。長島は、人口減による居住密度の低下が環境の崩壊状態を引き起こすことに対して、都市の活力を維持し「持続可能な都市のあり方として、コンパクトシティのコンセプトが生まれる」ことを明言する。それは、「住居を含め多様な機能をコンパクトに集積して、市街地の高度利用を図り、職住近接による交通問題の解決、環境改善、近郊緑地や農牧地の保全を可能にする」ことによって、「居住地の拡大で人口を拡散してきた従来の都市計画を見直す「逆都市化」の考え方でもある」としている。

「Fiber City 東京二〇五〇」を提案した大野秀敏も同様の観点から、「縮小する都市の課題」の冒頭に「二〇五〇年の東京が縮小を梃子として今以上に魅力的な都市に生まれ変わるために、東京の都市デザインが解決しなければならない課題の第一は郊外の形態であろう」と述べ、続いて「人口減少社会では二〇世紀都市文明の主舞台であった郊外住宅地に問題が集中的に発生する。拡散し自動車に依存する郊外住宅が環境問題と高齢社会に適さないことは世界的に共有された認識である。そのような背景からサステナブルな都市形態として最近関心を集めているのがコンパクトシティである」と同様に問題のありかを明確にする。

しかし同時に、大都市は、なによりも情報、消費、雇用、文化における多様な選択性に魅力があるとすれば、「コンパクトシティの環境性と大都市の魅力を同時に備えた都市、つまり一見矛盾する「コンパクトな大都市」があり得るかという問いに答えを見出すことを目標の一つにしなければならない」と主張する。このコンパクトシティの考え方については、「逆都市化」という概念や「都市を折り畳む」というとらえ方がその背景にある。つまり「開発と拡大」ではなく、「間戻と縮小」という都市のあり方に関する発想の「反転」である。

理論的に市街地面積を縮小し、その分を市街地調整面積に変換することは都市政策として考えられても、それが新たなコンパクト化という形を変えた都市開発であるとすれば、それは価値観の反転とはならず、また都市の質的転換にはならない。一方、これまで実体として発展拡大し続けてきた人間の居住地は、人口が減少したからといって、そのプロセスをフイルムの逆回しのように元に戻すことができないことも明らかである。

大野自身の言及する一見矛盾する「コンパクトな大都市」は、これまでには経験できなかった質の高い都市環境の実現を目指すものとして共感を覚えるが、実体として考えたとき、なかなかイメージしづらいものがある。コンパクトシティの本質は、空間の縮小や機能の集約と同時に、都市の質の転換にあるとすれば、人口減少の進む中で起こりうる都市状況とは、むしろ「余白」をいかに価値あるものとして認識するかにかかっている。その様態をイメージとして描き、逆説的でアナロジカルな理解の仕方はないだろうか。

人口減少といえば、かつて幕末維新によって、二五〇年続いた幕藩体制の終焉とともに、江戸では各藩の武士たちは国元に戻り、得意先を失った商人たちも去って急激に人口が少なくなった。江戸が東京に変わった一九世紀後半には、一〇〇万あった人口は六〇万に減り、町には各藩の上屋敷や下屋敷が放置されたままであったといわれる。このときの状況を建築史家の藤森照信は『明治の東京計画』の冒頭に次のように述べている。

「元佐賀藩士大木喬任が手渡されたのはそんな東京であった。新任の東京府知事のなした最初の都市政策が、都《みやこ》を田園にかえすことであったとしてもやむを得ないのかもしれない。明治二年（一八六九）八月二〇日、［桑茶政策］が開始される。布告にしたがい、山の手の主《あるじ》なき武家屋敷の贅《ぜい》をつくした書院は引き倒され、築山は崩されて池を埋め、二五〇年のあいだ剪定鋏《はさみ》の入った庭木は薪となり、都合一一〇万六七七〇坪の屋敷が畑にかえった」

この桑茶政策は殖産興業の一つであったとしても、人口減少による環境崩壊を防ぐために図られた宅地の農地への「間戻」と見ることもできる。中には先端をいって大規模な果樹園に変わった屋敷地もあったという。過去に屋敷であった場所に桑茶の緑がある状況は、「負け組」江戸の没落の姿ではなく、むしろ「終焉」を見事に受け入れた江戸から東京へ移行する都市風景と見ることができる。それはまぎれもなく、今までにはなかった都市の中の新たな桑茶畑という「余白」の出現である。桑茶政策は、わずかの期間実行されただけで以降取りやめとなったが、結果として明治初期の東京は、大量の管理されない放棄地による環境崩壊に陥ることなく、当時の地図を見ても「余白」に散りばめられた静かな大都市であったことが想像される（図3・7）。

経済成長の時代を経て成熟の時代に移りつつあるわが国は、二一世紀に入って人口減少と少子高齢化という新たな要因とともに、都市は「縮小の時代」という今までには体験しなかった局面を迎えている。人口減少と高齢化の進む地方都市に見られる居住放棄の「空家」、商店街の店を閉じた「空店舗」の増加、操業中止により撤退した工場跡地が地域社会の風景を変えつつある。それは地域経済の衰退と徐々に進行する環境衰微の予兆である。前述の大政奉還後の江戸東京のような劇的な人口減少ではないにしても、このような現象は一九九〇年代以前には予測しえなかったことであった。

振り返れば、過去の高度経済成長の時代に、産業構造の変化とともに都市部への人口流入によって市街地の拡大が始まった。既成市街地の整備よりも郊外開発を優先する政策がとられると同時に、モータリゼーションの進行によって特に地方都市の人々の生活行動が大きく変わっ

図3・7　明治政府の「桑茶政策」によって、江戸の大名屋敷の一部に桑や茶畑がつくられた状況を示す地図。明治一六年東京赤坂区氷川神社周辺図

た。文字どおり経済成長の時代は都市の成長の時代でもあったが、いったん拡大を図った地方都市の構造は、ライフスタイルの変化と世帯分離による核家族化が人口流出を引き起こし、その空洞化に拍車をかけることとなった。残った高齢世帯の家屋の中には、更新もなされないまま放置され空家となるものが現れる一方、地域経済の支えを失った商業経営者は、高齢化や後継者不足によって廃業や転業に向かい、店舗はシャッターの降りたまま現代の「仕舞うた屋」に転じた。かつての町家の場合は、店を閉じても住まいとしては使っていたから住民の数は変わらなかったが、現代の「仕舞うた屋」はその非居住に地域崩壊の危険性がひそんでいる。

今このような状況に対して、わが国の自治体の中からも地域社会の中からも、新しい対応を模索する動きが生まれつつある。それは地域の活性化をこれまでのように定住人口の増加に依存するのではなく、むしろ交流人口の増加に求めることと、もう一つ重要なことは、都市の中にいかにして「余白」という資産をつくりだすかということである。

居住放棄あるいは業務放棄された家屋や店舗は、更新もなく最終的に土地を残したまま滅失となるとしても、むしろ「減築《げんちく》」というベクトルにおいて土地の「余白化」を進め、逆に環境の質を高めるという考え方にたつことに意味がある。「余白」化された土地は、緑地、共同菜園、公園などその利用目的を限定したかたちで、自治体、公益法人、地域のNPO団体などが、土地所有者との長期契約、たとえば九九年リースあるいはリバース・モートゲージ（reverse mortgage）方式によって安定利用と管理維持に努める。また、固定資産税の減免を余白化のインセンティブとする。「持続可能性」という概念は、次世代を含めた長期的な視点にたつ人間活動の管理を考えることであるとすれば、土地の余白化は新しい地域資産の継承として次世代の環境保全につながる逆転の発想といってもよい。

　このように考えていくと、かつて人口が増え成長する時代は、「切り開く」あるいは「開発」のための最初のイニシエイター（initiator）としてコモンが生まれたのに対して、人口減少と都市の縮小時代に入って、「閉じる」「間引く」あるいは「間戻」によって生まれる土地の「余白」化が「終りを受け入れる都市」としてこれまでにはなかった環境の質という付加価値を残す時代になった。

　経済の成長する時代には、都市は成長し拡大することを誰も疑うことはなかった。新規開発だけではなく、効率の悪くなったものはつねに再開発の対象となり、それは成長を担保するシンボルでもあった。しかし一九八〇年代後半から九〇年代に入って低成長時代を迎え、フローからストック経済へとシフトが予想される中、都市や建築は保存《コンサベーション》や修復《レストレーション》、用途転換《ユース・コンヴァージョン》の観点から資産保全を図るようになった。この行為は、必ずしも環境や建物の物性的劣化や機能的退化への対応だけを目的としたものではない。むしろ本来都市や建物が埋蔵する記憶を蘇らせ、その再発見を通して環境全体の価値の見直しを図ったものである。今もなおストックの豊かな都市においてはこのコンセプトは有効なものであり、積極的に再生《リニューアル》事業は続けられている。

　一方この再生という概念に加えて、すでに触れた「間引く」あるいは「減築」という直接的な行為によって今までにはなかった新しい環境の質の転換につながるものがある。わが国に限らずヨーロッパ諸国において一九六〇〜七〇年代に開発が進められた中層の大規模住宅団地が、近年人口減少による地域コミュニティの崩壊、治安の悪化、居住者の高齢化に伴う安全対策の緊急性といった居住上の問題に直面している。その解決策として、集住の単位の適正化も含めて上部階の減築による低層化《サイズダウン》、間引きによる「余白」地の創出は、すでに欧米諸国では行われている。これらは、取り壊すのではなく使い続ける持続性にその本質があり、これまでの再開発のためのクリアランスの対極にある。基本に将来人口に対応するハウジングの規模を縮小する緩やかな「減築再生計画」[*2]とでもいうべきものである。

　これらは、都市近郊の大規模住宅団地の新しい再生プロジェクトであるとすれば、次にとりあげるのは、歴史都市に残る伝統的な街区住宅の「減築」による隠れた「余白」の創出である。

　たとえばパリのような古いメゾン・ア・ロワイエの建ち並ぶ街区が、変わらぬ外観を保ちながらその裏側が大きく様変わりしているのを発見することがある。これまで裏は主としてプライベートな領域でもあり、「増築」によって狭められた深井戸のような中庭の現実の姿を見る機会もなかった。しかし近年再生を目的とした一部取壊しという「減築」によって生まれたひと続きの中庭は、視野が狭まったり開いたり隔たった奥の様子までが垣間見える内庭的な場所《コモン》に変わったことを知る。またパリの店舗といえば、表通りの賑わいに欠かせないものであるが、新しくなった中庭には思いがけない小規模な店舗やカフェが点在し、そこは人々の逍遥する静かな公開空地となっている。それはすべて街区内の建物の「減築」による中庭の修復がもたらしたものである（図3・8）。繰り返された増築に対する減築、それは完全な取壊しではなく、

＊2　住宅団地の再生計画の一つ。ドイツのライネフェルド市は、旧東ドイツ時代（一九六〇年代）に建設された大規模住宅団地の縮小計画として、建物を取り壊すのではなくて六階を四階に減築することによって再生を図った。この手法は「ライネフェルド方式」と呼ばれ注目を浴びた。

図3・8　パリ、マレー地区。ジャルダン・サンポール街区の減築により公開空地となった中庭図（出典：鈴木隆『都市と建築の空間構成による中庭の展開に関する研究』）

写真3・2　減築によって公開空地となったメゾン・ロワイエ中庭の風景（パリ）

「間戻」として生まれた中庭である。たしかに改修前と後とでは、住戸数が減じる。それは都市全体のスリム化とも無縁ではない。

ここに、同じ場所の一枚の地図と一枚の鳥瞰図がある。通称ジャイロ・マップ（Jaillot Map）といわれるものと、チュルゴー・プラン（Turgot Plan）として知られるもので、いずれもパリの東部、マレー地区を示している。一見してすぐにわかる都市化の段階の異なる地図である。今話の都合上、あえて時代のあと先を事実とは逆にして二つの地図を見たとき、そこからどのような物語を語れるだろうか（図3・9、3・10）。

ルイ王朝の行政官であったミシェル＝エティエンヌ・チュルゴーは、図法表現に秀でるルイ・ブルテ（Luis Bretez）にパリ市全域の鳥瞰図の作成を命じて、一七三九年にその立体地図を発行した。したがって、それは一八世紀はじめのパリ市街地を精密に描いたものであるが、ジャイロ・マップのものと比較してみると、大小さまざまなオテルがわずかの空地を残して密実に建ち並ぶマレー地区の様子がわかる。

今まったく仮想の話として、栄華を極めたルイⅩⅣ世によるヴェルサイユ宮の完成を境としてパリの人口が減少し、土地利用に変化が起きたとする。そして、一方のジャイロの地図が、その後の様態を示しているものと仮定すると、次のような仮想の「逆都市化の物語」を語ることができる。

「プラース・ロワイアル（Place Royale のちのヴォージュ広場）は、建設当初の形態を明確にとどめており、際立った市街地の環境崩壊も見られない。人口減少によって「逆都市化」が

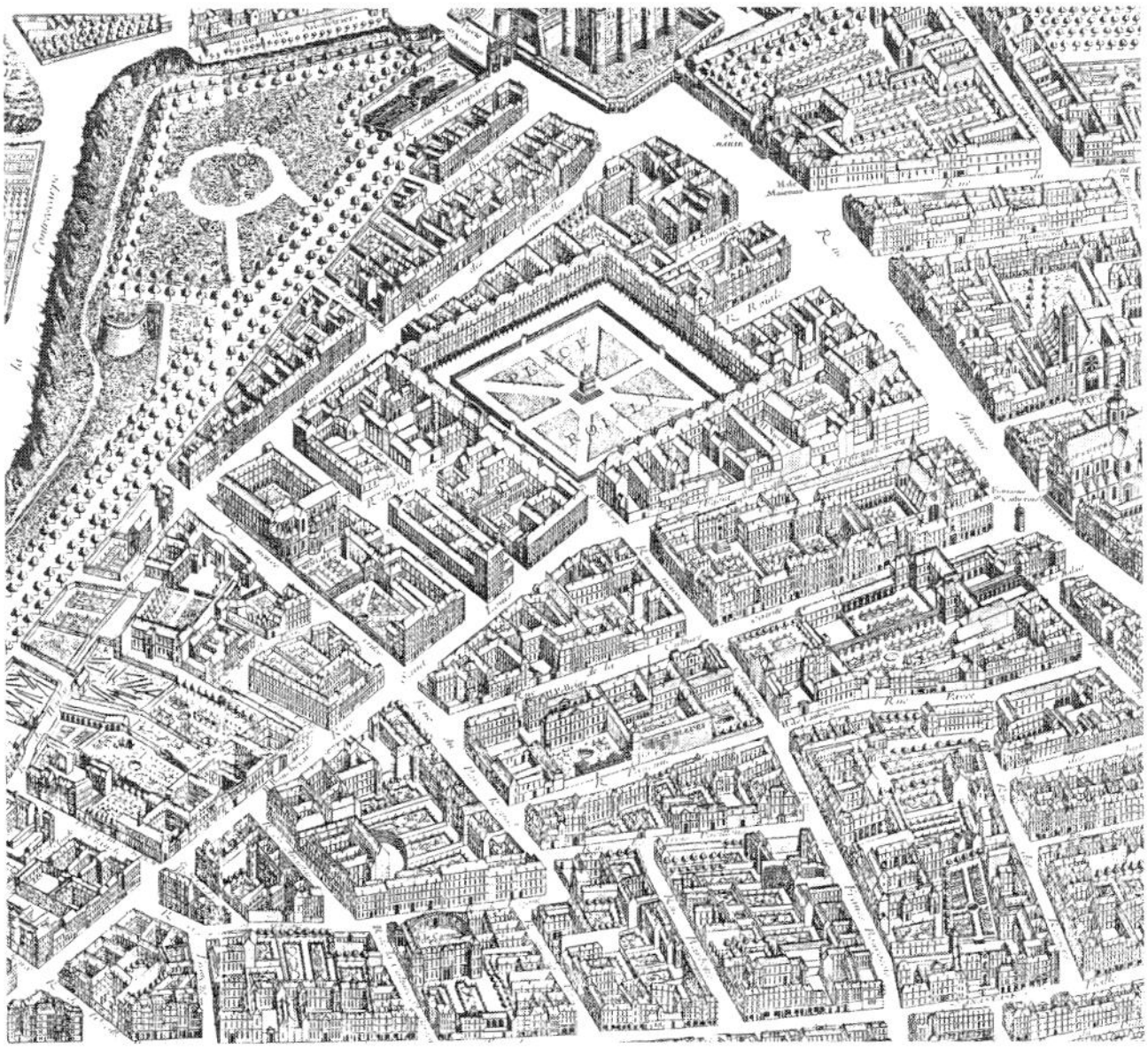

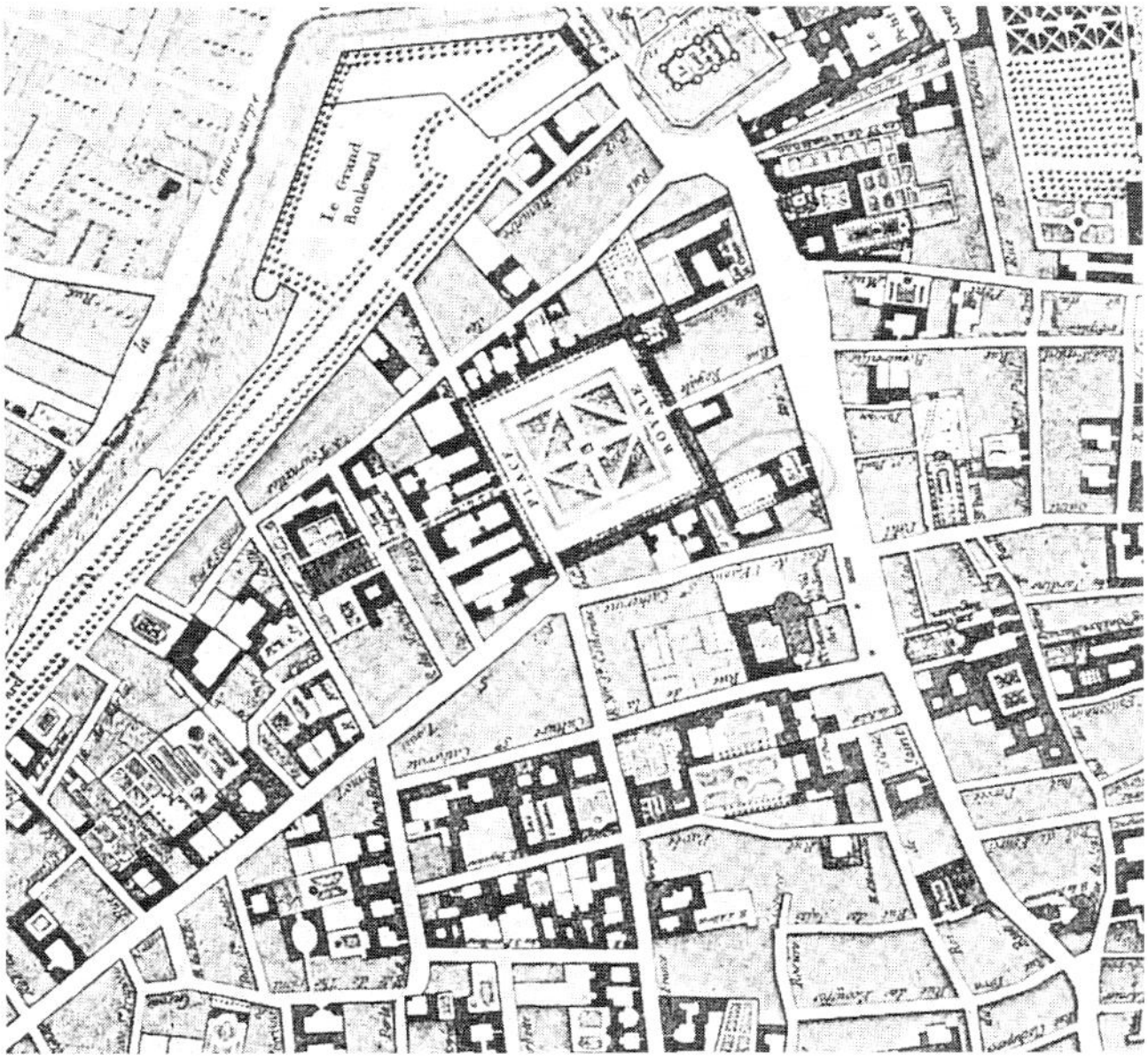

図3・9　パリ、マレー地区のジャイロ・マップ

図3・10　パリ、マレー地区のチュルゴー・プラン

進んだとしても、財力を有する貴族たちの残したオテル・ド・サレ（Hotel de Sale）やオテル・カルナヴァレ（Hotel Carnavalet）はそのまま都市邸館として使われているか、もしくは公共資産となって保全されていると考えることができないわけではない。その他のオテルも財産処分によって消滅したものを除き、再び郊外化したマレー地区の都市住居として存続している。オテルが漸次消滅することによって居住密度は減るものの、すでに償却されたインフラは維持され、逆に残された空地が以前の果樹園緑地に戻り、新たな市民利用の総有地という［余白］になっている。地域全体は、環境崩壊が起こることもなく一つの安定した逆都市の姿を示している」

この状況は、すでに触れた江戸・東京の移行期に見られた「桑茶政策」の結果生まれた東京の住宅地のイメージとも重なる。長島の示した選択のカテゴリーに従っていえば、前述の三．と四．の逆都市化に近いものとして読み取ることが可能である。それまでの土地利用の概念にはない「余白」という土地利用が、全体の環境の質を高めるとしたら、それはマレー地区の初源の様態にほかならない。これは、コンパクトシティ論の「都市の折り畳み」でも「縮小」のイメージとも違う。むしろ「余白」に縁取られ、「余白」を必要とする都市像である。

すぐ嘘とわかる嘘は許されるというが、もちろん当時のパリに人口の減少もなければ、逆都市化もない。ジャイロ版の地図が一七世紀はじめのマレー地区を示し、チュルゴーの鳥瞰図はその後の一八世紀後半のものを示していて、年代どおりに見れば市街地の発展拡張と高密化は明らかである。今、人口減少と逆都市化から生まれる「余白」のイメージとその意味を考えるために、あえて二つの地図の時間を逆転して読み解くという操作を試みたものである。

都市の「余白」：王の広場

フランスの歴史の中でも、絶対主義体制が確立し王権の拡大とともに繁栄の一途をたどったブルボン朝時代のパリには、時代を代表する都市広場が三つある。

時代順にいうと、一七世紀初頭のプラース・ロワイアル、一八世紀はじめに完成したルイ大王広場（Place Louis-le-Grand のちのヴァンドーム広場［Place de Vendome］）、そしてフランス革命直後に全貌が整ったルイXV世広場（Place Louis XV、のちのコンコルド広場）である。二〇〇年近い隔たりの中でつくられてきた都市広場が、どのように「都市の余白」として生まれ、どのように生き残ったのか「場所の永続性」を含めてたどってみる。

●「貴族のためのハウジング」とロワイアル広場

パリのマレー地区といえば、「ロワイアル広場（Place Royal）」のちの「ヴォージュ広場」のあることで有名だが、ジャイロ、チュルゴーいずれの図版においても一六一二年に完成したこの広場の存在がひと際目立つ。ジャイロの地図では、周辺はまだ密実な市街地となってはいないが、よく見るとオテル・カルナヴァレ、オテル・ド・サレといった、典型的なバロック・

オテルがすでにできあがっているのがわかる（写真3・3）。
「ロワイアル広場」は文字どおり「王の広場」であったが、その歴史的な意義は、かつてカミロ・ジッテ（Camilo Sitte 一八四三～一九〇三）[*3]が「広場の造形」の中で語った中世やルネッサンスの都市広場とは異質な点にある。広場の主役が大聖堂や教会、市庁舎《タウンホール》あるいは為政者の邸館《パラッツォ》のような建物ではなく、純然たる都市住居によって構成されている点である。そしてまた、当初から中心にモニュメントを設置することを目的としない、「都市の余白」としてつくられた広場であった。パリの長い歴史の中で、数々の記憶が埋蔵されている「ロワイアル広場」は、人々の集まる「マレーの居間《リヴィングルーム》」と呼ばれ、また歴史的な「住居群広場《レジデンシャル・スクエアー》」の典型として名高い。のちの一八世紀につくられたロンドンのブルームスベリー（Bloomsbury）地区を代表する「スクエアー」の計画に強い影響を与えたといわれ、その先駆的な存在として知られている。

一七世紀初頭のフランスは、封建制の崩壊とともに徐々に権力を掌中に収めた国王による絶対主義体制へと向かう時代であった。ロワイアル広場一帯の開発は、現代風にいえば不動産投資と都市開発に意欲的であった「王侯デヴェロッパー（Royal Developer）」のアンリⅣ世によって一六〇四年に始められた。最初は当時の重商主義を反映して工場制手工業《マニュファクチャー》の一つでもあるヴェルヴェット製造の専用工場を敷地の北側につくり、ついでその東西と南側に労働者のハウジングをつくるのが当初の計画であった。

しかし、その経営に失敗して急遽計画の変更を余儀なくされると、当時地方に割拠する貴族《アリストクラット》

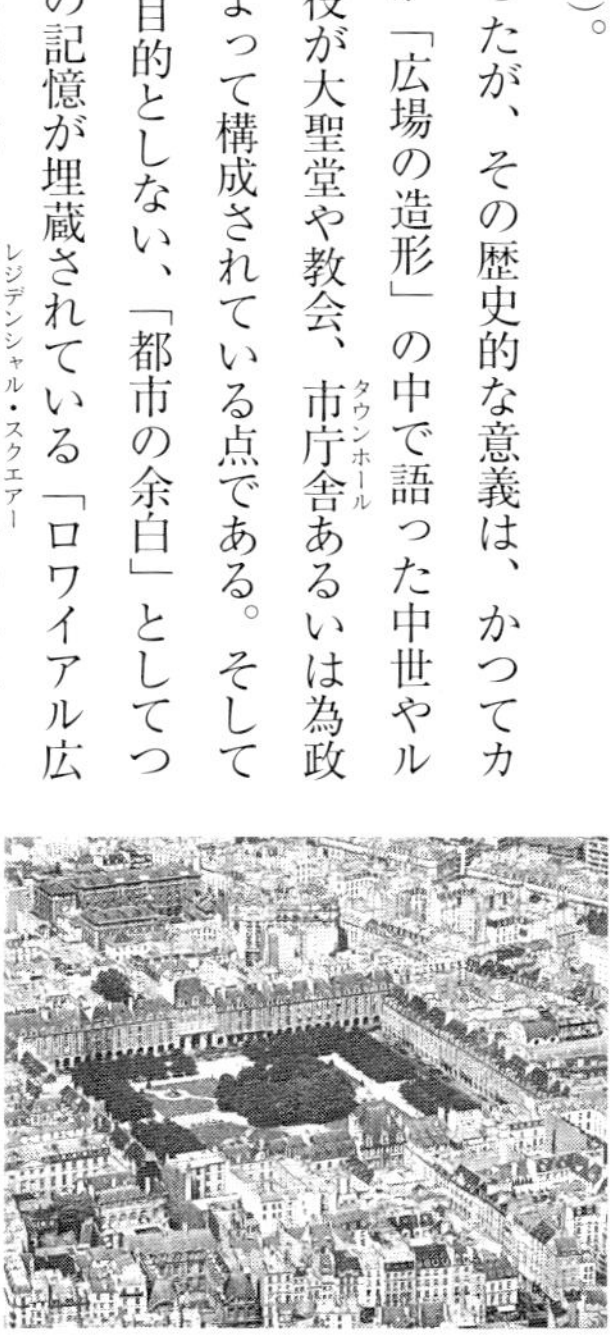
写真3・3　パリ、ロワイアル広場（出典："Above Paris"）

＊3　オーストリアの建築家・画家・都市計画家。著書『広場の造形』では、原題"City Planning According to Artistic Principle"の通り、造形美の観点から都市空間をとらえる。

諸公をパリに住まわせるためのハウジング計画に切り替えた。この変更が今日の「住居群広場」といわれるロワイアル広場誕生のきっかけとなった。完成はアンリⅣ世の死後翌年の一六一二年であったが、貴族のためとはいえパリにはじめてつくられた都市ハウジングと、約一四〇m四方の都市広場は、「秘匿の余白」であったに違いない。以後、マレー地区の発展に画期的な役割を果たしただけでなく、のちのヴァンドーム広場の開発にも大きな影響を与えたといわれる。

ロワイアル広場は、一七世紀パリのアーバニズムにとって貴重な「余白」であった。そのことは、時代ごとにその余白に書き込まれた「歴史」の数だけ、出来事を受容してきたことを意味する。そしてそれが、今なお「余白」として存在し続けてきたのは、広場の大きさと立地、建物のつくられ方にある。

この広場は、有名なリヴォリ通りを東に下ったサン・アントアーヌ通りから北に入ったところにある。このように都市の主要街路から隔たった場所にあることは、時の権力者の手掛けた広場としてはきわめて珍しく、逆にそのことが時代を超えて「住居群広場」の特質を維持することにつながった。広場を囲む建物は、王と王妃の住まいとされた南北二つのパビリオンと、貴族諸公に割り当てられる三八の住居ユニットから構成されていた。そこに住む貴族たちは、ユニットに相当する土地を、王から芥子粒ほどの賃料で借り、そこに自分で建物を建てることができた。ただし、あらかじめ決められた三つの条件があった。

一階には規定どおりのパブリックな回廊を設けること、同形のドーマー窓付きマンサール屋

写真3・4　パリ、ロワイアル広場を囲む建物の統一されたファサード

根を架けること、そして何よりも重要視されたのは広場に面する同一のファサードである（写真3・4）。これは一種のデザイン・ガイドラインであった。これが低廉な借地料との交換条件であった。つまり、事業者である王の描く広場の建築を、借地人である貴族たちに代替え施工させるという、きわめて賢い開発手法がとられたのである。そして広場側の邸館を除く後ろの部分は、それぞれのプログラムに応じて自由につくることが許されていた。

建物全体を貴族用ハウジングと見なせば、この「住居群広場」は、その「主館」と「中庭（Cour dhnneur)」が一つにまとめられた「オテル集合」と見なすこともできる。「個」と「全体」のアイデンティティ、自由な「私領域」と統一ある「公領域」の均衡の保たれた中で、ロワイアル広場という一つの都市空間が共有されたことは、事業者である王にとっても借地人である貴族諸公にとっても思わぬ僥倖であったはずである。パブリックな広場をこのような観点からとらえることができるのは、ロワイアル広場が歴史上はじめてであるといってよい。また、アーバニズムの観点から考えても、この事業はマレー地区開発の投錨的存在《アンカレッジ》となって、いっきに周辺の環境価値を高めた。そのことは財力のある富裕貴族諸公に対して、独自のオテル建設をうながす起爆剤《インセンティブ》ともなった。「ロワイアル広場」という「都市の余白」には、このような二つの力が秘められていた。

そして広場は、人々の遊歩空間《プロムヌワール》としてあるいは人々の集会の場所として、また中世以来続いてきた馬上競技《トーナメント》の場所として使われ親しまれていた。ルイXIII世（Louis XIII）の成婚を祝う

図3・11　ロワイアル広場で行われた馬上競技風景（出典："Court & Garden Dennis" MIT Press)

祝祭広場としても使われた（図3・11、3・12）。しかし予断を許さぬ歴史は、突如宰相リシュリュー（Armand Jean du Plessis, Duc du Richelieu 一五八五～一六四二）によって広場の中央にルイXIII世の騎馬像《エクエストリアン》を設置するという事態を引き起こした（一六三九）。そのときから、「ロワイアル広場」は当初の姿とは違って、国王の彫像広場《スタチュー・スクエアー》に変わり周りにはフェンスが巡らされ、その中にフォーマルな庭園がつくられた。それまでのパリジャンの集まるリベラルな性格は広場から失われていった。その後、フランス革命やその後の動乱期を経て「ヴォージュ広場」と名前が変わり、時には過激派の政治集会の場になることもあれば、あるいは荒廃の影に娼婦が回廊を徘徊する淫微の漂う時代もあった。

それから二世紀以上も経った一九九〇年代になって、社会主義政策を掲げて登場したフランソワ・ミッテラン（Francois Mitterrand）大統領の時代には、社会住宅《ソシアル・ハウジング》の供給が盛んに進められたが、その一環として一連の建物を本来の居住施設としてパリの一般市民の住むハウジングに再生された。そして居住者みずからが担い手となって歴史的建造物の保全に当たるという思想は、これを契機としてパリに限らずヨーロッパでは一般的となった。

パリにおける歴史上最初の貴族用ハウジングが、一つのアーバンフォームとして「ロワイアル広場」という「都市の余白」を生みだしたことに歴史的意義があると同時に、新しい近代の都市居住の始まりでもあった。

図3・12　ロワイアル広場で行われたルイXIII世成婚祝祭風景（出典："Court & Garden Dennis" MIT Press）

●王侯デヴェロッパーとヴァンドーム広場

「ヴァンドーム広場」は、東の「ロワイアル広場」に対する西の「新ロワイアル広場」を意図して構想されたといわれる。それは、何よりも太陽王といわれたルイXⅣ世（Louis XIV）の栄光を讃える広場であり、一七二〇年に完成した。広場の中央に建てられた高さ一六mに及ぶ王の騎馬像が、居丈高に周りを支配しているだけでなく、周りの建物はその高さを超えてはならないという建築規制の布告がすべてを象徴している。それは、のちに「ヴァンドーム広場」が、他と区別して「彫像広場」と一般的に呼ばれることになった所以である（写真3・5）。

この広場は、没落したヴァンドーム（Vemdome）公爵の資産と所有地の処理をめぐって、その計画が始められたといわれる。最初に建築家のマンサール（Jules Hardouin-Mansart 一六四六〜一七〇八）[*4]とルーヴォア（Louis Le Vau 一六一二〜七〇）によって、「ロワイアル広場」にならって住居群広場の計画が立てられたが、財産処理にあたっていた管財人が、この案を嫌って造幣局、裁判所、図書館、アカデミー、外国大使館からなる文化・行政センターの再開発案を構想した。ルイXⅣ世はこの経緯を知ってヴァンドーム公爵の土地・建物をみずから取得し、一六八五年にマンサールの立てた計画案の実施に踏みきった。その名も「ルイ大王広場（Place Louis-le-Grand）」と決まり、最初に巨大なルイXⅣ世の騎馬像が建てられた。広場に面する建物ファサードは所有者に任せるのではなく、王の承認したマンサールのデザインに統一するために、背後の土地の売却費を先行するファサードの建設費用に充当したといわれる。

＊4　一七世紀フランスの後期バロック建築の第一人者。ルイXⅣ世の主席建築家を務める。二段階の勾配をもつ「マンサード屋根」は彼の考案による。

写真3・5　パリ、ヴァンドーム広場（出典：“Above Paris”）

予想に反して売却した土地に建物が建つことがなかったため、それまでの計画案をいったん反古にして、新たに新興富裕階層を対象にしたハウジングの計画に改められた。すでにできあがっていたファサードを取り壊し、広場もやや変形の八角形のものに変わった。プロジェクトが開始されてから二五年経った一七二〇年に完成したものが、今日の「ヴァンドーム広場」である。しかし中央に立つ王の騎馬像は、フランス革命のさなかに取り壊された。その後一九世紀になって、ナポレオンⅠ世はアウステルリッツの戦い（一八〇五）[*5]の勝利を祝って、トラヤヌス記念柱[*6]を模した高さが四八ｍもある「ヴァンドーム柱」を建てたが、やがて失脚と同時に皇帝像は無残にも柱頂部の台座から引き下ろされる運命となった。

「ヴァンドーム広場」は、ルイⅩⅣ世という王侯デヴェロッパーによるハウジングと広場づくりであった点においては、「ロワイアル広場」と変わりがない。また、統一性のあるファサードとその背後の自由な形態という、公領域の「統一性」と私領域の「多様性」の両面をあわせもつ点では、巧みなロワイアル広場の都市デザインに匹敵する。また、広場を囲む建物の所有者が貴族あるいは新興富裕階層であったことも共通している。ただ決定的に違うのは、第一の目的がルイⅩⅣ世の彫像広場づくりであったことである。視覚的なヴィスタが強調され、記念性の強い広場となったのもそのためである。都市空間の読取りとして「ロワイアル広場」が閉じた「余白」であり、「マレーの居間」といわれたのに対して、「ヴァンドーム広場」は、導入道路が建物を完全に二分して、中央で両側に広がってできたパレード広場のようにも見える。

＊5　ナポレオンⅠ世率いるフランス軍が、対仏大同盟を組むオーストリア・ロシア連合軍に大勝した戦い。

＊6　ローマにあるモニュメントの一つ。ローマ皇帝トラヤヌスのダキア戦争の勝利を讃えた記念柱。巨大な台座をもつ高さ三八ｍ。円柱の頂上にトラヤヌス帝の彫像が置かれている。

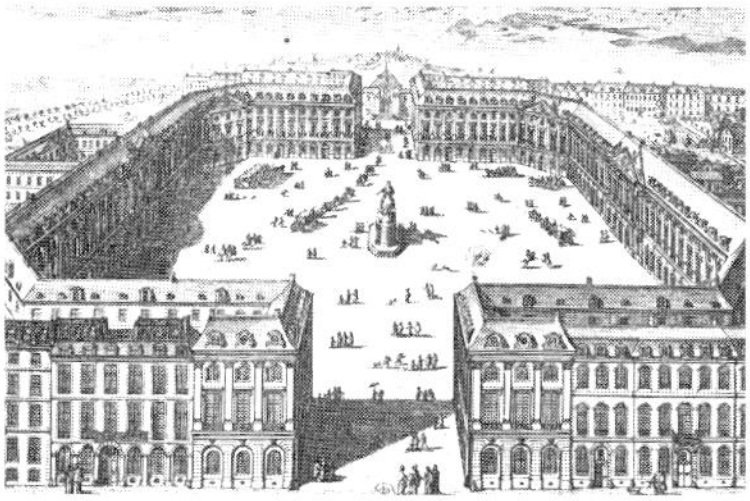

図３・13　ルイ太陽王の騎馬像の立つヴァンドーム広場

のちに王の騎馬像が簡単に「ヴァンドーム柱」に置き換えられたのも、つねに焦点の必要な空間構造によるものであり、その意味でほかに変わりようのない化石のような「都市の余白」であった(図3・13)。

●コンペで生まれた余白、コンコルド広場

一七四八年、パリ市はルイXV世を讃える彫像を立てることを決定し、騎馬像の制作を一人の彫刻家ブシャードン(Edome Bouchardon)に委嘱した。ルイXV世はそれを設置する「王の広場(Place Louis XV)」の計画案を公開設計競技によって決めることにした。場所の選定とファイナンスに関しては、応募する競技者に委ねるという今日でいえば一種の事業プロポーザルに近いものであった。参加資格は、珍しく当時のアカデミーの会員に限られていなかったので、六〇人以上の建築家が、パリの中で一番ふさわしいと考える場所に彫像広場を計画し提案したといわれる。

一七六五年には、応募案の中から選りすぐられた一九案を、それぞれの提案場所にプロットした地図がピエール・パティ(Pierre Patte 一七二三〜一八一四)によって出版されたが、それは大変貴重な記録であるだけでなく、一七〜一八世紀のパリの都市デザインを知るうえで大変興味深い資料である。王は建築家ガブリエル(Ange-Jacques Gabriel 一六九八〜一七八二)の案を一等に選んだが、それがそのまま現在のコンコルド広場(写真3・6)になったわけではない。当初のガブリエル案は、セーヌ川左岸のオテル・ド・コンティ(Hotel de Conti)の場所(図

写真3・6 現在のコンコルド広場
(出典:"Above Paris")

3・14）に計画され、市庁舎とあわせた提案であった。

パティの地図にプロットされている提案から判断すると、ほとんどの案が都市街路の結節点《ノード》にルイＸＶ世の像を設置する計画であったのに対して、ガブリエルの案は建物に囲まれた数少ない閉鎖型広場《クローズド・スクエアー》の計画であり、どちらかといえばヴォージュ広場やヴァンドーム広場の流れを汲む伝統的な「余白」の都市空間を指向するものであった（図3・14）。その意味で、ガブリエルの計画案が、最初に王の騎馬像の設置にふさわしいステージとして選ばれたことは大変興味深いことであったが、コンティとの用地折衝が難航しただけでなく、建物の解体と工事に莫大な費用がかかることがわかり、王自身がこの案の実現を断念した。

王は自分の所有地で長い間放置されていた「チュルイリー庭園（Jordin des Tuileries）」*7と「シャンゼリゼ（Champs-Elysées）」の間の場所（現在のコンコルドの位置）を代替え地として決め、一七五三年に再びコンペティションを行うことにした。求められた条件は、チュルイリー庭園、シャンゼリゼと、セーヌ川を越えたブルボン宮殿へのヴィスタを確保したうえで「囲まれた広場」にすることであった。そのような条件設定の背景には次のようなことがあった。最初のガブリエルの案は建物による広場の囲み感が評価されたが、逆に周辺に対する視界の不足が指摘されたという。それに対して一等にならなかった二人の建築家、ボフラン（Gabriel Germain Boffrand 一六六七〜一七五四）とコンタン（Pierre Contant d'Ivry 一六九八〜一七七七）の案はヴェルサイユ宮殿タイプのU型の開放系のものであり、ともにセーヌ川に対する開かれた視界がある。王は実はこの案を評価していた。二回目は、一種の

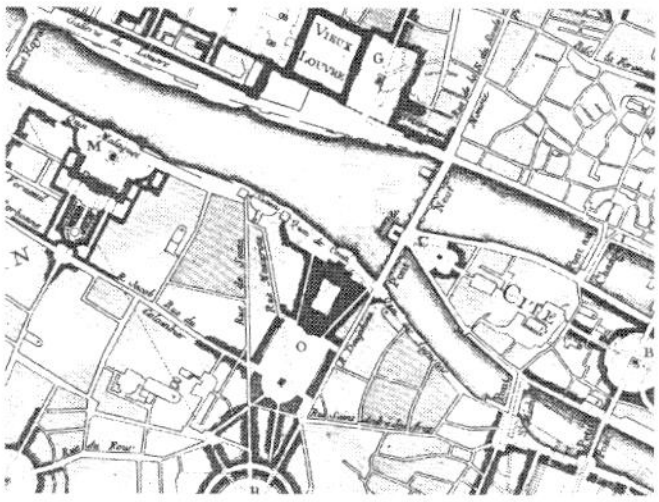

図3・14　ルイＸＶ世広場設計競技の応募案の中から選りすぐられた一九案を提案地にプロットしたパリの地図（ピエール・パティ、一七六五）にある一等案であったガブリエル案

＊7　ヴェルサイユ宮殿の庭園を造園したル・ノートル（Andre Le Notre 一六一三〜一七〇〇）が設計した公園。左右対称の典型的なフランス式庭園。ルーブルのピラミッドからコンコルド広場まで連続している。

指名型のコンペとなって九名のアカデミーに属する建築家の競技となったが、結果は敷地への適合の点で一位該当案なしということになった。王はガブリエルを主任建築家に指名し、最初のガブリエルとボフランとコンタンの三人の案の長所を活かして一つの案にまとめることを命じた。コンペティションは、この種の政治的介入の危険性と隣り合わせにあることが少なくないが、すでに現代から三〇〇年も前にその典型が見られた。

この妥協の産物のようにして生まれたものが、「ルイXV世広場（Place Louis XV)」、現在の「コンコルド広場」である。マドレーヌ教会からロワイアル通りを経て「広場」に入り、ルイXV世橋を経てブルボン宮殿（現在の国民議会議事堂）に至る南北のヴィスタと、チュルイリー庭園からターノン橋を越えてシャンゼリゼの方角へ三つのアヴェニューが開けるグランド・ビューは、まさに王の望む開放系の広場であった（図3・15）。ガブリエルのアイディアが残ったとすれば、それは広場北側に建つ同じファサードの二つのメゾン、ガルド・ミューブル(Garde Meubles 一七六五）だけであった。これがわずかに広場を囲む背景として、その役割を演じている。一方、広場の周囲に配置され鉄柵で囲まれた空濠は、領域を視覚化する最小限の仕掛けだが、最初一位に選ばれたガブリエルのイメージにはまったくなかったものである。

マドレーヌ教会（一七六四）も完成し、ガルド・ミューブル（一七六五）が建ち、コンコルド橋（一七九〇）が架けられて、ひと続きの都市空間となって今日のコンコルド広場ができあがったのはまさにフランス革命の直後であった。中央に建つルイXV世の騎馬像は、革命後三

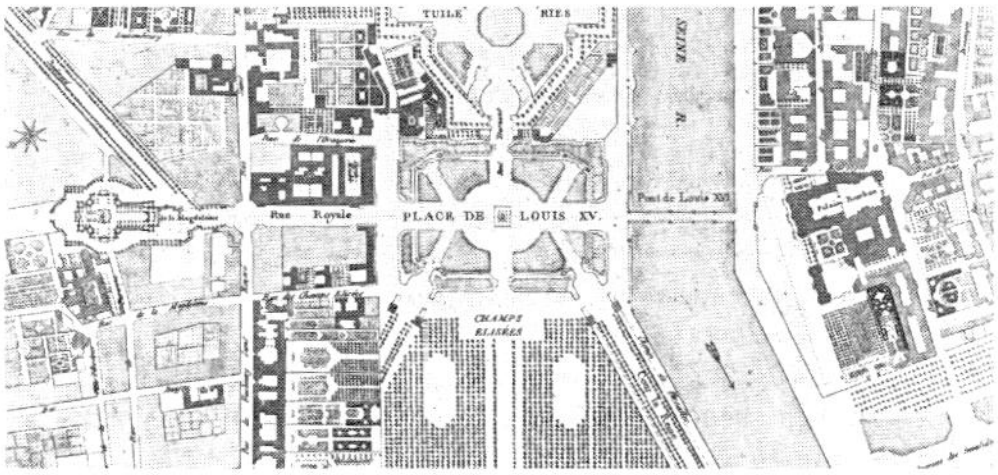

図3・15　最終的に決まったルイXV世広場案。最初に選ばれたガブリエル案の面影はいっさいない

年経った一七九二年に取り壊された。そして翌年の一七九三年の一月二一日には、ルイXⅥ世（Louis XVI）が父親の残したこの広場の北西のコーナーでギロチン断頭台の露と消え、王妃マリー・アントワネット（Marie Antoinette、一七五五〜九三）[*8]も同じ運命にあった（図3・16）。広場は、その名も「革命広場（Place de la Revolution）」と改められた。さらに王政復古期の一八三六年には、エジプトのムハメド・アリーから献上されたというルクソール寺院[*9]のオベリスクが、ルイXV世騎馬像の跡に建てられて現在に至っている。

ルイXV世広場が「コンコルド広場」となるまでに、およそ半世紀以上が経っている。さらにいえば「王の広場」で始まった「ロワイアル広場」から「ヴァンドーム広場」を経て「コンコルド広場」の完成までには、二〇〇年の隔たりがある。三つの広場のたどった変遷は、完全囲み型《クローズ》から半開放《セミ・オープン》を経て完全開放《オープン》型への移行であった。これはほぼ同じ時代の都市住居の歴史のそれと似ている。アーバン・ポシェとして成立したバロック・オテルが、ロココ・オテル、そしてクラシカル・オテルと徐々に開放性を増して、最後にパビリオンに変化してモダニズムにつながっていったのと軌を一にしていることは単なる偶然とは思えない。

以上の三つの「王の広場」は、その都市開発のデヴェロッパーが、アンリⅣ世、ルイXⅣ世、ルイXV世という文字どおりブルボン朝の王家そのものであった。そして最後につくられた「コンコルド広場」は、「ヴォージュ広場」や「ヴァンドーム広場」のようなハウジングによって囲われるものでもなければ、そこに人の集まる「シティ・ルーム」のようなものとはまったく

図3・16　一七九三年にコンコルド広場でルイXⅥ世とマリー・アントワネットの処刑が行われた

＊8　オーストリア大公マリア・テレジアの一一女。のちにフランス王ルイXⅥ世の王妃となる。

＊9　古代エジプト神殿の一つ。神殿入口には、もともと左右二本のオベリスクがあったが、右側の一本が現在のパリのコンコルド広場に立つ。

縁のないものであった。しかし、結果として今の時代にはつくりだすことのできない「都市の余白」となって残されたものである。

消滅の「余白」と証跡の「余白」：ウイーンのオープンランドとリングシュトラッセ

歴史が生みだす余白がある一方で、消滅する余白の歴史もある。ここに一九世紀はじめのウイーンを示した都市図がある。それを見ると、当時のウイーンの都市がいかに特異な構造をしていたかがひと目でわかる。しかしその一方で、わずか四半世紀も経たないうちに、ウイーンはすっかり地貌《フィジオグノミー》を変えてしまう都市であったことをあらためて知ることになる（図3・17、3・18）。

当時の中央ヨーロッパで、これほど歴史の断面が都市の断面となった都市はほかにはない。中心には堅固な稜堡と外堡に固められた中世以来の旧市街地《アルトシュタット》（Altstadt）、その外側を包み込むように戦火に備えた防火帯《ファイアーゾーン》のオープンランド、そして再びその外側に広がる郊外居住地の三つが、ドナウ川とともに環状のゾーンとなっている。この種の類型として地形対応型《ジェオモーフィック》でかつ同心円型《コンセントリック》の都市はほかにもあるが、完全なオープンランドが中間ゾーンとして介在しているような都市は、当時のウイーンを除いてほかにはない。いいかえれば、一九世紀中葉までこれほど大きな「余白」をもつ都市はかつてなかったといってよい。

この都市は、古くはドナウ川の水運を利する交易地から始まったといわれる。すでに一世紀にはローマ帝国の領土拡大と防衛のための前線守備隊駐屯都市として、川の南岸に姿を現した。

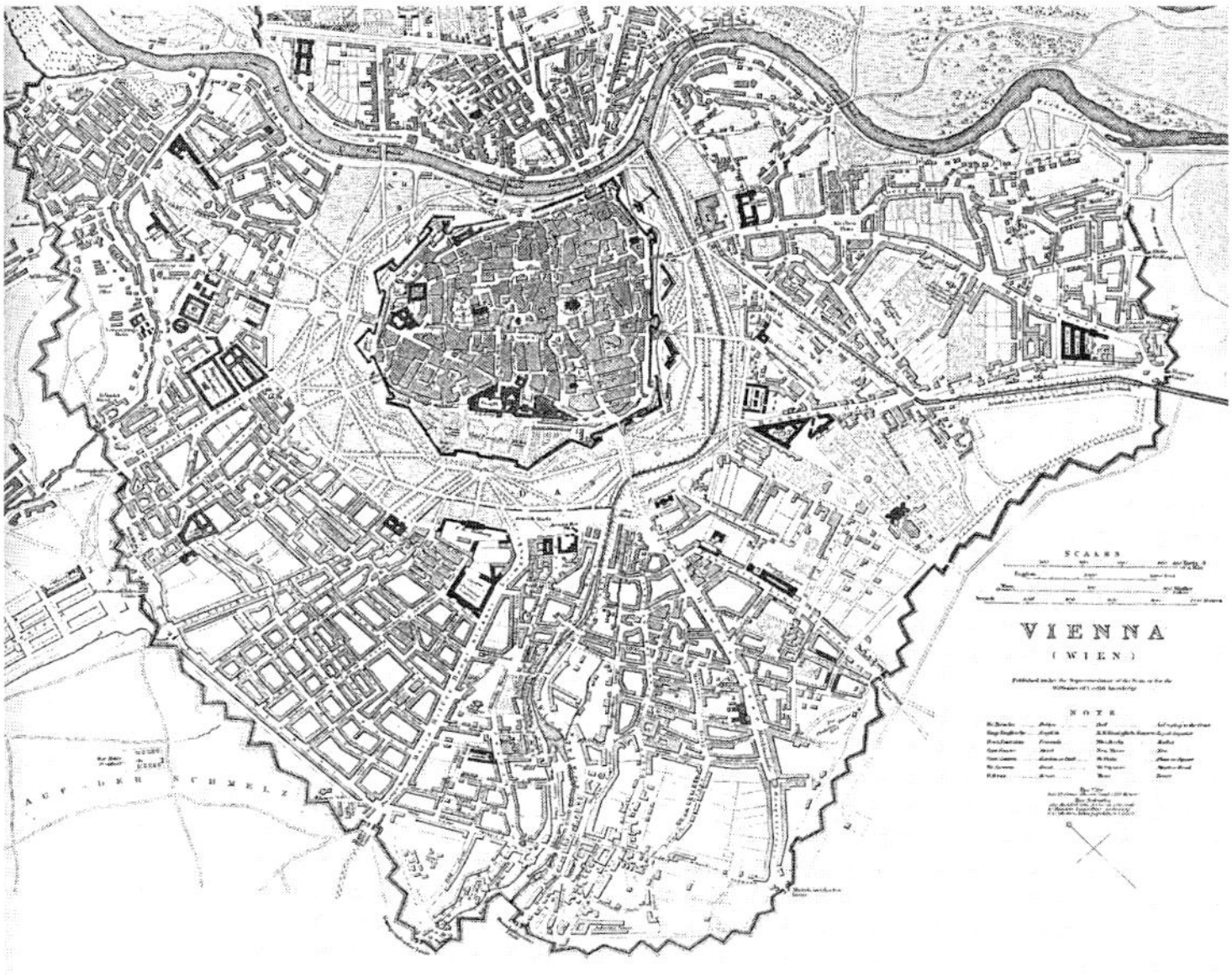

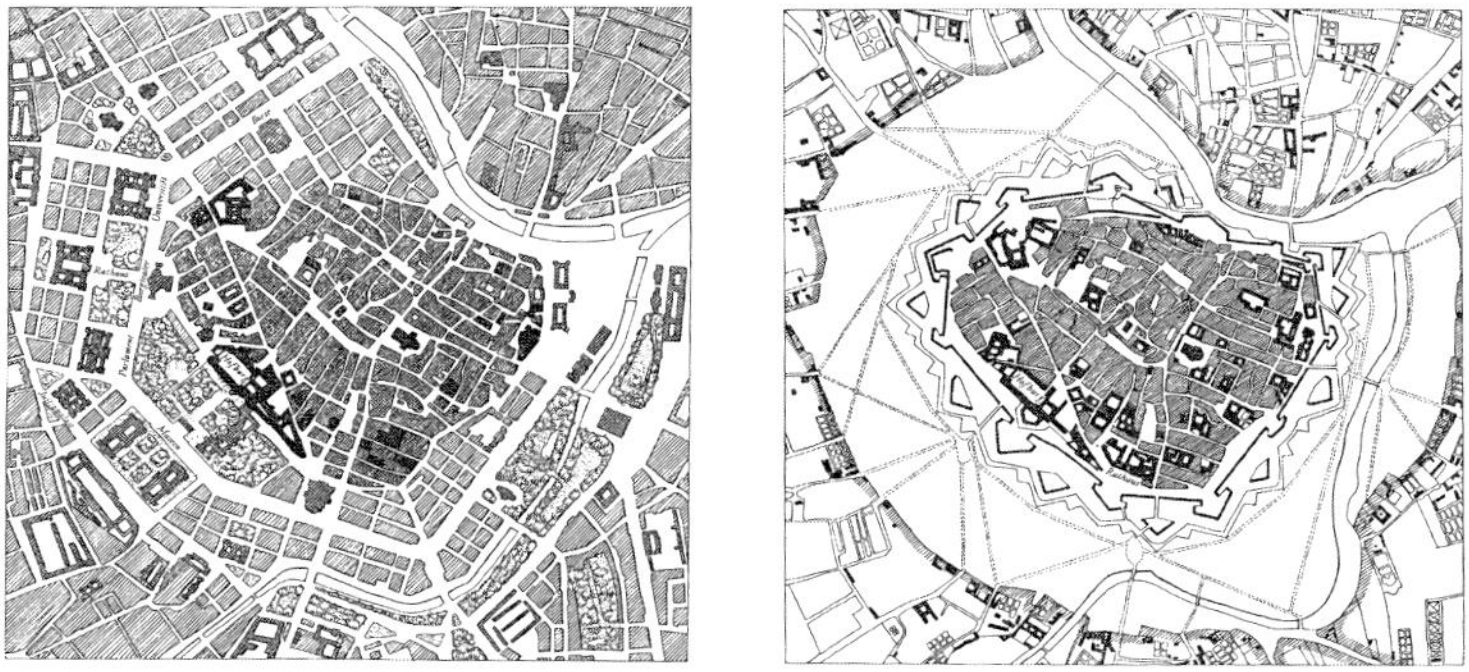

図3・17　一八五二年に発行された一九世紀半ばのウイーンの都市図（出典：A.E.J Morris "History of Urban Form"）

図3・18　ウイーンの防火帯が住宅市街地に代わる前と後。リングシュトラッセがその証跡をとどめている

ウイーンは、中央ヨーロッパの中でもドナウ川を利する戦略上重要な地点でもあり、東方からの侵攻に対して要害都市としてその防備を固める位置にあった。

その最大の特徴は、厖大な外堡と稜堡の見事な組合せによる築城のほかに、周りにいっさい構築物のない幅一七〇〇ft（五六〇m）に及ぶ防火帯のオープンランドを設けたことである。そのために、すでに一六～一七世紀にかけて旧市街地の外側につくられていた聚落の一部を強制的に取り除き、その外側に郊外ゾーンを設けて旧市街地のあふれる人口の受け皿とした。オープンランドは、平時には緑豊かな空濠《モート》として緩衝緑地帯の役割を果たしたが、その一方で外周の郊外地は、戦火を交えるたびに被害をこうむることになった。しかし防衛体制堅持の観点から、つねにその戦禍の復旧はいち早く行われ、その都度郊外は拡大していった。

そのような防衛計画によって、一六世紀と一七世紀の二度にわたるオスマン帝国のトルコ軍の侵攻にも耐え、都市としての防衛能力は見事に証明された。それは、ルネッサンス期の理想都市として築かれた城郭都市が、実際に戦火を交えることなく存在したのとは大きな違いがあった。また、市街地の居住密度が限界に達して、漸次外堡を設定しなおして都市が拡張されてきたパリのような形態とも異なっていた。

ウイーンは一八世紀に旧市街と新市街の対照的な二つの地区を基本に発展したが、特にオーストリア皇帝の居城（ホフブルグ、Hofburg）のある旧市街は、狭い道路が錯綜し大聖堂の周りには住居、店舗の密集する都市であった。過密状態に不満をもつ貴族たちは、新市街の広い敷地を求めて自分たちの邸館をつくるようになった。

一八〇九年に、ナポレオンのオーストリア遠征によってウイーンは制圧され、長い間堅固を誇ってきた稜堡と堡塁は取壊しを命ぜられる運命となった。ナポレオンの意図が、防衛体制の弱体化にあったことは明らかであるが、ウイーンはそれを契機としてはじめてオープン・シティの可能性をもつこととなった。しかし破壊され瓦礫と化した塁壁は放置されたまま半世紀が過ぎ、一方、旧市街地の拡張も行われず防火帯であったオープンランドもそのままの状態で放置されていた。その後、半世紀を経て事態は変わり、フランツ・ヨゼフ（Franz Josef）皇帝はオープンランドの開発に踏み切り、設計競技を開催して計画案を募った。この時点で本格的な拡張計画が始動し、二世紀にわたって保持された防火帯という偉大な「余白」が消滅する運命となり、ウイーンは城郭の箍《たが》から開放されることとなった。「余白」を埋めてひと続きの都市となる時代が現実のものとなった。

設計競技で求められたのは、まずこのオープンランドの大部分に住宅地を計画することであった。ここでも都市居住とアーバニズムは密接な関係にあった。一方、オーストリア帝国の威信と首都ウイーンの繁栄をかけた国家的な事業として、宅地化された土地の売却費を使って高貴なる公共建築を建てるという筋書きに沿うものでなければならなかった。それらは、国会議事堂、市庁舎、裁判所、大学、美術館、劇場、オペラハウスというものであり、それぞれは完全に「独立した単体建築」が求められた。その結果、ルードヴィッヒ・フォン・フォルスター（Ludwig von Forster）の案が選ばれ、次の一〇年間でその実行に移された。

一等案の中心的なアイディアは、計画エリア全体を折れ曲がりながら貫く環状のブールバールであった。のちにリングシュトラッセ（Ringstrasse）あるいはヴィエナ・リング（Vienna Ring）と呼ばれたもので、その両側に街区住宅とともに記念碑的な公共建築が建てられた。今日に至っても、旧市街地の錯綜する中世的な街路風景と、ヴィエナ・リングに代表されるフォーマルな都市街路の景観はきわめて対照的である。かつての偉大な「余白」の存在とその歴史的な消滅を追想するには、すでに長い時間が過ぎ去っている（写真3・7）。

ウィーンに限らず、防備を固め都市の領界を画定する塁壁や稜堡は、拡大する都市の障害物として取り除かれるもの、あるいは他の用途に姿を変えるものとさまざまであるが、いずれの場合も何らかの形が証跡（vestige）として残る。その変容は都市の風景や場所の永続性に深く関わっている。たとえば、パリの名所の一つであるグラン・ブールバール（Grands Boulevards）は、一七世紀の堡塁の位置を示す証跡である。パリが時代とともに拡大していく過程で、もはや戦略的な役割も領界としての意味も失われた塁壁が取り壊され、その跡地が景観街路というブールバールに転じて一つの線状の「余白」がつくられたと解釈することができる。

元来、ブールヴァール（Boulevards）という言葉は、北欧のブルヴァーク（Bulvirke, bulwark）の転化したものといわれる。それは、本格的な堡塁に代わる暫定的な「木柵（palisade）」による囲僥《いじょう》を意味した。したがって、本来の機能の意味も失って粗大な障害物となった堡塁が取り壊され、その同じ場所に街路樹の並ぶ直線的な景観道路に変わった時点で、「木柵」と「樹木」の違いはあっても、アーバン・モフォロジーの観点からすれば、初源の姿に戻ったとも解釈で

写真3・7　現在のリングシュトラッセの風景

きる。その意味から考えると、ウイーンのオープンランドという偉大な「余白」の消滅は、一方においてヴィエナ・リングという新たな「余白」がその証跡として残されたと考えることもできる。それは終りを受け入れる終焉の美学であったといえる。それは次のボストンのグリーンウエイの話につながる。

「余白」の継承と創出：ボストンのコモンとグリーンウエイ

歴史都市における巨大な「余白」の消滅が見られる一方で、現代都市における巨大な「余白」の継承と創出が起こることがある。

不思議な形をした半島と、その周辺地域を記す一枚の地図（一七七五）から、アメリカの古都として知られる現在のボストンを想像することは簡単ではない。そのボストンには、新旧二つの歴とした都市の「余白」がある。一つはすでに一七世紀から存続してきた「ボストン・コモン（Boston Common）」であり、もう一つは今世紀はじめに完成したばかりの「グリーンウエイ（緑道）」である。まず、長いボストンの歴史をひもとくことから始める。

ボストンに代表されるニューイングランドといえば、その海岸線一帯はすでに一六〇〇年代はじめには、大西洋を越えてやってくる漁師たちによって知られていた。有名なピリグリム・ファーザース（Pilgrim Fathers）が、宗教的自由を求め一六二〇年にメイフラワー号に乗ってはじめてたどり着いたのは、ボストンの南東六〇㎞離れたプリモス（Plymouth）であった。しかし、プリモスでの植民活動はおよそ二〇年間続いたが、その後一六二九年には、他の植民グループであったマサチューセッツ・ベイ・カンパニー（Massachusetts Bay Company）が、チャールス河とミスティック川に挟まれた半島の突端（現在のチャールスタウン）を新たな拠点とした。しかし一説によると、彼らは入植地を探していたものの、上流の調査もないままにチャールス河を海から遠く離れた内陸ルートと勘違いしてそのまま定着してしまったといわれている。この不可思議な誤認がなければ、アメリカの歴史はまったく違うものとなっていたはずである（図3・19、3・20）。

この地は防衛と港に適していたものの、良質な水の確保が困難であったことから、一六三六年に統治の拠点をチャールス・タウンから対岸に移したことによって、歴史都市ボストンが生まれたのである。同じ年には、チャールス河対岸のケンブリッジに、ハーバード大学が誕生し、キャンパスに最初の建物が現れている。一八世紀の半ばには人口も一万七〇〇〇人に達し、すでに古い港や湿地帯の埋立てが始められており、入植当時の特色ある地貌は消え失せていった。中でも一八五〇年から始まったバックベイ・エリア（Back Bay Area）の大々的な埋立て事業は、チャールス河の一部を大規模な住宅地に変えた。

その整然とした直交街路の住宅街の中央には、「コモンウエルズ・アベニュー」という公園大通りがあって、その終りが「パブリック・ガーデン」と「ボストン・コモン」の名で知られ

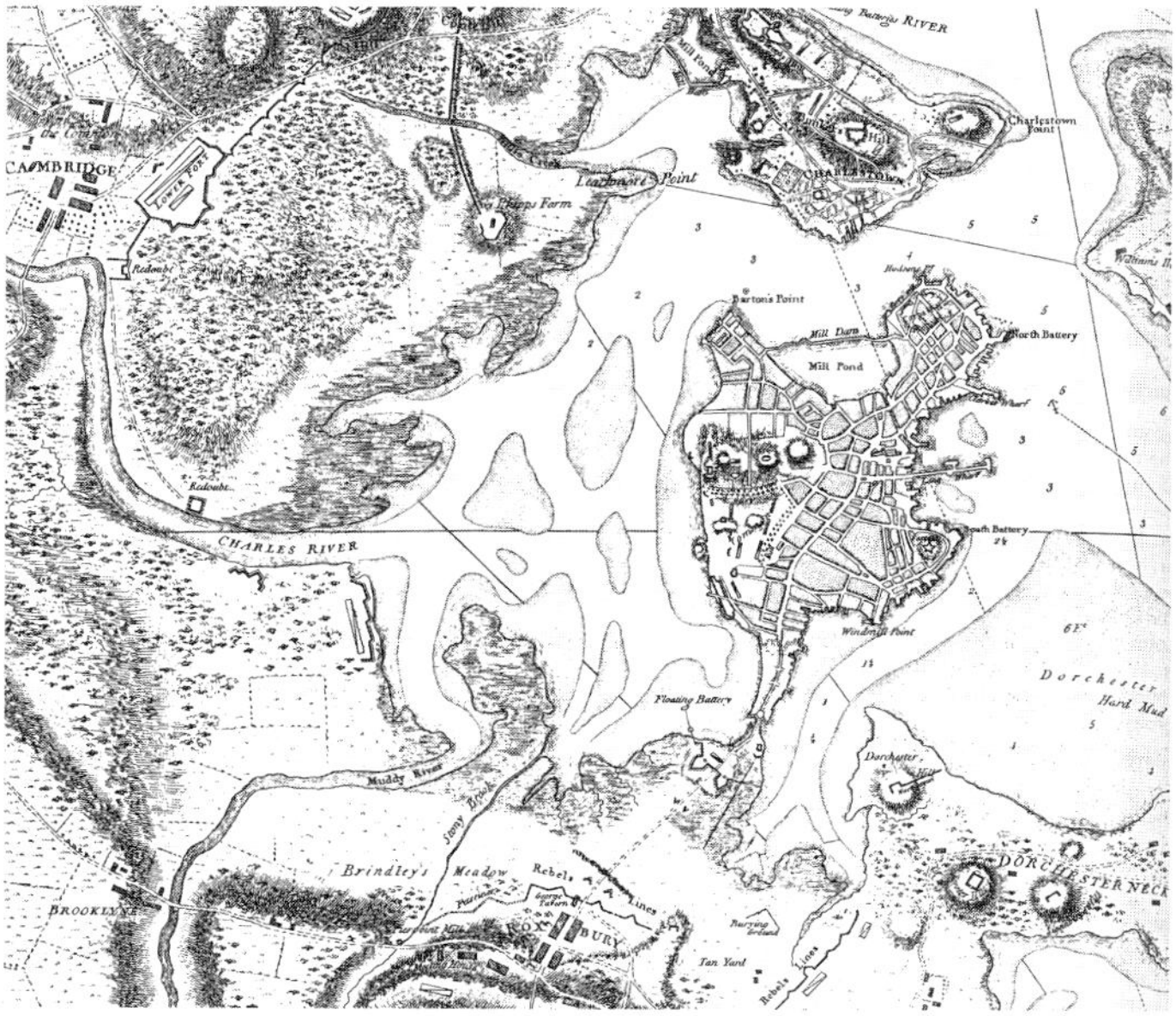
RIVER
Charlestown Point
CHARLESTOWN
CAMBRIDGE
Redoubt
Barton's Point
Mill Dam
Mill Pond
North Battery
South Battery
Windmill Point
CHARLES RIVER
Floating Battery
Dorchester
Hard Mud
Muddy River
Brindley's Meadow
Rebels
Lines
DORCHESTER NECK
BROOKLYNE
Tan Yard

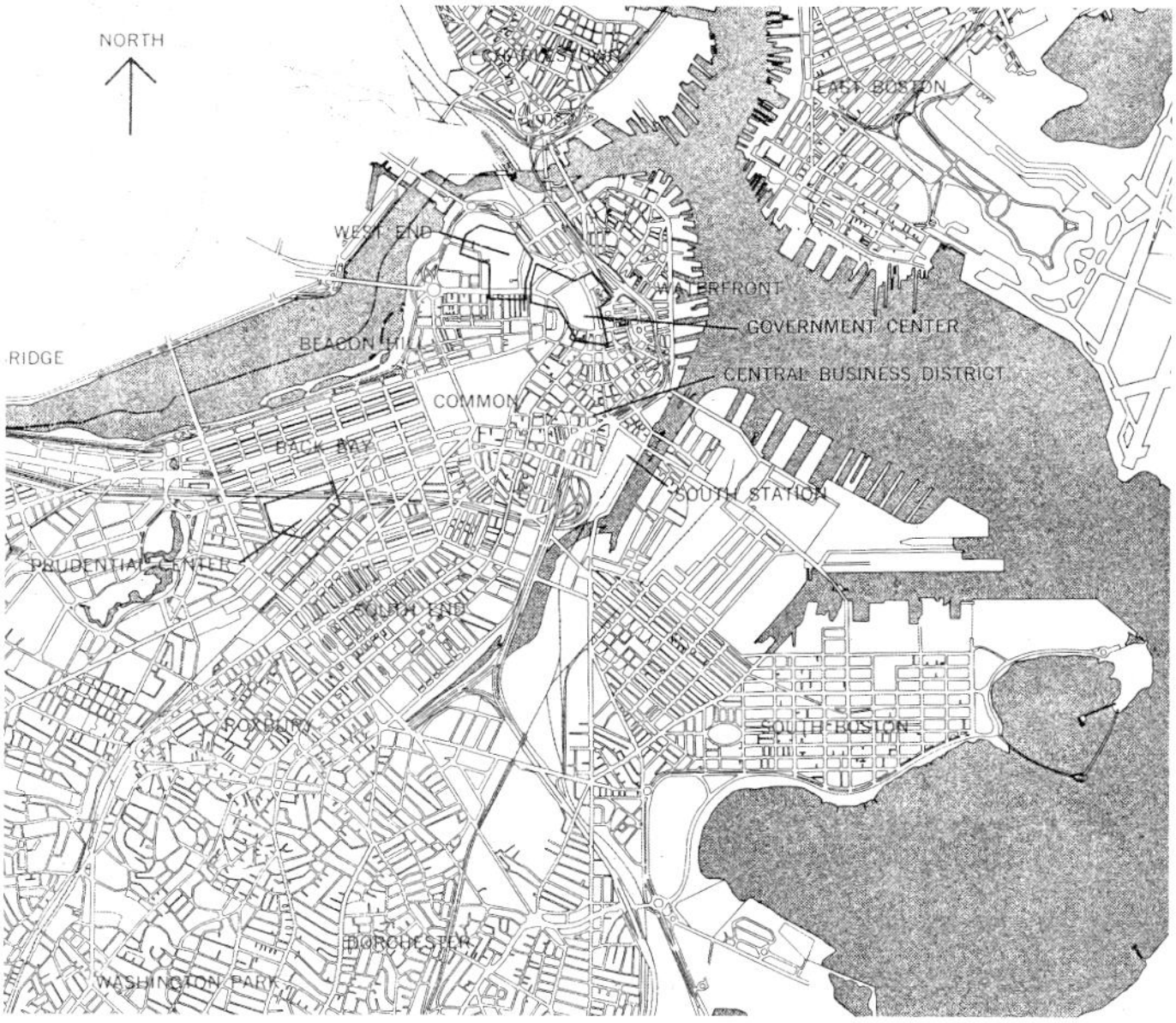
NORTH
EAST BOSTON
WEST END
WATERFRONT
GOVERNMENT CENTER
RIDGE
BEACON HILL
CENTRAL BUSINESS DISTRICT
COMMON
BACK BAY
SOUTH STATION
PRUDENTIAL CENTER
SOUTH END
ROXBURY
SOUTH BOSTON
DORCHESTER
WASHINGTON PARK

る都市公園にぶつかる。地形に適応しながらできあがった中心市街地が、ボストンの一方のイメージであるとすれば、この緑地を含むバックベイ一帯は、それとはまったく異なる古きよき住宅都市の誇りが感ぜられる。今日でもその年代を偲ばせるタウンハウスの一階に瀟洒な店舗が適度に混在して、全体として界隈性豊かなファッショナブルな地区《クウォーター》となっていることで有名である（図3・21、3・22）。

この「ボストン・コモン」が生まれたのは一六三四年にまでさかのぼり、アメリカ最古の都市公園ともいわれる。大きさが五〇エーカー（二〇万㎡）もある広大なコモンは、最初の入植者であったウイリアム・ブラックストーンという個人の所有地であったが、当初は牛の放牧や民兵の教練場として使われていた。一七七五年の独立戦争の引き金となったレキシントン＝コンコードの戦いでは、このコモンをキャンプ地としていたイギリス軍が現地に向けて出動したと記録されている。しかし一方では、コモンが近代の都市公園となる二〇世紀初頭まで、依然として牛の放牧地であり、同時に公開の処刑場として使われていたという。最初から特定の目的をもたなかったボストン・コモンは、植民地時代のさまざまな歴史の書き込みを許す大きな「余白」であったと考えられる（写真3・8）。

それは、市民に安らぎを与える都市公園であるだけでなく、一九六五年と六九年には、大規模なヴェトナム戦争の抗議集会が行われ、アメリカの反戦運動の象徴ともなった。また、マーティン・ルーサー・キング（Martin Luther King 一九二九〜六八）牧師が公民権運動をめ

図3・19　一七七五年のボストン（出典：A.E.J Morris "History of Urban Form"）

図3・20　一九六五年のボストン（出典："Boston : Architectural" "Forum" Special Issue June 1964）

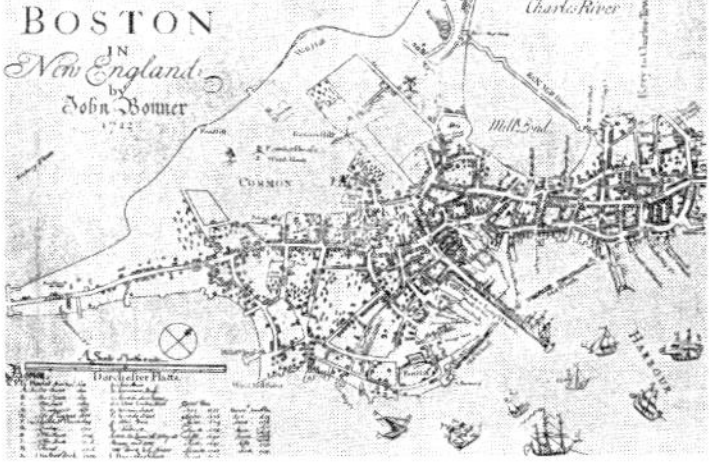

図3・21　一七二二年頃のボストン、バックベイ・エリア

ぐって、あるいはローマ法王ポールII世（Paulos II）が世界平和を願って、コモンを埋めつくした大勢のボストン市民に「平等」と「平和」を強く訴えかけた場所としても知られる。このようにボストンには、三世紀にわたって表れては消え、消えては表れるさまざまな歴史を記した「ボストン・コモン」という都市の「余白」が存在していた。それは紙のなかった中世の時代に、書いては消し、消しては書いて使ったといわれる貴重な羊皮紙（parchment）の存在に似ている。都市の「余白」とは人間が都市をかたちづくる開発行為の免罪符として計画的につくられてきたオープン・スペースとは違う、「場所の永続性」そのものを示している。

　ヨーロッパの大都市ロンドンやパリと比べれば、わずか三世紀ほどの歴史しかないボストンは、一九世紀後半から二〇世紀前半の輝かしい発展を経て、アメリカ東海岸の代表的な都市となった。多様な顔をもつ歴史都市ボストンにも、第二次大戦後の一九五〇年代から六〇年代にかけて、アメリカの他の主要都市と同じように大規模な都市開発の波が押し寄せた。一つは一九五〇年代後半の都市間高速道路《インターステート・ハイウェイ》の建設と、ダウンタウンを貫く通称「セントラル・アーテリー（Central Artery）」と呼ばれた首都高速道路である。もう一つは、一九六〇年代はじめに始まった大規模なダウンタウンの再開発計画（Government Center Project）である。いずれも二〇世紀のボストンの都市相《フィジオグノミー》を大きく変えるモメンタムとなった（写真3・9、図3・23）。

　一九五九年にボストン市民は、新市長に若干三九歳のジョン・F・コリンズ（John F Collins）を選んだ。あたかも二年後に四三歳でアメリカ大統領になったジョン・F・ケネディ（John Fitzgerald Kennedy 一九一七〜六三）の登場を占うかのようなデビューである。コリ

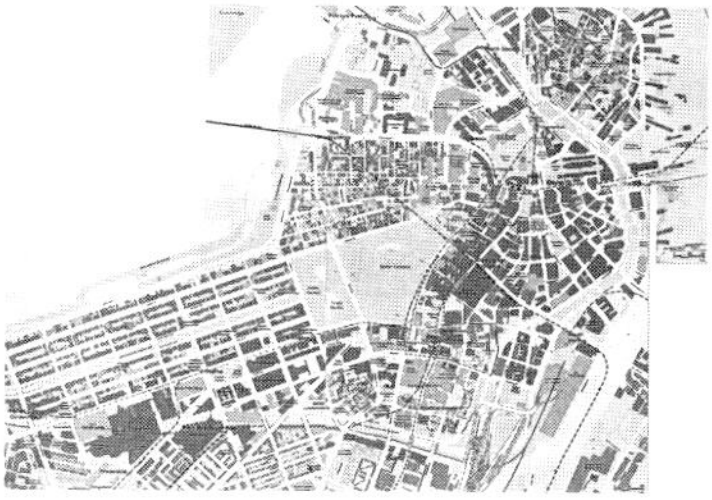

図3・22　現在のバックベイ・エリア
（出典："BRA Zoning Map"）

写真3・8　現在のボストン・コモン

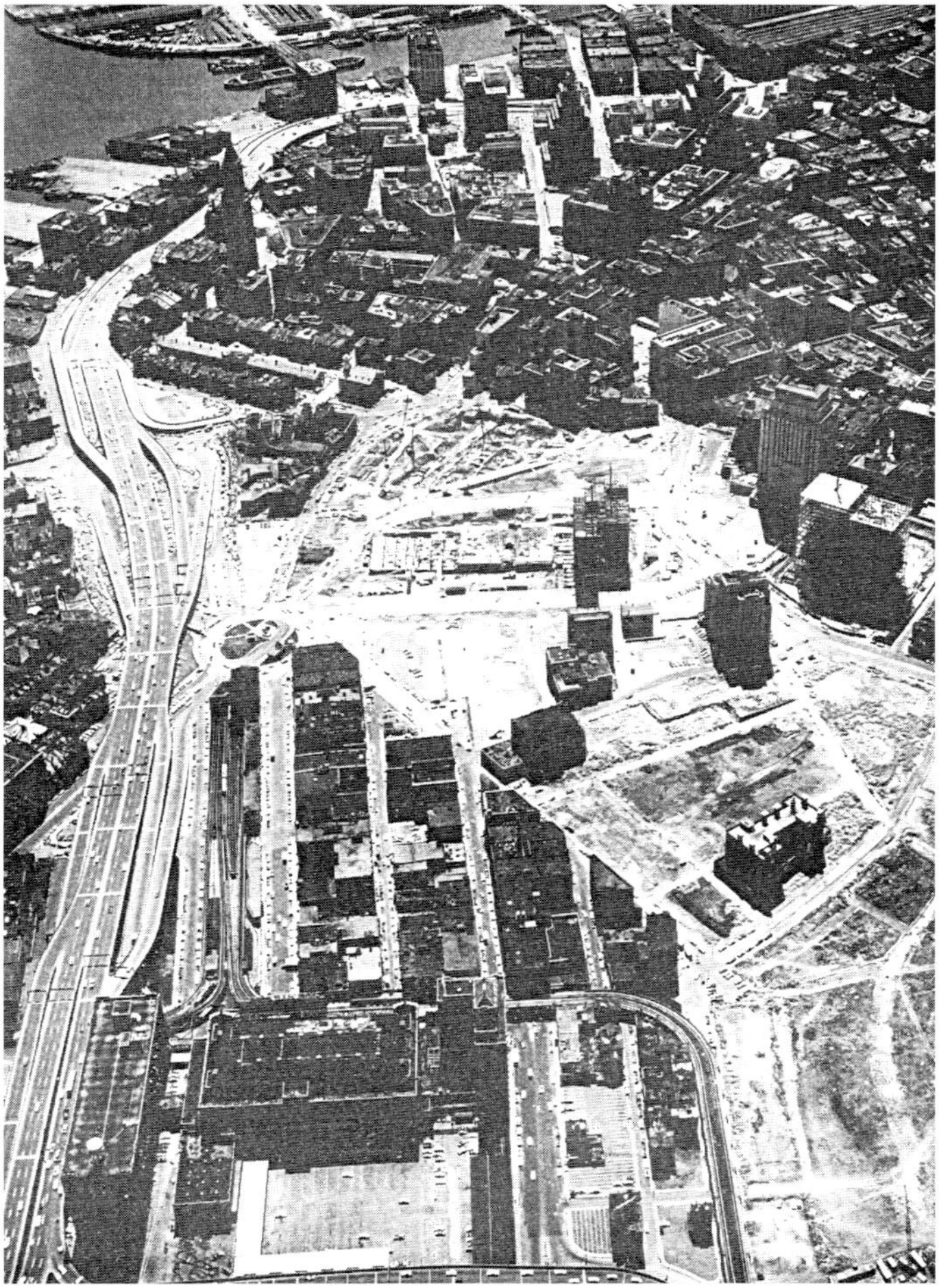

写真3・9　一九六〇年代のボストン、ダウンタウンの再開発地区

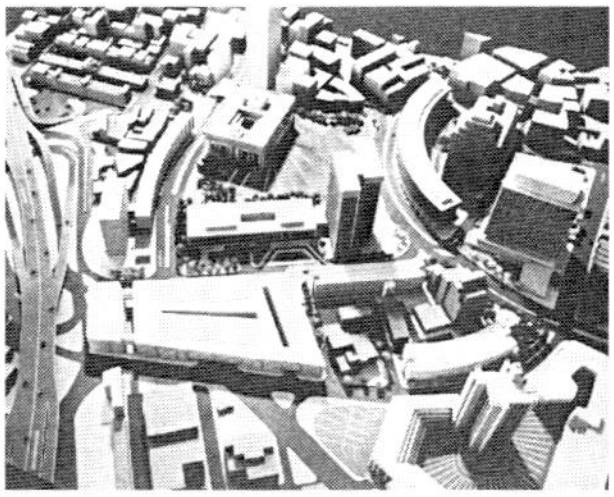

図3・23　ボストン市庁舎周辺の再開発模型

写真3・10　ボストン市長コリンズ(右)とエド・ローグ

ンズは、新市長としてスキャンダルの絶えなかった前市政を糾弾し大胆な改革を進めていったが、中でも喫緊の課題であったダウンタウンの都市再開発推進のために、隣の都市ニューヘブンの現役行政官であったエド・ローグ(Ed Logue)を最高責任者として迎え入れた。それは大々的なヘッド・ハンティングであったため世間の話題を呼んだが、この二人によって新生ボストンの時代が始まった。

それは、一九世紀のパリ大改造のナポレオンⅢ世と行政官ユージン・オースマンの組合せのように、互いの役割を見事に演じたよきパートナーであり、優れた政治家とテクノクラートの連携であったといえる。然るべきときに、然るべき仕事のために、然るべき人材が出合ったというのが、ジョン・コリンズとエド・ローグであった(写真3・10)。まず市長コリンズは、ガバメント・センター・プロジェクトに着手するに際して、連邦政府と州政府からの多額の資金援助を得ることに成功し、なおかつ評判の悪かった固定資産税の引下げを行ったことが、不動産投資のインセンティブとなり、再開発事業の幸先のよいスタートを切ることとなった。一方、ローグはマスタープランを中国系アメリカ人で建築家でありプランナーのアイ・エム・ペイ(I.M.Pei)に委託して構想をねった。

ペイは、闇雲に不良地区のクリアランスを行うのではなく、残すべき歴史的建造物の慎重な選別と、予定されていた新ボストン市庁舎を再開発のキー・ストーンとして位置づけた。新市庁舎は、アメリカ国内の設計競技によって、コールマン・マッキンネル&ノウレス(Kallman, McKinnel & Knowles)という新進気鋭の建築家たちの案が選ばれ、それが実現された。市庁舎前に誕生した巨大なイタリアン・プラッァがはたしてアングロ・サクソンの伝統の強いボストンの文化風土に馴染むものであるかどうかについて議論が沸いたが、六〇エーカーの再開発地域に貴重な「余白」が一つ生みだされたことは事実であった（写真3・11）。

二つ目の大規模な公共投資は、ボストンの中心部を貫通する首都高速道路「セントラル・アーテリー」の建設であった。この事業は二万人に及ぶ多くの地域住民を強制移転させることから始まったが、市民に親しまれていた下町のオープンエアーの市場《マーケット》やウォーターフロントと周辺地域とのつながりを断ち切るようなかたちで進められた。しかもそれは、六車線の蛇行する高架高速道路であり、当時の写真からもわかるように、のちに人々はこれをアーバン・スパゲッティ（Urban Spaghetti）と揶揄し、あるいはこの威圧的な構築物をボストン・レッドソックス球場の有名なグリーン・モンスターの壁に譬えて、ボストンに二つ目のモンスターはいらないといって世論の激しい非難にさらされた。

そのような中、地域間の移動と空港へのアクセスを主目的としてできあがった「セントラル・アーテリー」は、アメリカでも最も渋滞の激しい悪名高い高速道路の一つとなった。それは、「漏斗のように車を集めておいて葬式行列のようにわずかに動いたり止まったりする高速道路」といわれ、利用者の苛立ちを募らせるばかりであった。

しかし歴史都市ボストンは、二〇世紀最後の一九九〇年代に至って、この問題解決のためにアメリカの歴史に残る世紀の一大プロジェクト、巨大な「地下化大作戦」ともいうべき「ビッグ・ディック（Big Dig 正式名称 Central Artery/Tunnel Project）」という史上最大の土木

写真3・11　ボストン市庁舎とプラッァ

事業を開始した。それは問題の高架高速道路（一二・五km）を直下の同じ場所に八〜一〇車線の地下高速道路に置き替え、その完全な供用開始と同時に上部構造物を撤去し、さらにその跡を緑化して都市の「余白」につくりかえるものであった。

　このビッグ・ディックは、すでに一九八〇年代に準備されていたが、その最大の目的は、慢性的な交通渋滞の解消と、長い間高速道路によって分断された地域コミュニティの復活にあった。そして、かつてボストンがもっていたはずの「都市の質《アーバン・クオリティ》」の復活が最も重要なことであった。

　プロジェクトの規模を示すものとしては、全長は七・八マイル（一二・五km）、延べ車線長一六一マイル（二五八km）、使用したコンクリート量は、体積にして東京ドームの約二個分（二七七万m^3）、工事に伴う掘削排出土が体積にして東京ドーム約九・五個分（一一六六万m^3）という、恐るべき数値である。土木工事のスケールもさることながら、一方工事費も当初の予算を大幅に超過し、ボストン・グローブ紙の報じたところによれば一九八二年の時点で二八億ドルであったものが、最終的には金利も含めて一〇倍近い二二〇億ドルに達したといわれ、その負債償還は二〇三八年にまで及ぶとされる。

　一九九一年に開始された工事は、既存高架道路の完全撤去を終えた一五年後の二〇〇六年に実質的な完了となった。地下化の終了と同時に整備されたグリーンウエイ（正式名称Rose Fitzgerald Kennedy Greenway）がボストンの新しいアーバン・プロムナードとして使用開始となったのは二〇〇七年であった（図3・24、写真3・12）。

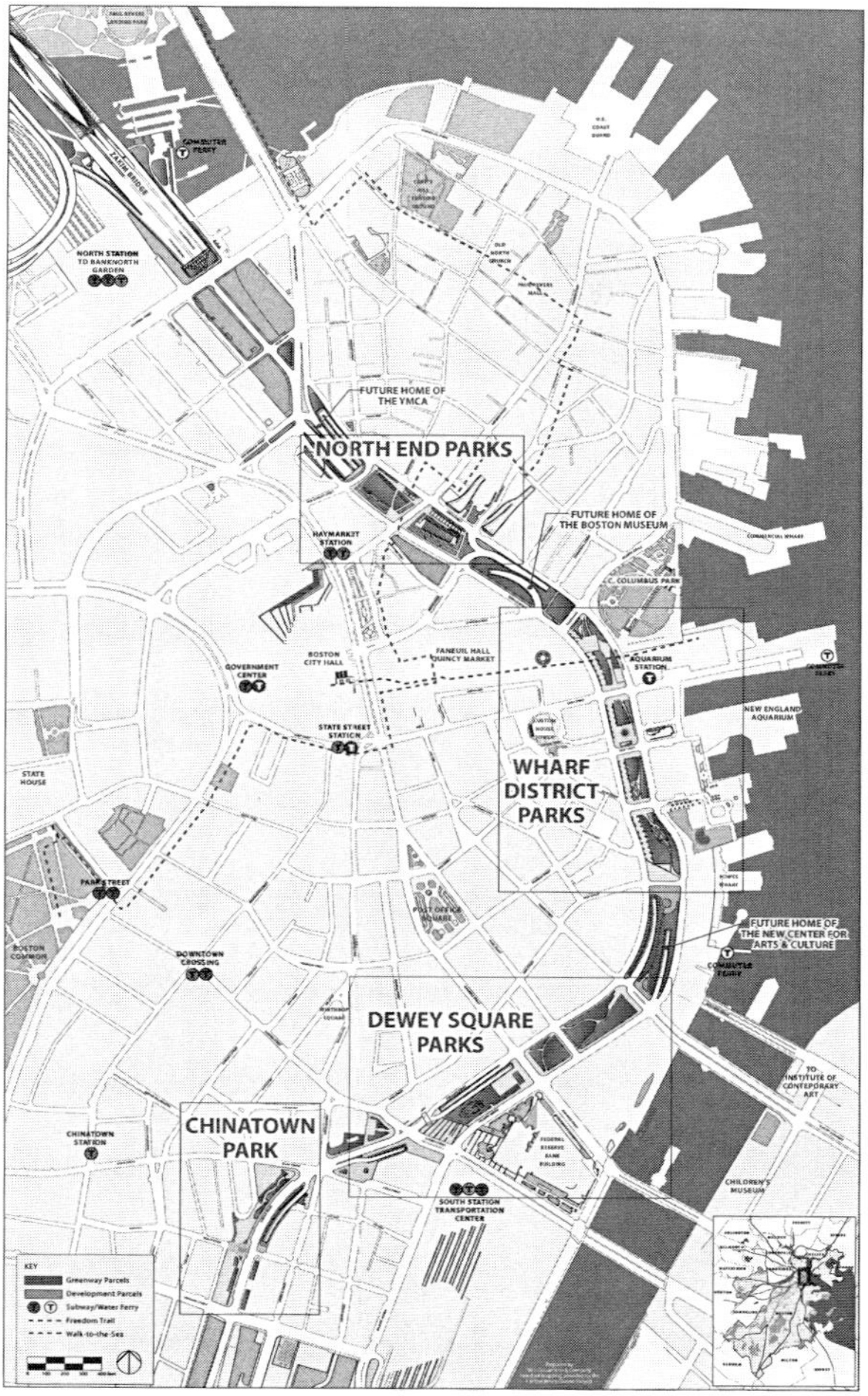

図3・24　ビッグ・ディッグ計画によって生まれた都市の余白ボストン・グリーンウエイ・マップ

写真3・12　一九五〇年代に開始されたボストン中心部の首都高速道路の建設。周辺の多くの建物が壊されている様子がわかる（出典：レオナルド・ベネヴェロ『都市の歴史』）

写真3・13　高架高速道路の消えたダウンタウン

「ビッグ・ディッグ」のプロジェクトは、既存道路の上部に新規格道路をつくるのではなく、高架道路を現況どおりに使用しながら、同じ場所に車線数を増やした高規格の地下高速道路をつくることであった。高難度の工事に対して最新の土木技術が必要とされたことは想像にかたくない。幾多の困難を克服して達成されたこのプロジェクトは、過去一〇〇年の世界のビッグ・プロジェクト、たとえば英仏海峡トンネルの大事業に匹敵するといわれる。

二一世紀の展望にたって果敢に遂行された今までに類例ない公共事業の歴史的意義は、巨大スケールの土木工事と巨額な公共投資、そして駆使された最新の土木技術の問題だけではない。一九五〇年代に歴史都市ボストンのインフラ整備と都市経済の活性化を目指して建設されたはずの「セントラル・アーテリー」が、逆に都市の外部不経済と機能不全を引き起こし、半世紀以上にわたって地域を分断し続けたモンスターであった。そのことに人々が気づいたとき、これまでとはまったく別の価値観にたって「ビッグ・ディック」という都市再生のプロジェクトに挑戦した。この全面地下化を経て最終的に獲得したものは、地域から地域へとつながる「グリーンウエイ」であり、貴重な都市の「余白」の創出であった。これほど見事な「間引き」による「間戻」はない。

かつての高速道路の線形をとどめることとなった新しい「グリーンウエイ」は、一方で二〇世紀後半のモータリゼーションの歴史を文字通り埋蔵することとなった。そして今、人間本来の緩やかな歩行とアイ・レヴェルからの「古きよき歴史都市」を偲びつつ二一世紀の新生ボストンを実感できるという、市民がこれまでに体験したことのないヒューマンな都市空間が生まれたことの意義は大きい。車の「フリーウエイ」が人間のための「グリーンウエイ」に蘇った瞬間である（写真3・13）。

ボストンと同じように、一九五〇年代から六〇年代にかけてつくられたインナーシティ・ハイウエイの跋扈する都市はほかにもたくさん存在するはずである。

隣国韓国の首都ソウル市では、今世紀に入って注目すべき都市河川の大々的な再生事業「Cheonggy restoration Project」を断行している。ソウル市のダウンタウンを東西にわたって流れていた清渓川《チョンゲチョン》（Cheonggy-cheon）は、一九五八年から二〇年かけて完全にコンクリートによって蓋掛けされ、さらにその上に高架高速道路がつくられ、その覆蓋化が一九七六年に完了した。経済成長時代にあって効率優先のインフラ整備としてやむをえない選択であったのであろう。しかし六㎞に及ぶ高架高速道路は地域を完全に分断し、誰の目にも目障りなものであった。さらにその老朽化は予想以上に進行し、安全性の問題が大きくクローズアップされたことによって、二〇〇三年に当時のソウル市長・李明博《イー・ミョンバク》（現在の韓国大統領）は、環境にやさしい都市復興を掲げて、すべてのコンクリートの覆蓋と高速道路の撤去を決断し、忘れていた清渓川の再生事業を開始した。

それは完全な雨水と都市下水の排水設備とともに緑の植生に縁取られ親水性豊かなた都市水路《アーバン・ストリーム》の復活となった。二〇〇五年の完成以来、今日では多くの市民の訪れるソウル市のオアシス的存在となった。多額の事業費の投じられたこの再生プロジェクトもまた「余白」の

写真3・14　清渓川プロジェクトによって生まれたソウル市内のアーバン・ストリーム

創出として、世界の注目を集めている（写真3・14）。

二一世紀の都市の向かうべきベクトルの一つとして、開発ではなく「間戻」という概念があるとすると、まさにボストンやソウルの行った歴史的実験はそれを証明している。時代の意思に基づく「間戻」は、けっして単純な開発の否定でも逆行現象でもない。それは負の遺産の反転という第三の選択である。新しいボストンのグリーンウエイは、二一世紀の生みだした「都市の余白」であると同時に、二〇世紀の残した負の歴史の「証跡」でもある（写真3・15）。

世界歴史遺産とは、過去の遺産を人類全体で保全し共有するという思想に支えられたものであるとすれば、一方、過去の負の遺産を正の遺産に転ずることが「未来遺産」というもう一つのカテゴリーとしてあってもおかしくない。今日、グローバルな視点で先進国の都市状況を見たとき、成長期から成熟期に移行する時代を迎えて、反転の価値観にねざした都市の「余白」の創出こそ「未来遺産」に通ずるものである。ボストンのグリーンウエイは、「ビッグ・ディック」でなければ生まれない「都市の余白」であり、そしてボストンに来なければ見ることのできない「未来の歴史遺産」である。

写真3・15　半世紀以上ダウンタウンにあった高架高速道路が姿を消しグリーンウエイに変わった。ボストンのシンボルであったカスタム・ハウス・タワー（一八四九）が再びタウン・スケープの主役となった

おわりに

ヨーロッパを中心とする近代以前の歴史都市、ローマをはじめとしてパリ、ロンドン、ウイーン、バルセロナなどは、今なおその読取りとして「ポシェ」という「地」と「図」の相互規定によって認識することが可能である。

そして建築と都市は、部分と全体以上の意味をもって時代ごとの歴史文化を表象するものであった。その伝統的な歴史都市は、産業革命以後、急激な人口の増加とその都市への集中によって大きく構造の変革を迫られ、内部矛盾を露呈することになった。特に都市居住としてのハウジングの問題は、一九世紀末から二〇世紀にかけて解決すべき大きな社会問題であり都市問題となった。コルビュジエをはじめとして多くのモダニストは、歴史都市の近代産業社会における機能不全状態をいち早く指摘し、女神ハイジーア（Hygeia 健康の神）を崇め、都市に太陽・緑・空気を回復する「輝ける都市」を提唱したことはもはや人口に膾炙している。さらに「高層は低層に勝る」というグロピュウスの理論も、この「Tower in the Park」の実現に拍車をかけた。しかし、「輝ける都市」そのものがどのように優れたものであったのか、どのように失望の対象であったのか、誰も体験できていないことは大変不幸なことである。

しかし、光と影の両面をもちピクチャレスク・スラム（picturesque slum）といわれた歴史都市を救済するために登場したはずの「近代ハウジング」は、最終的にメカニカル・スラム（mechanical slum）という「人間疎外」の問題を生み、再び伝統都市のもっていた歴史性、文化性、場所性と、その快適性《アメニティ》から生まれる「都市本来の質」の回復が叫ばれるようになった。

振り返って、特に二〇世紀前半に展開された近代ハウジングを考えるとき、そのアーバニズムとの関係に見られた「反転《インヴァージョン》」の諸相を追ってみる必要があった。キーワードとして、今日では死語に近い「ポシェ」という概念の復活もしくは再生ということを試みながら、その「反転」の事象を明らかにすることから始めた。特に「アーバン・ポシェ」という考え方は、都市を解読するうえできわめて重要な図像学《イコノロジー》である。それはどこまでも、建築の空間構造を知り、また都市の本質である公領域と私領域の相互規定関係をとらえるための基本的な概念であった。

しかし、歴史都市から近代都市へ移行する中で、この「アーバン・ポシェ」、別の見方をすれば「構築されたソリッド」と「構築されたヴォイド」の親密な相互関係が希薄なものとなり、自律性の強い「独立した単体建築」とその周りの「オープンスペース」という二元的構成の教条主義に支配されることになった。それはCIAMのアテネ憲章によってさらに強化され、二〇世紀を経て今日に至るまでその功罪はさまざまな形で残っている。

このような歴史認識の中で、わが国の近代以降の都市状況をひと口で語るとすれば、それは「敷地主義」の呪縛の中で出没する単体建築の群居、いいかえれば「限りないパビリオンの集合」といってもさしつかえない。それは、建築と都市が、アーバン・デザインという相互規定的な関係の中で形づくられてこなかった状況を象徴的にいいあらわしたものである。今日もなお、「土地の分割あるいは統合」という敷地主義と団地主義の中で、建築はタイポロジーに関係なくこの状況が続く。

特にわが国のハウジングについていえば、団地とは別に近年のマンションに代表されるように、それは「区分所有された一軒家」という名の単体建築であり、かりそめにも「都市建築」であるとはいいがたい。むしろ周りにひと皮の空地を残して佇む姿は、反都市性すら露呈する。『土地総有の提言』を著した五十嵐敬喜は、わが国の都市を「タテとヨコへと無秩序に延びきった市街地」というとらえ方をしているが、この状況の生まれる構造的な背景を土地問題の側面からとらえたものであろう。

このことについては、「第二章　都市居住とアーバニズム」の最後に、団地主義の終焉と街区ハウジングの復活を意味するものとして、幕張ベイタウン計画と、個人建築家の優れたプロジェクトをとりあげた。そしてさらに、南フランスのバニョール・シュル・セズのコラージュ・タウン（collage town）のプロジェクトをとりあげた。これらが近代ハウジング批判の結果としてつくられたものであるとすれば、どのような歴史的系譜の中から生まれてきたものなのか、それを明らかにすることが本書の主たる目的の一つでもあった。

一方、もう一つの局面として、わが国を含む先進国で、成長時代から成熟時代へと移行し始めていることは、多くの識者が指摘するとおりである。また、人口動態が明らかに増加から減少に転じて、少子化と長寿化の同時進行が見られる。そして成熟社会では、都市は拡大を止めるだけでなく縮小あるいは萎縮に向かうといわれる。

人口が増加する時代には、どの地域でも経済成長を前提として、都市はつねに拡大すると考えられ、技術革新とともに「開発」という概念がすべてを支配していた。しかし、その時代はすでに終ったことが指摘される。一方、人口減少は都市の成長を止める大きな要因であることに違いないが、けっしてそれは停滞社会につながるものではない。むしろ成長に代わる新しい尺度、つまり新しい公共概念が生まれ、社会の質的転換とともに成熟時代に向かう契機でもある。そして、すでに述べてきたように二一世紀を展望するとき、それは「開発と拡大」から「間戻と縮小」へとベクトルを変える。それはある意味で、肯定的に「終焉を受け入れる都市」として未来を考えることである。

歴史都市ウィーンが、旧市街の箍ともいうべき堡塁と稜堡を取り壊し、防火帯であったオープンランドを消滅させ、ヴィエナ・リングという新たな「余白」に転じたことを「終りを受け入れた」近代都市の一つの姿であると述べた。一方ボストンは、モンスターといわれた高架高速道路を地下に埋設し「グリーンウエイ」という「余白」に転じた。これもまた「終りを受け入れた」、つまり「終りを未来につないだ」現代都市である。役割果《おお》せたもの、それが歴史的な城郭都市の堡塁というバリアーであれ、あるいは機能不全に陥った二〇世紀の高速高架道路であれ、そこに生まれた都市の「余白」には必ず終焉の美学がただよう。

二一世紀の「余白」は、二〇世紀のコモンズに匹敵する。そして、この新しい概念としての「余白」がどのように生みだされるかということが重要となってくる。

これまで述べてきたように、人間の生命と生存に関わる住まい、そして社会化された住まいとしての近代のハウジングが、歴史都市のそれと「反転」の関係にあることを明らかにした。その鍵概念として「ポシェ」があった。そして、都市・建築の伝統的な読取りの図像学として「アーバン・ポシェ」があったとすれば、それは明確な実体概念であり、それに対して「余白」は実体概念を越えた時間・空間の持続性を含む状況概念と見なすことができる。反転を属性とするスタティックな「ポシェ」は、いったんダイナミックな近代都市・建築においてその有効性が消え失せようとした。

もはやこの概念によっては、近代の機械時代の空間の抽象性や、現代の複雑系《コンプレックス・システム》に代表される都市現象を語るのは難しい。しかし気づいてみると、成熟と縮小という状況の中で、建築を通して都市を単純に折り畳みコンパクトにするだけでは、質的転換は図れるものではない。むしろ第三の選択として「余白」をどのようにつくりだすかが、二一世紀の大きな課題であり魅力あるテーマではないだろうか。回想の「ポシェ」で始まり、「余白」の創出で終りとしたのは、このような展望からである。

あとがき

本書を書くにいたった背景にはいくつかの出来事が関係している。そのうちの一つは、古い話になるが二五年ほど前、フランス政府に招かれておよそ二ヵ月ばかりパリに滞在して、市街地のハウジングの状況を見て回ったことがあった。当時はミッテラン大統領の政権下であり、社会主義政策の立場から社会住宅《ソシアル・ハウジング》が活発に供給された時代であった。その頃の気鋭の建築家といえば、ポルザンパルクをはじめとしてシリアーニ、ビュッフィ、ボフィールらであり、彼らは進んで低所得者層を対象としたハウジングの設計にたずさわった。多くは建築作品としてもレベルの高いものであり、それらを探しては熱心に見て歩いた。しかし一方で、パリの歴史的な都市住居とはどのようなものであったのか、自分の目で確かめようと、あらためてヴォージュ広場に出向いて、よみがえった周りの住居群を見た。その足でチャールス・ディッケンズの『二都物語』でも有名なサン・アントアーヌ通りを経て、オテル・ドゥ・ボーヴェに向かった。街路からコートヤードに入って上を見上げたとき、開いた窓から人の声が聞こえてきた。三五〇年以上も前につくられたバロック・オテルが、今なおごく普通に住まいとして使われていることが信じがたいものであった。パリがほかならぬ優れた「住宅都市」であることを知る瞬間でもあった。

もう一つの出来事は、一九九三年に千葉幕張ベイタウンの街づくりにたずさわることになって起きた。住宅供給とそのアーバンデザインに関わる者として、蓑原敬をリーダーに曽根幸一、大村虔一、土田旭、藤本昌也、三井所清典、筆者、そして建築評論家の馬場璋造とともにパリ、アムステルダム、ウイーンの近代初期のハウジングを見る機会があった。一九三〇年代生まれの者が、まさにその時代につくられた近代建築と直接向き合って何を考えたかはさまざまであったであろう。しかし、わが国で他に類例を見ない「住まいで都市をつくる」ことをテーマに一つの街区型の「住宅都市」を実現することに、ひそかに野望を抱いていたのであった。それは、わが国固有のマンションに代表される「敷地主義」とパブリック・ハウジングの「団地主義」からの脱却を目指すまたとない好機と考えていたからである。

アーバンデザインは、計画論としてとらえられるというよりも実践論として建築と都市との関係のデザインであるとすれば、基本は都市居住とアーバニズムの関係にその原点がある。

本書を書き終えてひと通り原稿を出版会に渡したあと、筆者はボストンにいた。半世紀近くダウンタウンにあった高架高速道路が完全に姿を消して、真新しいグリーンウエイに変わったのは本書ですでに述べたとおりである。そこを歩きながら古き良きボストンのシンボルでもあるカスタム・ハウス・タワーを眺めていた。そこに見えたものは、過去を未来にオフセットした歴史都市、ボストンの素顔であった。そのような感慨にふけっていたとき、当地の旧い友人の一人で、今なお設計活動を続けている建築家が、困った顔をしてこんな話を切り出した。

それは、ボストン市は、ここ数年財政危機に陥っていて、有名な市庁舎《シティホール》が売りに出されたというものであった。あるデヴェロッパーが手を挙げたことで売却譲渡の話が進もうとしていたが、建物の公的保存を望む市民団体の猛反対にあって現市長はこの話を凍結したというのである。アメリカの一九六〇年代を代表するレイト・モダン建築の一つであるだけでなく、その設計競技の歴史を含めて一つの記念碑的な存在であったことを考えれば、建築家はもちろんのこと良識あるボストン市民の反対は当然のことであった。今後のことは不明であるが、筆者にとってそれは大きなショックであった。

ボストンからチャールス川を越えたハーバード大学のデザイン学部では、アーバンデザイン・コース創立五〇周年を記念して、一つのイベントが行われていた。それは「Deconstruction/Construction」と題する韓国ソウルの「清渓川再生事業」の全貌を紹介する展覧会がエントランスロビー一杯に展開されていた。これも本書の最後の章でとり上げたものであった。最早アーバンデザインは、その必要性を説く啓蒙の時代から現実に事業化する時代にあることを痛感すると同時に、本書との同時性と偶然性に驚いた。

最後に、本書の出版については、鹿島出版会の相川幸二氏のご理解とご支援があって実現できたものである。ここに深く感謝の意を表したい。

二〇一一年三月

小沢 明

◆参考文献

アンリ・ステアリン著、鈴木博之訳『図集世界の建築』鹿島出版会
A.E.J Morris "History of Urban Form Before the Industrial Revolution"
Colin St John Wilson "The Other tradition of Modern Architecture" AD, Academy Edition
Leonardo Benevolo "The History of the City" MIT Press
Norma Evenson "Le Corbusier : The Machine and The Grand Design"
『Le Corbusier 作品集（1910-29/1929-35）』
Tim Benton "The Villas of Le Corbusier 1920-1930" Yale University Press
ケネス・フランプトン著「ル・コルビュジエとエスプリ・ヌーボー」Opposition15/16
Vincent Scully Jr. "Louis I Kahn Makers of Contemporary Architecture" George Braziller
コルビュジエ著、吉阪隆正訳『建築を目指して（Toward Architecture）』鹿島出版会
ブルーノ・ゼヴィ著、栗田勇訳『空間としての建築（Architecture as Space）』鹿島出版会
Mario Bussagli "Oriental Architecture" Electa/Rizzoli
M.Besset 著 "Who was Le Corbusier"
コーリン・ロウ、フレッド・コッター著、渡邊真理訳『コラージュ・シティ』鹿島出版会
John Summerson "Georgian London" Peregrine Book
Michael Dennis "Court and Garden" MIT Press
"London Life in the Eighteen Century" Penguin Book
A.B.Gallion/S.Eisner "Urban Pattern"
Smithson editor "Team 10 Primer" MIT Press
Norberg-Schlz "Intention in Architecture" MIT Press
Charles Moor/Gerald Allen/Donlyn Lyndon "The Places of Houses"
Moholy-Nagy/Pall Mall "Matrix of Man"

Leonardo Benevolo “The origins of modern town planning”
Francoise Choay “The Modern City : Planning in the 19th Century”
ハワード・サールマン著、小沢明訳『パリ大改造―オースマンの業績』井上書院
“Boston” Architectural Forum Special Issue June 1964
“The Beaux-Arts” AD Profiles 17 Architectural Design
Edited by J.Tyrwhitt/J.L.Sert/E.N.Rogers “The Heart of The City”
Oscar Newman “CIAM 59 in Otterlo”
島村昇他編『京の町家』鹿島出版会
責任編集松本恭二「特集生活史・同潤会アパート」『都市住宅』一九七二、鹿島出版会
「特集［同潤会アパート］集合住宅の原点」『東京人』no.115 一九九七
渡辺新、安藤正雄「英国の建築・空間の所有と利用の制度に関する研究」『日本建築学会学術講演梗概集』一九九五
鈴木隆「一九世紀前半のパリの市街地における中庭の整備と中庭協定」『日本都市計画学会学術研究論文集』一九八三
鈴木隆「都市と建築の空間構成における中庭の展開に関する研究１」『日本建築学会学術講演梗概集』一九八六

著者略歴

小沢 明（おざわ・あきら）

建築家、東北芸術工科大学名誉教授
一九三六年中国大連市生まれ。
早稲田大学建築学科卒業、ハーバード大学大学院建築修士修了。
セルト・ジャクソン建築事務所、槇総合計画事務所を経て、小沢明建築研究室設立。
工学院大学特別専任教授、ワシントン大学、カンサス大学客員教授歴任後、東北芸術工科大学教授・学長を務める。
建築作品の「鶴岡アート・フォーラム」、「金山明安小学校」他で
BCS賞、公共建築賞、東北建築賞、第一回横浜国際アーバン・デザイン設計競技最優秀賞受賞。
著書に『都市の住まいの二都物語』（王国社）、『デザインの知』（共著、角川学芸出版）、
訳書に『パリ大改造』（井上書院）、『どこに住むべきか』（彰国社）、『スモール・アーバンスペース』（彰国社）がある。

「ポシェ」から「余白」へ　都市居住とアーバニズムの諸相を追って

発行――二〇一一年四月一一日　第一刷発行
著者――小沢　明
発行者――鹿島光一
発行所――鹿島出版会
〒104-0028　東京都中央区八重洲2丁目5番14号
電話　〇三-六二〇二-五二〇〇　振替　〇〇一六〇-二-一八〇八八三
ブックデザイン――田中文明
印刷・製本――三美印刷

ISBN978-4-306-07287-9　C3052　Printed in Japan

本書の内容に関するご意見・ご感想は下記までお寄せください。
URL：http://www.kajima-publishing.co.jp
E-mail：info@kajima-publishing.co.jp